“十三五”国家重点研发计划项目（项目编号：2016YFC0700200）
国家自然科学基金资助项目（项目编号：51338006；51178292）
住房城乡建设部建筑节能与科技司北京建筑大学 2017 年开放课题
（项目编号：UDC2017031212）
国家国际科技合作专项项目（项目编号：2014DFE70210）
高等学校学科创新引智计划（项目编号：B13011）

寒冷地区高层办公建筑节能整合设计研究

Research on Integrative Energy-Efficient Building Design of High-rise Office Buildings in Cold Region

刘　立　刘丛红　［英］菲利普·琼斯　著

中国建筑工业出版社

图书在版编目（CIP）数据

寒冷地区高层办公建筑节能整合设计研究/刘立，刘丛红，（英）菲利普·琼斯著.—北京：中国建筑工业出版社，2018.5
ISBN 978-7-112-21943-8

Ⅰ.①寒… Ⅱ.①刘… ②刘… ③菲… Ⅲ. ①寒冷地区-高层建筑-办公建筑-建筑设计-节能设计-研究-中国 Ⅳ.①TU243

中国版本图书馆CIP数据核字（2018）第049943号

责任编辑：何　楠　陆新之
责任校对：王　瑞

寒冷地区高层办公建筑节能整合设计研究
刘　立　刘丛红　［英］菲利普·琼斯　著
*
中国建筑工业出版社出版、发行（北京海淀三里河路9号）
各地新华书店、建筑书店经销
北京佳捷真科技发展有限公司制版
北京建筑工业印刷厂印刷
*
开本：787×1092毫米　1/16　印张：11¼　字数：281千字
2018年8月第一版　2018年8月第一次印刷
定价：**48.00**元
ISBN 978-7-112-21943-8
（31840）

前言

高层办公建筑是我国公共建筑中建设量最大的主要类型之一，寒冷地区高层办公建筑同时需要采暖和制冷，能耗强度高、节能潜力巨大。针对常规高层办公建筑节能设计中重后期技术措施叠加轻前期方案设计的问题，本书以我国中东部寒冷地区高层办公建筑为例，从空间和形态等建筑本体节能设计要素入手展开研究，旨在探索符合建筑师操作逻辑的节能设计策略、节能整合设计方法和工具。

本书系统梳理了国内外能耗模拟典型模型的建立方式、参数列表和参数确定方法，指出我国目前还没有可靠的典型模型数据库，模型建立的依据不足，影响研究成果的可靠性。继而，基于案例调研，建立了我国寒冷地区高层办公建筑能耗模拟典型模型，典型模型包含点式和条式两种基本的类型，涵盖了我国中东部寒冷地区的四个主要城市——天津、济南、郑州和西安。在此基础上，从空间设计、表皮设计和构造设计三个方面模拟和分析了设计要素对寒冷地区高层办公建筑能耗的影响，论证了空间和表皮设计要素具备节能效果，并筛选了基于建筑学视角的节能设计关键要素。进而，将关键要素与我国公共建筑节能设计标准对比，提出体形系数与建筑能耗之间的关系值得进一步推敲；本书分析了标准中未涵盖或存在分歧的重要指标，包括空间和表皮设计变量以及外窗太阳得热系数（*SHGC* 值），为标准的修订提供借鉴。

在以上研究的基础上，本书提出一种针对建筑方案设计阶段，基于多变量试验设计方法来制订能耗模拟方案的建筑节能整合设计方法框架，通过节能设计关键要素的筛选、构造设计要素的分类组合，建立了简化的节能整合设计流程。应用该流程对天津地区点式和条式高层办公建筑进行了节能设计，印证了方法的可行性。研究通过对比寒冷地区四个不同城市的点式高层办公建筑节能优化方案，归纳了被动式低能耗建筑设计在寒冷地区不同城市的共性和差异。采用能耗模拟方法和试验设计方法的节能整合设计流程具备一定的复杂性，针对这些问题，本书以天津市为例，按照敏感度分析工具的思路，开发了高层办公建筑节能整合设计工具。让建筑师在方案设计阶段，能够快速预知设计方案的大致能耗结果，据此可以进一步调整优化设计方案的节能表现。最后，通过案例解析验证了工具的实用价值。

本书提出的建筑节能整合设计方法框架和天津地区高层办公建筑节能整合设计工具，可以启发和指导寒冷地区高层办公建筑设计过程，达到构筑高性能建筑空间形态的目的。

目录

第1章 绪　论

1.1 研究缘起

1.1.1 建筑节能的宏观背景

能源危机、气候变化和环境问题共同构成当今世界面临的严峻挑战。自从 20 世纪 70 年代以来，能源危机持续着愈演愈烈的态势，预期现存的化石能源将会在未来的二三十年内被人类开发枯竭[1]。人为产生大量且集中的能源消耗直接或间接地导致温室效应和环境污染，能源问题已成为威胁人类生存和发展的头等大事。新时期我国“十三五”规划纲要提出实施能源总量和强度双控行动，将全国能源消费总量控制在 50 亿吨标准煤（tce）[2]。最新数据显示，作为全国能源消费的重点，建筑运行的总商品能耗达到 8.64 亿 tce，占全国能源消费总量的 20%[3]。建筑，这一占据能耗大比例的产业，必须最大限度地降低能源消耗，为防止能源和环境问题的恶化作出应有的贡献。

同时，我国建设规模的快速扩张，以及使用者对建筑所能提供服务水平的要求愈来愈高，这些都是我国建筑节能所面临的特殊矛盾。加速的城镇化进程伴随着建设规模的不断膨胀，2000～2015 年期间，全国建筑业企业房屋建筑竣工面积总量为 376.9 亿 m^2，近三年来每年的建筑竣工面积均超 40 亿 m^2[4]（图 1-1）。目前，发达国家的人均或单位建筑面积能耗都远远高于我国，有人断言，随着中国人对高品质生活的追求，中国的建筑能耗水平最终也将达到发达国家目前的同等水平。

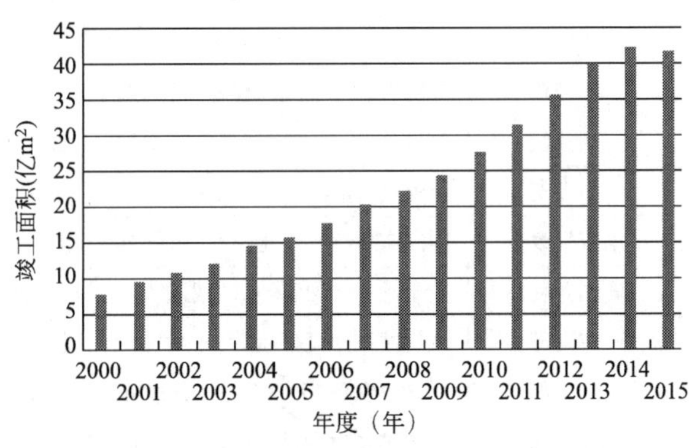

图 1-1　2000～2015 年我国建筑业企业房屋建筑竣工面积

（资料来源：在文献[4] 基础上整理绘制）

建筑节能一直以来受到我国政府部门的大力关注，并取得了令人瞩目的成绩。近十几年中，我国政府已经陆续颁布了众多法律法规、政策通知、标准规范，对建筑节能起到积极的推动作用和一定的约束效力。建筑节能从国家部委通知或规定逐步上升到立法层面，

《中华人民共和国节约能源法》已经修订并颁布，增加了有关建筑节能的章节，国务院颁布了《民用建筑节能条例》和《公共机构节能条例》，为政府推进建筑节能工作提供了完善的法律依据[5]（表 1-1）。

我国建筑节能相关法规和政策 **表 1-1**

年份(年)	类型	发布部门	名称
2000	法律法规	建设部	民用建筑节能管理规定(建设部令第 76 号)(于 2006 年废止)
2004	政策通知	建设部	关于加强民用建筑工程项目建筑节能审查工作的通知(建科[2004]174 号)
2004	政策通知	国家发改委	国家发展改革委关于印发节能中长期专项规划的通知(发改环资[2004]2505 号)
2005	政策通知	建设部	关于进一步加强建筑节能标准实施监管工作的通知(建办市[2005]68 号)
2005	政策通知	建设部	关于发展节能省地型住宅和公共建筑的指导意见(建科[2005]78 号)
2006	法律法规	建设部	民用建筑节能管理规定(建设部令第 143 号)
2006	政策通知	建设部	关于贯彻国务院关于加强节能工作的决定的实施意见(建科[2006]231 号)
2007	法律法规	全国人大常委会	中华人民共和国节约能源法
2007	政策通知	国务院	节能减排综合性工作方案(国发[2007]15 号)
2007	政策通知	建设部、财政部	关于加强国家机关办公建筑和大型公共建筑节能管理工作的实施意见(建科[2007]245 号)
2008	法律法规	国务院	公共机构节能条例
2008	法律法规	国务院	民用建筑节能条例
2011	政策通知	财政部、住建部	关于进一步推进公共建筑节能工作的通知(财建[2011]207 号)
2011	政策通知	国务院	“十二五”节能减排综合性工作方案(国发[2011]26 号)
2012	政策通知	住建部	“十二五”建筑节能专项规划(建科[2012]72 号)
2013	政策通知	国务院	能源发展“十二五”规划(国发[2013]2 号)
2014	政策通知	国务院	2014-2015 年节能减排低碳发展行动方案
2014	政策通知	国务院	能源发展战略行动计划(2014-2020 年)
2014	政策通知	国家发改委	国家应对气候变化规划(2014-2020 年)
2016	政策通知	国务院	关于进一步加强城市规划建设管理工作的若干意见
2016	政策通知	住建部	住房城乡建设事业“十三五”规划纲要
2017	政策通知	住建部	建筑业发展“十三五”规划(建市[2017]98 号)
2017	政策通知	住建部	住房城乡建设科技创新“十三五”专项规划(建科[2017]166 号)
2017	政策通知	住建部	建筑节能与绿色建筑发展“十三五”规划(建科[2017]53 号)

资料来源：根据住建部等政府网站的通知整理绘制。

建筑设计是实现建筑节能目标的首要控制环节。我国已经建立了操作性较强的建筑节能设计技术标准体系，各类建筑设计都要严格执行标准，为实现约定的节能目标发挥了应有的作用。随着时间的推移，标准涵盖的建筑类型从居住建筑扩展到公共建筑，涵盖的地域由我国北方采暖地区延伸到南方，与此同时节能目标也在逐步提高。以公共建筑为例，国家层面相继颁布的公共建筑节能设计标准，即 GB 50189 系列标准，分为前后三个版本（表 1-2）。1993 年版未提出节能目标，2005 年版提出节能 50%的目标，2015 年版提出在 2005 年的基础上节能 20%～23%的目标[6]。

我国公共建筑节能设计标准随时间演进的各个版本　　表 1-2

年份(年)	标准号	标准名称	气候区	建筑类型	节能目标
1993	GB 50189—93	旅游旅馆建筑热工与空气调节节能设计标准	全部	旅游旅馆	无
2005	GB 50189—2005	公共建筑节能设计标准	全部	各类公共建筑	与未采取节能措施前相比，节能 50%
2015	GB 50189—2015	公共建筑节能设计标准	全部	各类公共建筑	与 2005 年的版本相比，节能 20%～23%

资料来源：作者在各版标准的基础上整理绘制。

政府积极开展节能建筑的示范，加大资金投入，对示范项目给予资金补贴。从示范项目类型上来看，20 世纪 90 年代开展常规节能建筑试点工程，21 世纪的过去 10 年间绿色建筑快速地起步和发展，近期被动式低能耗建筑试点正在起步。通过一批又一批节能试点示范项目，获得了宝贵的经验数据，培养了骨干技术人才，推进了建筑节能标准规范体系的进步，带动了各地节能建筑的建设：

（1）从 1992 年起，当时的建设部以及地方陆续开展了以建筑节能为重点的工程试点。

（2）虽然我国绿色建筑以“四节一环保”为支撑点和目标，但是建筑节能仍是其中最基本的内容，因此，可以认为是建筑节能进一步深化的成果。2005 年，建设部设立全国绿色建筑创新奖[7]，以表彰对发展绿色建筑有突出示范作用的工程或技术产品，迄今为止，全国已评出 142 项绿色建筑创新奖项目，其中一等奖 26 项，二等奖 54 项，三等奖 62 项，获奖数量呈现逐年递增的态势。2006 年，《绿色建筑评价标准》首次颁布，迄今为止，依据标准进行评价并获得绿色建筑标识的项目超过 4500 项，总面积超过 5 亿 m^2[8]。2008 年，绿色建筑和低能耗建筑“双百示范工程”启动，示范项目批准 116 项，示范面积达 1979.2 万 m^2[9]。2012 年，高星级绿色建筑的财政奖励级别和标准出台，当年二星级绿色建筑每平方米建筑面积获得财政奖励 45 元，三星级绿色建筑每平方米获得财政奖励 80 元[10]。

（3）“被动式低耗能建筑”示范由住建部与德国能源署合作推动。2011 年启动首批示范项目 16 栋，总面积超过 16 万 m^2[11]。2015 年，全国已有“被动式低耗能建筑”示范项目达 24 个[12]。2016 年，秦皇岛“在水一方”和哈尔滨“辰能·溪树庭院”等三个项目通过了专家团队验收[13]。截至目前，列入住建部计划的项目涉及 22 个项目单位的 37 栋示范建筑，总建筑面积 33m^2[14]。

1.1.2　高层办公建筑节能设计现状分析

办公建筑是公共建筑中建设量大、代表性强的类型，办公建筑节能设计研究具有典型性和现实意义。2000～2015 年期间，我国新建办公建筑竣工面积累计达到 25.9 亿 m^2，占全国建筑业企业房屋建筑竣工面积总量的6.9%[4]。针对我国办公建筑能耗的宏观统计数据表明办公建筑能耗总量庞大。杨秀基于中国建筑能耗模型（CBEM）计算得到2006年当年我国办公建筑总用电量约为1510亿kWh，占公共建筑总用电量的54.9%[15]。在我国城镇化进程中，城市建设用地越来越集约，高层办公建筑占到了新建办公建筑中的一个很大的份额，也是未来的发展趋势，尤其是对于像北京和天津这样的大城市而言。

作者在进行高层办公建筑案例调研中，发现目前已经获得绿色建筑认证的高层办公建筑存在一定问题，即获得绿色建筑认证的高层办公建筑与普通高层办公建筑在空间和建筑形态方面区分度不高，我们很难看到建筑设计特别是建筑方案设计对于建筑节能的影响，办公建筑的体形朝向、开窗方式、地域特征等，与方案设计和节能效果直接相关的要素，在大量获得绿色建筑认证的办公建筑中几乎没有痕迹。通过分析主要的绿色节能策略，我们发现获得绿色建筑认证的案例关注点主要在于围护结构保温或设备系统性能提升等方面。建筑方案设计要素对于建筑能耗的影响机理如何？建筑方案设计对于建筑节能是否能够有所贡献，并引导绿色美学呢？在整合了“能耗”因素之后，常规建筑设计过程如何做出改变？这些都是本书要解决的问题。

基于上述分析，获得绿色建筑认证的高层办公建筑与普通高层办公建筑在空间和建筑形态方面区分度不高，我们很难看到建筑设计特别是建筑方案设计对于建筑节能的影响，办公建筑的体形、朝向、开窗方式、地域特征等，与方案设计和节能效果直接相关的要素，在上述获得绿色建筑认证的办公建筑中几乎没有痕迹。通过分析主要的绿色节能策略，我们发现获得绿色建筑认证的案例关注点主要在于围护结构保温或设备系统性能提升等方面。建筑方案设计要素对于建筑能耗的影响机理如何？建筑方案设计对于建筑节能是否能够有所贡献，并引导绿色美学呢？在整合了“能耗”因素之后，常规建筑设计过程如何作出改变？这些都是本书要解决的问题。

1.2 概念界定

1.2.1 我国寒冷地区

我国幅员辽阔、气候多样，为了明确不同地区建筑热工设计方面的区别，《民用建筑热工设计规范》GB 50176和《建筑气候区划标准》GB 50178都对全国做出了气候分区，现将有关寒冷地区的内容整理如表1-3所示。

寒冷地区的范围、指标和设计要求 **表1-3**

《民用建筑热工设计规范》GB 50176		《建筑气候区划标准》GB 50178	
寒冷地区范围参见《规范》中的全国建筑热工设计分区图		寒冷地区范围参见《标准》中的中国建筑气候区划图	
主要指标	1月平均气温：−10～0℃	主要指标	1月平均气温：−10～0℃； 7月平均气温：18～28℃
辅助指标	日平均气温≤5℃的日数：90～145d	辅助指标	日平均气温≥25℃的日数：<80d； 日平均气温≤5℃的日数：90～145d

续表

《民用建筑热工设计规范》GB 50176		《建筑气候区划标准》GB 50178			
—	—	二级区划指标	—	7月平均气温	7月平均气温日较差
			ⅡA	≥25℃	<10℃
			ⅡB	<25℃	≥10℃
设计要求	应满足冬季保温要求，部分地区兼顾夏季防热	设计要求	主要问题是防寒，ⅡA区建筑物尚应考虑防热，ⅡB区建筑物可不考虑夏季防热		

资料来源：作者在文献［17］［18］的基础上整理绘制。

《民用建筑热工设计规范》GB 50176将全国划分为5个区，即严寒地区、寒冷地区、夏热冬冷地区、夏热冬暖地区、温和地区[17]。规范以最冷月、最热月平均温度为主要分区指标，以日平均温度≤5℃或≥25℃的天数为辅助分区指标。在这5个区中，寒冷地区具备一定的特殊性：首先，分布面极广，在经度上基本上跨越了我国的整个国土范围，从东部沿海一直延伸到内陆沙漠，而从地质条件上来说，又同时涵盖了平原、黄土高原、盆地和高原；寒冷地区包含3个相互独立的区块，东部区块即我国的华北地区，此外，还有另外两个位于西部的区块，寒冷地区内部的人口、经济和建设量特征均有很大差异。其次，我国严寒、寒冷地区的采暖能耗高，也是最早获得关注的节能重点，但寒冷地区之中的华北地区东部还存在夏季防热的特殊问题。

《建筑气候区划标准》GB 50178[18] 中的分区更为细致，该标准主要根据1月平均气温、7月平均气温、7月平均相对湿度将全国分为7个一级气候区，在一级区划的基础上分别选取能反映该区气候差异性的指标，进一步划分为20个二级气候区。一级区划中的Ⅱ区位于我国华北地区，该区属地理学的南温带气候，区内冬季较长且寒冷、干燥，ⅡA区大部分地处平原，夏季较炎热、湿润，建筑的主要问题是防寒，还应考虑夏季防热；ⅡB区大部分地处黄土高原，夏季较凉爽。

基于上述分析，两种建筑热工设计分区方式是相互兼容、基本一致的。《民用建筑热工设计规范》GB 50176中的“寒冷地区”，包含《建筑气候区划标准》GB 50178的全部Ⅱ区，以及ⅥC区和ⅦD区。我国寒冷地区东部地区，即ⅡA区，在行政区域上包含了天津、山东全境；北京、河北大部；辽宁南部；河南、安徽、江苏北部的部分地区，该地区人口集中、经济活跃、建设量大，针对该地区建筑节能设计的研究具备很强的现实意义。从建筑能耗的角度来分析，该地区建筑冬季需要供暖、夏季需要空调，冬季保温与夏季防热的矛盾突出，节能设计策略也更为复杂。

本书的研究范围就是《民用建筑热工设计规范》GB 50176所定义的“寒冷地区”的东部，即《建筑气候区划标准》GB 50178中的ⅡA区，该地区分布在北纬33°～40°范围内，建筑热工设计的主要问题是冬季防寒、防冻，还应考虑夏季防热、防潮。

此外，从建筑光气候分区的角度，根据我国《建筑采光设计标准》GB 50033[19]，中国光气候分区共有5类：Ⅰ类、Ⅱ类、Ⅲ类、Ⅳ类、Ⅴ类，按天然光年平均总照度(klx)：Ⅰ类≥45、40≤Ⅱ类<45、35≤Ⅲ类<40、30≤Ⅳ类<35、Ⅴ类<30。寒冷地区ⅡA区位于我国光气候分区图中Ⅲ区和Ⅳ区的交界处，天然光年平均总照度在30～40klx之间。

1.2.2 建筑能耗模拟

建筑能耗模拟主要指借助计算机动态能耗模拟软件，预测建筑物在特定运行模式下的用能情况，包括建筑的采暖、空调、照明、通风及其他能量流动。建筑能耗模拟是能耗研究和节能设计的常用方法，将能耗模拟软件用于建筑方案设计阶段，可以对方案的优化和调整起到一个参考的价值。

目前，动态能耗模拟软件众多，并且在不断发展变化，从开发最早、影响力最广泛的DOE-2，再到后来的EnergyPlus、TRNSYS、eQuest、PKPM、DeST等。在国外使用的软件中，EnergyPlus结合了BLAST与DOE-2两款软件的优势，模拟功能强大，并通过国际能源组织（IEA）Annex项目可靠性验证。该软件由美国能源部（DOE）和美国国家可再生能源实验室（NREL）等合作开发，是一款免费的开源软件，该软件以文本格式来读入和输出信息，可视化效果相对欠缺[20]。而DesignBuilder软件[21]是在EnergyPlus的基础上开发的一款综合的图形界面软件，使用者在DesignBuilder中完成几何建模和模拟参数设置后，软件将调用EnergyPlus计算，并输出模拟结果。DesignBuilder软件的几何建模过程直观，参数设置面板多采用滑竿或下拉列表等选择方式，并提供了大量参数设置模板文件可供参考，整体而言用户交互性较强（图1-2）。

(a)

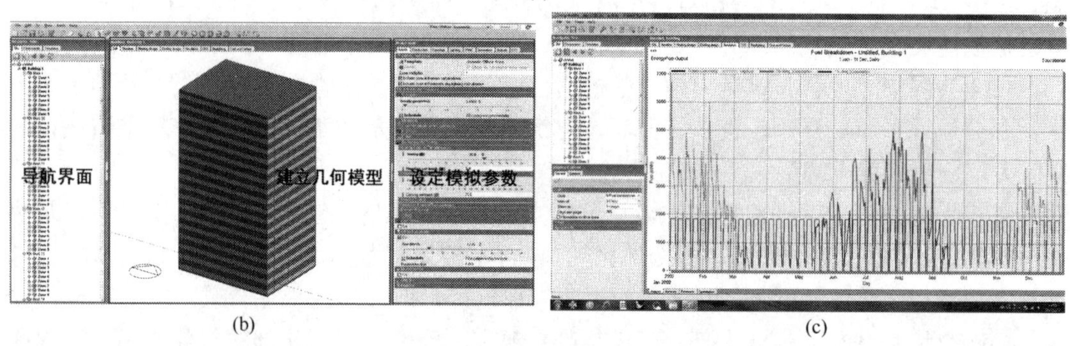

(b) (c)

图1-2 模拟用到的DesignBuilder软件

(a) DesignBuilder软件图标；(b) DesignBuilder软件操作界面；(c) DesignBuilder软件模拟结果——逐日能耗图

本书使用DesignBuilder软件开展建筑能耗模拟研究，用到的软件功能主要有负荷模拟、天然采光模拟、人工照明的控制及其对负荷及能耗的影响[22]。模拟分析一般包含三个步骤：首先，建立几何模型，并设定模拟需要的气象数据、人员活动情况、围护结构构造、外窗、照明、HVAC系统等参数；进而，由EnergyPlus依据热平衡法逐时计算负荷；最后，由DesignBuilder输出模拟的结果，比如能耗、通风和热舒适指标等。

1.2.3 建筑节能整合设计

整合设计（Integrated Project Delivery，IPD）强调在建筑设计和建造的全过程中，通过多学科之间的理论知识与团队协作，实现建筑综合效率与性能提升的目标[23]。这里的综合效率并非某项具体的单一目标，而是多目标集成的均衡状态[24]。本书将整合设计的理念用于建筑节能设计中，强化将多种能耗影响要素统合到建筑方案设计阶段来考虑，达到节能效果的最大化。

目前，常规节能设计方法在我国建筑设计行业中认知度高、操作性强，代表着我国建筑节能设计已经迈出了一步，但不可否认的是仍存在提升和改进的空间。在常规节能设计方法中，建筑方案设计阶段对于节能的考虑往往不足，在建筑方案确定之后再进行能耗模拟分析，于是节能分析的结果无法反馈在最初的方案中。常规节能设计方法的一般流程体现为：在已成型的建筑空间和形态基础上，依据节能设计图集选择围护结构各部位的构造设计方案，然后对照现行节能标准作出建筑节能与否的判定，判定过程借助建筑节能计算软件的辅助。假如通过判定，那么节能设计完成；假如未通过判定，则基于缺陷弥补的思路，在施工图设计阶段对方案进行小范围的调整。常规节能设计方法有可能导致最终的方案并不节能，甚至需要更大的HVAC系统来供能。

对于建筑节能整合设计而言，从方案设计阶段开始，建筑师就需要对能耗产生影响的关键设计要素作出整体的把控，考虑要素次序的先后，以及不同要素之间如何配合使用是需要密切关注的问题。由于建筑所处的气候区域不同、设计阶段不同，于是可供整合的节能设计要素也不同。本书重点探讨建筑方案设计阶段的节能整合设计，且侧重于最为简单的建筑本体节能设计要素，包括建筑朝向、空间形态乃至外立面的色彩，这些要素将给建筑运行过程中的采暖空调系统能耗和照明能耗带来长久的影响。在建筑方案设计阶段，围护结构构造和材料的信息量有限，这时如果无法深入具体的材料构造等细节，也应对围护结构构造类型和保温性能等级等作出合理的预设（图1-3）。

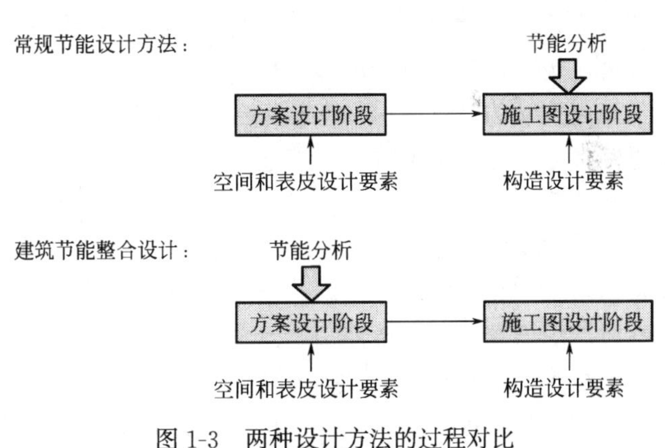

图1-3　两种设计方法的过程对比

本书基于建筑设计，特别是方案设计的视角研究节能潜力、设计策略和方法工具，书中涉及的变量均为建筑师在设计过程中可控的变量。虽然单纯以方案设计阶段而论不能决定建筑生命周期总体能耗情况，但毕竟是建筑过程的起始阶段，对整个过程具有重要的影响和制约。当然，一个完整的建筑节能设计过程需要考虑的内容更为繁杂和多样，包括建筑设备与系统等方面；在建筑实际的运行过程中，能耗的影响因素还包括使用者的用能方式以及设备的维护情况等，这些众多的因素也会对建筑能耗产生重要的影响。

1.3　国内外研究概况

1.3.1　基于定性分析的办公建筑节能设计研究

针对办公建筑的节能设计，国内很多学者进行了定性的理论研究工作，其中对本书具有启发作用的主要研究成果包括以下文献资料：

西安建筑科技大学的刘加平等在《建筑创作中的节能设计》[25] 中介绍建筑设计过程中的节能设计理论与方法，文章从不同的节能侧重点来分析节能设计策略，内容涵盖太阳能的利用、促进天然采光与通风、夏季降温等方面，涉及场地、建筑体形和空间、围护结构及构造四个方面的节能设计策略。

西安建筑科技大学的罗旭堃[26] 通过对西安地区气候特点和人居环境状况的分析，结合办公建筑的运行特征，提出尊重气候和自然因素、经济条件许可的条件下适度超前、建筑设计中贯彻节能思想的西安地区办公建筑可持续设计原则。石运龙[27] 针对呼和浩特地区的气候特点、办公建筑现状的分析，从选址、体形设计、场地设计、自然通风等几方面提出建筑方案设计阶段的节能方法，论述建筑结合气候设计的原则。刘大龙[28] 等通过对西安市办公建筑案例的能耗调查，分析其用能特征，总结得到大型办公建筑主要能耗类型为采暖空调以及办公设备用能，提出节能设计的重点在于提高围护结构热工性能、利用自然通风、采用双层呼吸式玻璃幕墙或外遮阳等几个方面。成辉等[29] 通过对西安地区 12 栋高层办公建筑案例的调研，分别从天然采光和照明设计、自然通风设计、围护结构保温和遮阳、可再生能源利用四方面提出节能设计的对策。

浙江大学的李振翔[30] 针对夏热冬冷地区办公建筑的能耗特点，提出基于可持续理念的建筑设计方法，对建筑设计与节能设计的融合进行了探讨。

东南大学的杨维菊等[31] 根据办公建筑的空间类型和能耗特点，提出实现生态节能办公建筑的设计要点在于空间组合节能、围护结构节能、遮阳系统、天然采光与自然通风。

同济大学的宋德萱等[32] 基于节能建筑设计的基本原理，从办公建筑节能设计的一般原则、建筑的体形控制、天然采光与通风的节能设计、建筑外围护结构及遮阳设计等方面对办公建筑节能设计实践进行分析。

东南大学的叶佳明[33] 基于夏热冬冷地区气候特点的分析，提出两种办公建筑节能设计思路，分别是将传统建筑节能技术与建筑设计相整合，以及将新型可控节能技术与建筑设计相整合。

清华大学的李珺杰[34] 等以西安的气候条件为影响因素，针对西安地区新建办公建筑，总结出一套从场地、朝向、遮阳、通风、采光、水体、植被和其他几方面基于气候应变性考虑的低碳设计策略列表。

天津大学的惠超微[35] 针对高层办公建筑的特点，从室内光环境、热环境、风环境、声环境方面分别提出建筑表皮可持续设计方法，进而从整体角度对高层办公建筑表皮的综合可持续设计进行探讨，分析平衡了光、热、风、声环境需求的最优化设计。杨曦[36] 从总平面布置、体形设计、空间设计三方面针对办公建筑的环境特点阐述了具体的可持续设计策略。吕元之等[37] 针对导致寒冷气候区办公建筑能耗高的主要问题，结合办公建筑的空间及用能特点，从空间设计的视角分析了寒冷气候区办公建筑的节能潜力，归纳并总结出了建筑空间设计时的节能优化策略。祝正午等[38] 基于可持续发展的理念，针对城市设计学科的发展趋势，明确低碳节能对于城市设计的重要性，提出寒冷气候区中心商务区的低碳节能城市设计策略。

上述文献主要对办公建筑的建筑类型特征、能耗特征以及结合地域特征的节能设计原则进行了研究，对本书的研究起到节能理论指导的作用。

1.3.2 基于能耗模拟的办公建筑节能设计研究

基于能耗模拟开展的节能研究在定性分析的基础上进了一步，研究结论更加量化科学，与本书相关的研究成果如下。

1. 单项节能设计策略研究

2000年，P. Depecker等[39]研究了体形系数与建筑采暖能耗之间的关系，研究表明，体形系数对采暖能耗的影响在不同气候区存在差异。在严寒且日照微弱的气候条件下，建筑体形系数越小，则采暖能耗越低；然而，这一规律并不适用于相对温和且日照充足的地区。

2015年，Miroslav Premrov等[40]以独栋式单层木结构住宅为例，分析了体形系数与建筑采暖和制冷能耗之间的关系。研究表明，在严寒且日照微弱的气候下，体形系数与建筑总能耗之间存在线性相关关系，体形系数越大则总能耗越高；在相对温和且采暖期日照充足的地区，这一关系不明显。

2002年，Ardeshir Mahdavi等[41]引入相对体形系数❶。2003年，Werner Pessenlehner等[42]对不同形状、朝向、立面窗墙比的居住建筑进行能耗模拟，探讨相对体形系数与建筑采暖负荷以及过热小时数指标之间的关联。在研究所设定的奥地利维也纳的气候条件下，相对体形系数可以作为反映建筑采暖负荷的指标（$R^2=0.88$），但相对体形系数与过热小时数的相互关联并不明显。

上述成果旨在通过分析体形系数与建筑能耗之间的关系，建立一项抽象的能耗预测指标，已有研究多数针对严寒或寒冷气候条件。同时，以下研究分析针对的多是平面形状、围护结构部件、设备及系统等具体的单项节能设计策略：

2000年，宋德萱等[43]探讨建筑平面设计要素与节能的关系，文章采取定性分析和定量模拟相结合的方式，首先定性对比六种不同平面形状的抽象建筑模型的节能效果；进而，制作实体模型进行热交换试验，结果表明，正三角形具备节能优势。

2002年，高霖等[44]在科技部北京综合节能示范楼设计项目中，运用DOE-2模拟程序辅助建筑平面形状的确定，研究者对一系列适合于场地条件的平面形状，如矩形、U形、菱形、T形、十字形，通过模拟分析后确定节能效果最佳的平面形式为十字形。

2007年，华中科技大学的余庄等[45]研究夏热冬冷地区办公建筑围护结构各部件对建筑耗电量的影响，以计算机模拟得出的各项参数，分析不同围护构件对建筑节能的影响，做出围护结构设计策略节能效果排序表，从结果可以看出，外窗更换为普通中空玻璃窗、外墙增加聚苯保温板、外窗增设固定遮阳等单项节能策略的效果比较突出。

2007年，浙江大学的李程[46]首先从定性的角度论述办公建筑在建筑选址、建筑类型、建筑立面、围护结构、自然通风及可再生能源利用等六方面的节能设计措施，随后借助PBEC和DOE-2软件来模拟分析墙体保温构造及遮阳构件对建筑能耗的影响。

2007年，西安建筑科技大学的王丽娟[47]采用能耗模拟软件DOE-2，分析西安、北京、拉萨的建筑节能设计参数（窗墙比、体形系数、墙体传热系数和屋面传热系数）对能耗的影响，分别得出各个参数变化对能耗的敏感度。

2008年，Joseph Lam等[48]选择香港10栋已建成投入运行的高层办公建筑为研究对

---

❶ 相对体形系数将体形系数作出归一化处理，相对体形系数将特定建筑的体形系数与同样体积的基准形体相比，基准形体可以被设定为球体或者是立方体。

象，通过能耗模拟方法研究了共计 60 项设计变量对建筑总耗电量的影响，变量涉及：①与建筑冷热负荷有关的围护结构和建筑形态，②HVAC 系统，③HVAC 冷凝设备三种类型，研究根据敏感度指标筛选出 10 项关键设计变量，其中室内制冷设计温度、照明功率密度、冷却器 COP 这三项变量的节能潜力最高。

2009 年，华中科技大学的张威[49] 在对 20 余栋政府机关办公楼的建筑能耗进行实地测量、调查的基础上，利用能耗模拟软件 DeST 及 DesignBuilder，建立典型建筑模型，分析了不同围护结构构造、机电系统等设计要素对建筑负荷的影响。

2014 年，同济大学的王永龙等[50] 通过全年动态模拟结果分析软件 eQUEST，针对建筑围护结构、建筑内部负荷以及空调系统三方面参数进行单因子敏感性分析，比较各个输入参数的敏感性大小，在此基础上指出了新建建筑节能设计或既有建筑节能改造的重点。

2015 年，Takeshi Ihara 等[51] 以日本东京地区办公建筑为研究对象，分别模拟了围护结构构造的 4 项设计变量对建筑采暖和制冷能量需求的影响，分别是外窗太阳得热系数（*SHGC* 值）、外窗传热系数、不透明围护结构的太阳反射率以及不透明围护结构传热系数。

2015 年，Mohammed Fasi 等[52] 建立了炎热地区办公建筑典型模型，研究三种不同的外窗类型对办公建筑能耗和天然采光质量的影响，还对比了有或没有照明控制设备情境下建筑能耗的差异。

2015 年，Ligang Liu 等[53] 建立了平面形式不同的 6 类 8 种高层办公建筑模型，包括条形平面、多边形平面、点式平面、带有中庭或庭院的平面，以我国寒冷地区的北京市为例，依次分析了平面功能区面积比、体形系数、建筑进深或办公区进深、辅助空间在平面中的位置、庭院或中庭的位置，以及天然采光等平面设计要素对建筑能耗的影响。在后续的研究中，作者又进一步对比了模拟结论在北京、长沙、广州三个地区的适用性[54]。

2015 年，重庆大学的刘洪磊[55] 以某典型办公房间为研究对象，利用 DesignBuilder 软件对整个办公楼进行能耗模拟计算，以窗墙比为变量，分别模拟了使用 Low-E 中空玻璃窗和使用外遮阳等节能措施时在有无照明节能控制时的能耗，最后提出了在不同外窗条件下适宜的窗墙比。

2015 年，中国建筑科学研究院的孙海莉等[56] 利用 DeST 软件分析和研究了深圳地区公共建筑能耗的特点，对某办公建筑从围护结构、建筑电气、空调系统等方面模拟分析建筑的节能潜力。

2016 年，Francesco Goia[57] 以一栋 7 层条式办公建筑典型模型为模拟分析对象，在欧洲的 4 个代表城市条件下，按照降低建筑全年的采暖、制冷和照明能耗的目标，分别寻找建筑各朝向的最佳窗墙比。模拟过程整合了建筑热工性能和光环境分析，结果表明，最佳窗墙比的取值范围一般在 0.3～0.45 之间。

2016 年，黄金美等[58] 以江苏省昆山市某办公楼为研究对象，采用 DeST 软件建立建筑模型，分析东、南、西、北向窗墙比对建筑供暖能耗、空调能耗及全年能耗的变化关系，挖掘对建筑能耗影响较大的因素。

2016 年，本课题组[59] 以寒冷地区点式高层办公楼为研究对象，建立典型模型，利用能耗模拟软件 DesignBuilder 对空间设计参数与建筑能耗之间的关系进行模拟分析。模拟结果表明，空间设计中对建筑节能最有效的策略依次为：减少标准层的面积、适当降低层高和增加平面的长宽比。研究成果构成了本书的重要基础。

上述文献从不同节能设计策略的角度对办公建筑能耗进行了模拟研究，其中的分析思路和设计策略的类型均值得本书借鉴。

2. 多项节能设计策略组合研究

针对办公建筑多项节能策略的组合设计，更接近于完整的建筑设计过程，对本书有启发作用的主要成果如下：

2007年，林宪德[60]针对东亚由寒带到热带的十一个大都市，以建筑能耗模拟软件eQUEST对某办公建筑物的空调耗电量进行了解析，同时针对建筑方位、开口率、遮阳深度、外墙隔热、玻璃材质、构造方式等设计因子，以试验设计方法进行各因子对空调能耗的敏感度分析。

2008年，武汉理工大学的吴珍珍[61]对武汉市某多层办公楼进行节能设计以及能耗模拟。对案例进行了规划和建筑外围护结构的节能设计，改变建筑围护结构热工性能，从而从整体上减小了建筑的能耗；最后采用DOE-2程序，对建筑物的照明、采暖空调负荷、采暖空调设备的能耗等进行全年逐时模拟，通过模拟验证了节能设计的效果。

2009年，PerHeiselberg等[62]将敏感度分析的理论运用于丹麦一栋办公建筑的可持续方案设计过程，在该案例中，作者一共分析了21项围护结构构造或系统设备运行特征方面的设计变量，对不同变量的影响程度作出大小排序。

2011年，天津大学的高源[63]以天津市典型住宅为例，通过建筑生命周期能耗的模拟和计算，探索了一套寒冷地区居住建筑的节能设计方法。该节能设计方法遵循次比法试验的基本步骤，从平面布局、形体特征、细部设计三个层面展开，依次分析了8项节能设计变量对建筑能耗的影响，研究方法和工具值得本书借鉴。

2011年，山东建筑大学的卢丽[64]以EnergyPlus软件动态模拟为手段，选取济南地区典型办公建筑模型，运用正交试验法进行不同工况的模拟分析，得出各能耗影响因素对办公建筑冷、热负荷的影响显著顺序。

2011年，东华大学的余秋萍[65]建立了上海地区典型办公建筑分析模型，并用全年动态模拟软件eQUEST从围护结构、内扰、空调系统三个方面选取了14个能耗影响因子进行单因子影响程度分析，量化各个单因子对能耗的影响程度大小。进而选取了13个能耗影响因子，采用正交实验和方差分析方法得出了各因子对空调系统、总能耗影响程度次序。

2012年，GongXinzhi等[66]以一间单一朝向的住宅单元为能耗模拟的原型，采用正交试验法和列表法相结合的试验方法，提出了一套被动式建筑节能设计策略的优化选择方法，模拟试验中一共涉及7项被动式节能设计策略。

2013年，Susorova Irina等[67]以一个典型的单面采光的办公室房间为能耗模拟原型，通过外窗朝向、窗墙比和房间长宽比的多组取值，分析几何设计变量对建筑总能耗的影响，并获得最节能的参数组合方案。

2015年，赵倩倩[68]采用正交试验法来研究建筑方案设计阶段不同变量对能耗的影响，并通过分析获得优化组合设计方案。为了便于简化模拟分析的过程，研究者借助Revit软件建模，并通过Ecotect在建模软件和建筑性能模拟软件EnergyPlus之间传输数据。

2015年，金虹等[69]以严寒地区乡村民居为研究对象，选取影响建筑采暖能耗的7个主要设计变量，分别涉及建筑体形、窗墙比、围护结构各部位的传热系数指标，采用正交试验法得出 18 种变量组合方式，通过各变量对能耗的影响趋势和主次分析，得出最优的变量组合方案。

多项设计策略组合的研究往往借助试验设计方法来展开，参数组合的过程中也同时进行了关键设计要素的配置，获得最终的优化设计方案，这类研究在单一策略的基础上又进了一步。

1.3.3 办公建筑节能设计的新方法和新工具

1. 建筑热工性能和光环境结合的研究

关于建筑设计要素对能耗影响的研究中，大多数仅关注于对采暖、制冷能耗的影响，而以下研究还同时关注了对办公空间室内光环境的影响，体现出对于能耗的理解范围更加全面：

2005 年，天津大学的张伟[70] 利用简化的天空模型，采用数值模拟方法，分析了窗墙比、窗户设计形式、朝向、遮阳等因素对室内天然光分布、照明节能、空调能耗和采暖能耗的影响。

2008 年，天津大学的张连飞[71] 基于天津的气候特点，通过建筑遮阳理论研究，确定了各朝向的遮阳方式和相应的遮阳角度；进而，利用建筑能耗模拟软件 EnergyPlus 和建筑光环境模拟软件 Radiance，分析几种常用遮阳形式对节能和采光方面的影响。

2013 年，Hui Shen 等[72] 以一个单面采光且具备可调节卷帘式遮阳的办公房间为模拟对象，借助敏感度分析方法，研究外窗大小、遮阳透过率、遮阳内外表面的反射率、房间长宽比、外墙传热系数、外窗类型、外窗朝向一共 7 个变量对建筑能耗的影响，研究考虑了办公空间光环境优化所带来的节能效果。

2014 年，东南大学的赵忠超等[73] 提出充分利用天然光是实现建筑照明节能的最好方法，基于高层办公建筑侧窗采光的现存问题，从相关规范与标准、窗地比和外窗形态三个方面分析侧窗采光的优化设计问题。

2016 年，浙江大学的朱耀鑫等[74] 选取杭州市一幢办公建筑建立模拟模型，在考虑杭州地区采光性能和在人员作息的影响下，采用 DeST 软件分析了办公建筑综合能耗随着窗墙比的增大而变化的规律。

2017 年，本课题组[75] 以寒冷地区点式高层办公楼为研究对象，在能耗模拟中耦合室内光环境的分析，研究窗墙比与采暖、制冷和照明能耗间的定量关系，光环境模拟涉及影响办公建筑采光质量的两个要素：室内天然采光照度和眩光指数。

2. 基于计算机语言的建筑节能设计工具开发

针对建筑师在方案设计过程中直接运用模拟软件存在技术障碍的难题，以下学者尝试开发了一系列节能设计辅助工具：

1999 年，美国的劳伦斯伯克利实验室[76] 开发可持续建筑设计辅助工具 Building Design Advisor，该工具建立在现有的多个建筑性能模拟软件的基础之上，包括光环境分析软件 DCM、电气照明模拟软件 ECM、能耗模拟软件 DOE-2。该工具实际上是为不同软件之间的数据互通提供了媒介；工具有非常简单的图像化用户界面，方便建筑师同时获取多种分析结果。类似的辅助设计工具还包括麻省理工学院建筑学院开发的 MIT Design Advisor[77]，该工具整合了多个简单的模拟模型，能够通过使用者输入的一组简单设计变量实现快速预测建筑能耗、舒适度、通风以及光环境等性能表现，提供了多个备选设计方案之间的对比界面。

2000年，美国的劳伦斯伯克利国家实验室（LBL）开发GenOpt优化设计软件[78]，该软件是一款通用优化程序，基于Java语言，包含优化算法库，便于开展单一目标或多目标优化设计，能够和任何以文本格式输入和输出数据的建筑性能模拟软件对接，比如EnergyPlus、TRNSYS或DOE-2。

2001年，M. Ellis等[79]开发了一款专门针对建筑师的建筑热工节能设计辅助工具，研究者首先明确了工具开发的基本原则，基于2000余种模型试验的敏感度分析筛选了对建筑能耗影响比较大的关键变量，进而借助一款建筑热环境预测的模型方法来计算模拟结果数据，并进行工具界面的包装。

2006年，美国国家可再生能源实验室（NREL）开发了BEopt建筑节能优化设计软件[80]，该软件基于节能效果和经济性两个方面的目标，帮助建筑师方便、快捷地找到最佳的节能设计方案。用户通过选择的方式定义了需要进行优化的设计变量之后，软件将使用计算机顺序搜索技术进入自动化计算过程，以DOE-2和TRNSYS为模拟计算的内核。

2009年，清华大学的周潇儒[81]提出基于整体能量需求的建筑方案阶段节能设计方法，在稳态公式、模拟拟合基础上建立建筑全年能量需求预测模型（AEDPM），基于遗传算法和AEDPM，开发最节能方案生成软件（MEESG），借助该软件，确定固定条件、优化设计目标变量之后，自动计算变量的最优解集，达到全年能量需求最小的目标。

2010年，Steffen Petersen等[82]开发了一款设计变量的敏感度分析软件iDbuild，具备图像化的友好用户界面，软件利用Matlab编程，模拟内核包括BuildingCalc和LightCalc，能够预测建筑能耗、热舒适、室内空气质量、采光指标。iDbuild以一个单面采光的两人位办公室为模拟原型，快速分析包括建筑空间、围护结构、设备系统和服务、能源供应四方面一共25项变量对建筑性能指标的影响。

2012年，Yi Zhang[83]开发了一款专门针对能耗模拟软件EnergyPlus的参数化分析工具jEPlus，将该工具与优化算法相结合使用，可以方便、快速地寻找单一目标或多目标下的优化设计方案。

2012年，Shady Attia等[84]开发炎热地区零能耗建筑方案设计前期的工具，以能耗模拟软件EnergyPlus为内核，对多项主动式或被动式节能设计策略进行能耗和舒适度的敏感度分析，结果呈现方式非常直观。

2012年，天津大学的张海滨[85]根据多变量下的住宅能耗模拟数据，运用1stOpt软件进行多元函数回归，得到表示平面长度、平面宽度、建筑高度与能耗的定量关系式，并附加了窗墙比和围护结构各部位传热系数的修正值，最终开发了居住建筑节能体形优化设计系统，帮助建筑师方便对比不同方案的节能效果。

2013年，Matti Palonen等[86]开发了一款通用的免费软件MOBO，致力于解决单一目标或多目标优化问题，类似于上文提到的GenOpt。

2015年，DesignBuilder软件[21]增加了优化设计模块（DesignBuilder Optimazation），该模块以碳排放量、不舒适小时数和造价为可选的三个目标项，使用遗传算法，实现了计算机自动寻优；在变量选择方面，软件已经预设可供优化选择的变量种类，在空间设计变量方面相对涉及较少。

2016 年，Holly Samuelson 等[87] 构建了利用参数化方法辅助建筑师开展节能设计的框架，用到的软件包括能耗模拟软件 EnergyPlus、参数化建模软件 Grasshopper 和数据转换软件 ArchSim；以一栋高层住宅为设计案例，论述了该方法的可行性，通过超过 9 万次的穷举式能耗模拟结果数据来计算多个设计变量的敏感度指标。

2013 年，天津大学的李晓俊[24] 探索了一种应用于方案设计阶段，且综合考虑城市和建筑多层面设计因子的系统化整合设计方法——基于能耗模拟的建筑节能整合设计方法，并结合案例研究开发了可视化界面分析工具——建筑节能整合设计灵敏度分析工具。案例为重庆市一栋高层办公楼，概念设计阶段的节能研究一共识别出 7 项设计变量，包括外墙传热系数、外窗传热系数、外窗太阳得热系数、窗墙比、室内得热、夜间通风和建筑朝向。考虑到不同变量的取值及其组合，一共模拟了 134400 个变量之间全面组合的方案。模拟借助了英国卡迪夫大学的高速运算集群技术（Merlin），该技术可以实现同时模拟多种变量组合方式，从而大大降低时间成本。

2016 年，天津大学的杨鸿玮[88] 以一栋既有多层板式住宅绿色改造为案例，开发既有建筑绿色改造“多目标优化”敏感度预测模型。在案例中，根据建筑性能提升的要求，提出建筑形式、围护结构构造、系统和用电设备一共 4 类、11 项绿色改造策略。在运用形式策略之后，将其他三类改造策略对应的变量及取值进行相互结合，共生成 768 种不同的组合方案。模拟借助 DesignBuilder 遗传算法，筛选出二氧化碳减排率较高和全年不舒适小时数较低的最优解，还计算出全面组合方案的二氧化碳减排率、全年不舒适小时数和增量成本。在预测模型界面中，只需要拉动滑杆即可生成变量相应组合方式的性能指标。虽然研究所针对的建筑类型不同，但研究思路值得本书借鉴。

基于上述分析，工具开发者的研究重点有所不同，上述文献主要针对节能设计过程中的寻优工具、可视化分析工具和敏感度分析工具展开研究，工具开发的思路值得本书吸收和借鉴。除了上文分析的成果以外，办公建筑节能设计的多种新方法和思路不断涌现：天津大学的游猎[89] 和蔡一鸣[90] 开展了基于参数化方法与逻辑的建筑节能设计研究，重庆大学的席加林[91] 开展了基于 BIM 技术的建筑节能设计研究，本课题组[63][92] 开展了基于生命周期评价的建筑节能设计研究，文中不再逐一展开论述。

1.3.4 总结与评价

国内外基于建筑设计的视角针对办公建筑节能问题的研究呈现出随时间发展逐步深入和细化的趋势，体现为以下几点特征：

（1）从基于定性分析的节能设计实践或理论研究向基于能耗模拟的定量研究转变，而后者又进一步分化出两大趋势：一种是利用现有能耗模拟软件开展节能设计策略或设计方法研究，另一种是尝试开发针对普通建筑师的节能设计辅助工具，节能设计辅助工具能够让原本复杂的建筑节能设计过程变得直观和量化，便于在建筑设计中推广节能设计的理念。

（2）就建筑能耗各分项而言，研究的范围越来越全面，从关注于建筑热工性能或采暖空调系统的能耗向同时考虑采暖、空调和照明的总能耗转变；此外，建筑空间和形态的变化往往同时伴随着室内天然采光的变化，于是天然采光与照明能耗的耦合就显得很有必要。

（3）建筑节能设计变量研究通常表现为单一变量的研究和多变量组合的研究，单一变量的研究是其中必不可少的基础环节，而多变量组合则构成研究的最终目标，构成一个完整的建筑节能设计过程。

（4）结合参数化方法、BIM技术或计算机编程技术的建筑能耗模拟新工具或新方法不断涌现，在此基础上，模拟的数据量越来越大，模拟结果的可靠度正在提升。

通过分析国内外研究，本书认为有以下问题需要探讨：

（1）基于建筑设计的视角，方案设计阶段更多地关注于建筑空间和形态的创造，空间形态与建筑能耗的关系紧密，是达成建筑节能目标的首要环节，已有研究对于这一类要素有所忽视，并且基于单一目标（比如改善室内光环境、促进通风、夏季遮阳或冬季得热）提出的设计策略并不完全符合建筑师的思维方式，无法有效地指导建筑方案设计[93]，因此，迫切需要建立起建筑空间和形态设计要素与能耗之间的关联。

（2）考虑多变量的节能设计方法和过程比单一变量的节能策略研究更为复杂，多变量共同作用下对于建筑性能提升的价值和意义也更大，因此值得更加深入、细致地研究。

（3）考虑到建筑师在方案设计阶段直接运用能耗模拟软件存在的障碍，目前，已有诸多国内外研究者在开发节能设计辅助工具方面作了有价值的研究，许多原理和思路值得借鉴，但同样存在建筑空间和形态设计要素缺失的漏洞。

1.4 研究目的、意义和方法

1.4.1 研究目的

随着建筑节能和绿色建筑的理念越来越深入人心，常规节能设计方法需要调整和更新。本书针对高层办公建筑节能设计中存在的重技术措施轻方案设计的问题，从空间和形态等建筑本体节能设计要素入手，探索符合建筑师行为和操作逻辑的节能设计策略、节能整合设计方法和辅助工具，以启发和指导寒冷地区高层办公建筑设计实践，达到构筑高性能建筑空间和形态的目的。

1.4.2 研究意义

首先，本书基于建筑设计的视角，以建筑空间和形态设计为核心、以建筑构造设计为外延，系统梳理了寒冷地区高层办公建筑的能耗影响要素，筛选了节能设计的关键要素。设计策略的研究搭建起建筑设计策略和能耗之间的关联，有助于增强建筑师对于节能设计原理的认知，强化建筑本体节能设计的意义。将关键节能要素与公共建筑节能设计标准进行对比，为标准今后的修订和完善提供借鉴。

其次，本书提出了符合建筑方案设计阶段特征的节能整合设计方法和流程，让建筑师在实际的设计操作过程中有方法可循、有案例可依。采用能耗模拟方法和试验设计方法的节能整合设计流程具备一定的复杂性，针对这些问题，本书以天津地区为例，开发了节能整合设计的辅助工具软件，让建筑师在方案设计阶段，快速、方便地对比和分析不同设计方案的能耗表现，从而进行设计方案的优化调整，有助于最终性能优化目标的实现。

最后，本书对于寒冷地区高层办公建筑的研究，为我国其他气候区、不同建筑类型的节能设计提供参考，有利于建筑行业整体节能减排目标的实现。

1.4.3 研究方法

本书采用的研究方法主要有以下几种。

1. 文献研究

本书属于基于建筑设计的视角开展办公建筑节能设计的范畴，在此范围下，分别从基于定性分析的办公建筑节能设计研究、基于能耗模拟的办公建筑节能设计研究和办公建筑节能设计的新方法和新工具三方面对现有文献资料进行系统梳理，吸收已有研究的精华，并发掘存在的问题，明确本书的研究重点。

2. 调查研究

对寒冷地区典型城市的高层办公建筑空间形态特征进行调研，案例信息的收集方式包括向北京市和天津市的几个大型设计单位征集图纸，以及收集网络的有效来源信息，归纳本地区高层办公建筑空间形态设计的总体特征，为书中能耗模拟典型模型的建立提供基础资料。

3. 量化模拟

能耗模拟是进行建筑能耗研究的定量研究方法。本书使用能耗模拟软件 DesignBuilder 对能耗模拟典型模型进行能耗模拟，预测单一变量和多变量下建筑能耗变化的内在规律。

4. 实证研究

运用建筑节能整合设计方法对天津地区点式和条式高层办公建筑进行了节能优化设计，印证了方法的可行性。同时，通过案例解析验证了天津地区高层办公建筑节能整合设计工具的实用价值。

1.5 创新点和研究框架

1.5.1 创新点

（1）在分析单一变量下寒冷地区高层办公建筑典型模型能耗变化特征的基础上，对我国公共建筑节能设计标准中的指标提出了建议。提出体形系数与建筑能耗之间的关系值得进一步推敲；分析了标准中未涵盖或存在分歧的重要指标，包括空间和表皮设计变量以及外窗太阳得热系数（*SHGC* 值），为标准的修订提供借鉴。

（2）利用能耗模拟方法和多变量试验设计方法，提出了适合建筑师在方案设计阶段操作的节能整合设计方法和流程。通过要素筛选、构造工况的组合、试验设计方法的运用，得到相对简化的操作流程，在此流程下，融合“能耗”因素开展节能设计，节能设计以空间设计和表皮设计要素为主要着力点。

（3）从空间设计和表皮设计要素入手，以天津地区为例，开发了针对高层办公建筑方案设计阶段的节能整合设计辅助工具，引导建筑师开展节能优化设计的过程。采用能耗模拟方法和试验设计方法的节能整合设计流程具备一定的复杂性，针对这些问题，采用敏感度分析工具的开发思路，设计和完成工具。让建筑师在方案设计阶段，能够快速预知设计方案的大致能耗结果，据此可以进一步调整优化设计方案的节能表现。

1.5.2　研究框架（图 1-4）

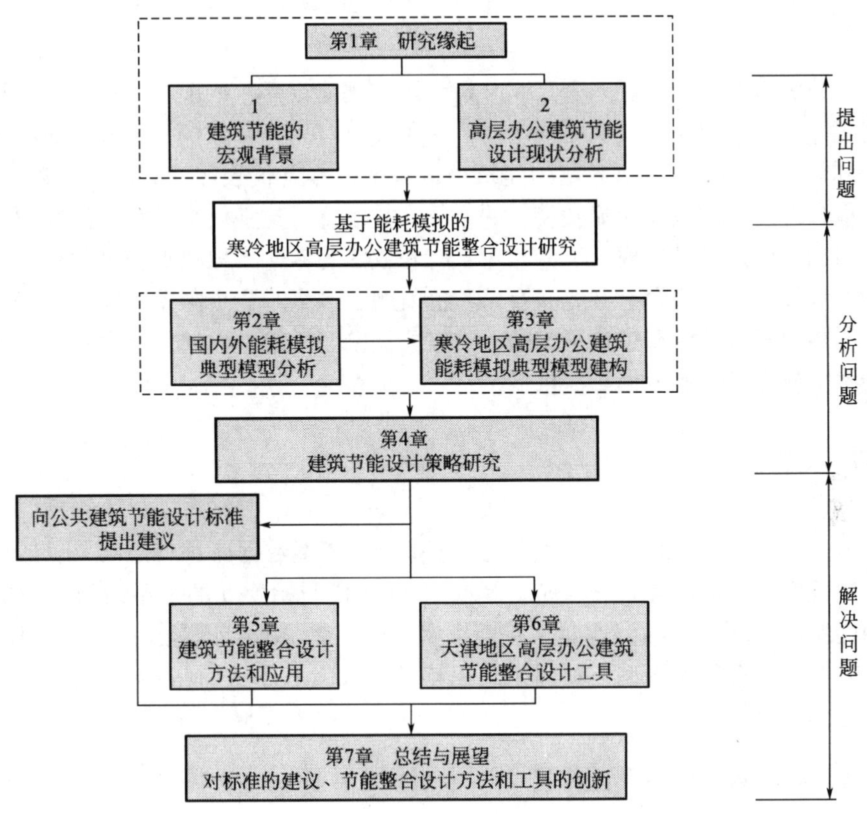

图 1-4　研究框架

第 2 章　国内外能耗模拟典型模型分析

从一个或者多个典型模型入手，来分析特定类型建筑存量的能耗特征，是一种常用的模拟研究思路。典型模型需要满足两个基本的条件：首先，参数的代表性，典型模型所选用的参数和能耗模拟结果在所界定的建筑存量范围内具有代表性；其次，参数的完整性，典型模型应包含能够反映建筑能耗特征的全部参数信息。建立典型模型的研究属于基础研究范畴。目前，国外已经形成了一些相对系统和成熟的能耗模拟典型模型数据库，所以分析其建构方法和逻辑是非常有必要、有借鉴价值的。本章对几个国家和地区层面的针对办公建筑的能耗模拟典型模型进行了归纳，重点分析模型的建立方式、参数列表和参数确定方法，为本书研究建构典型模型提供借鉴。

2.1　国外研究

下面对国外四个不同时期的代表性能耗模拟典型模型数据库进行总结，包括美国劳伦斯伯克利实验室（LBL）的 Joe Huang 等从 1990 年代开始建立的一系列商业建筑典型模型；美国能源部（DOE）的商业建筑基准模型；办公建筑研究课题组（OFFICE project）的欧洲既有办公建筑典型模型；英国德蒙福特大学（DMU）的 Ivan Korolija 等建立的英国既有办公建筑典型模型。

2.1.1　LBL 美国商业建筑典型模型

1991 年，美国劳伦斯伯克利实验室（LBL）的 Joe Huang 等人建立了美国商业建筑典型模型数据库[94]，课题组希望利用这个数据库来模拟预测美国商业建筑的能耗情况，目的在于探索能源联产系统的市场开发前景。美国在建筑存量以及建筑能耗特征方面积累了大量的数据资源和相关研究基础，使得该数据库能够在两三年的时间内迅速建立起来。就办公建筑而言，可以获得的数据资料包括非居住建筑能耗调查数据库❶（NBECS，后又称 CBECS）、道奇建筑存量数据库（F. W. Dodge）以及其他 10 余项办公建筑相关研究。LBL 美国商业建筑典型模型数据库包括典型模型 481 个，涵盖了 13 种建筑类型和 13 个地区（表 2-1）。

❶ 自 20 世纪 70 年代开始，美国能源信息管理局（EIA）针对美国商业建筑存量开展了多轮抽样调查，收集案例的建筑能耗指标和与能耗相关的建筑特征参数，建立了美国商业建筑能耗调查数据库（CBECS）（http：//www. eia. gov/consumption/commercial/about. cfm）。该数据库提供了关于各类建筑共同特征的信息，构成典型模型建立的基础资料。

LBL 美国商业建筑典型模型涵盖的建筑类型与地区　　**表 2-1**

序号	建筑类型	序号	地区
1	医院	1	波士顿
2	大型旅馆	2	纽约
3	24 小时服务的餐厅	3	费城
4	快餐店	4	芝加哥
5	24 小时工作的大型办公建筑	5	底特律
6	12 小时工作的大型办公建筑	6	圣路易斯
7	24 小时服务式超市	7	迈阿密
8	公寓	8	新奥尔良
9	监狱	9	休斯敦
10	大型零售店	10	洛杉矶
11	18 小时服务式超市	11	圣迭戈
12	初中/学院	12	旧金山
13	小型旅馆	13	菲尼克斯

资料来源：文献 [94]。

就办公建筑存量而言，LBL 美国商业建筑典型模型并未囊括所有的办公建筑存量，仅仅考虑了大型办公建筑。按照界定，大型办公建筑的建筑面积均大于 5574m^2（60000 平方英尺）。课题组将大型办公建筑存量按照地区、每日工作时间、建造年代、采暖制冷系统类型来分类，如上文所述，按照地区分为 13 类，在每个地区又细分为 6 类（表 2-2），大型办公建筑典型模型共计 13×6 个＝78 个。精细化的分类虽然增加了建模工作量，但有利于提高各类典型模型的代表性。

LBL 美国商业建筑典型模型大型办公建筑在各地区的细分方式　　**表 2-2**

序号	每日工作时间	建造年代	采暖制冷系统类型
1	24 小时工作	既有(建于 1981 年之前)	定流量定温式(CVCT)
2	24 小时工作	既有(建于 1981 年之前)	变流量式(VAV)
3	24 小时工作	新建(建于 1981～1988 年之间)	变流量式(VAV)
4	12 小时工作	既有(建于 1981 年之前)	定流量定温式(CVCT)
5	12 小时工作	既有(建于 1981 年之前)	变流量式(VAV)
6	12 小时工作	新建(建于 1981～1988 年之间)	变流量式(VAV)

资料来源：文献 [94]。

为了确定典型模型的各项参数，课题组收集了 10 余项针对全美办公建筑的已有研究，详细分析其中参数取值的相同点和不同点，最后主要在非居住建筑能耗调查数据库（NBECS）的基础上确定典型模型的各项参数，本书将其归纳为空间与表皮设计、构造设计、HVAC 系统和室内负荷四类。典型模型的建筑面积根据所处地区的不同而呈现出较大的变化，西部的某些地区小于 13900m^2（150000 平方英尺），而东部的某些地区则大于 46000m^2（500000 平方英尺）；典型模型平面形状保持一致，均为矩形；层数在 7～9 层之间变化；东北部地区的窗墙比取值为 0.41，南部和西部则约在 0.50。就构造设计参数而言，均采用钢框架轻质幕墙结构，保温性能按照 ASHRAE-90.1 标准设置。具体参数见表 2-3。

LBL 美国商业建筑典型模型 12 小时工作的新建大型办公建筑参数列表　　表 2-3

参数类型	参数名称	取值			
空间与表皮设计	建筑面积(m^2)	东北部地区	中北部地区	南部地区	西部地区
		波士顿：18301	芝加哥：32701	迈阿密：14771	洛杉矶：18301
		纽约：38926	底特律：13935	新奥尔良：31772	旧金山：18301
		费城：18859	圣路易斯：18394	休斯敦：23504	圣迭戈：13563
		—	—	—	菲尼克斯：13192
	平面形状	矩形			
	平面长宽比	0.67			
	层高(m)	3.05			
	层数	8	9	7	9
	窗墙比	0.41	0.45	0.50	0.47
	建筑朝向	南向			
构造设计	外墙类型	钢框架轻质幕墙			
	保温性能	满足 ASHRAE-90.1 标准			
	外窗遮阳性能	$SHGC$=0.52			
HVAC 系统	系统类型	变流量式(VAV)			
	系统分区	1 个核心区和区分朝向分为 4 个周边区，周边区进深 4.57m			
	供热设备	燃气锅炉			
	冷却设备	密封式离心机			
	采暖设计温度(℃)	白天：23.3；晚上：18.3			
	制冷设计温度(℃)	白天：25.6；晚上：29.4			
室内负荷	人员密度(m^2/人)	39	35	33	36
	照明功率密度(W/m^2)	16.9			
	办公设备功率密度(W/m^2)	8.1			
	热水设备	燃气锅炉			
	热水供应能耗(kWh/m^2)	0.55			

资料来源：文献 [94]。

典型模型通过 DOE-2 软件计算的能耗模拟结果通过与非居住建筑能耗调查数据库

(NBECS) 中实测能耗数据的校验，之后对模拟参数进行了合理的修正，以确保模拟数据的有效性。数据校验的范围包括年燃料和电力消耗量、年燃料与电力消耗量之比以及终端能耗。最终形成的典型模型文件包括 DOE-2 软件可读文件和模拟结果。

2.1.2　DOE 美国商业建筑基准模型

从 2006 年开始，美国能源部（DOE）与三个国家级实验室合作，共同建立了美国商业建筑能耗模拟基准模型数据库[95][96]，该数据库涵盖面广、通用性强，旨在通过建立一系列基准模型为后续的能耗模拟相关研究提供统一的“起点”，提高能耗模拟结果的可信度与可比性。

该数据库涵盖了 3 种建造年代（新建、建于 1980 年以前、建于 1980 年以后）、16 种商业建筑类型和 16 个气候区（表 2-4），可以囊括 70%的美国商业建筑存量。该数据库的资料来源包括商业建筑能耗调查数据库（CBECS），ASHRAE 建筑节能标准体系中的规定等，在参数确定时依据专家讨论和经验作出了适当的调整。该数据库与 EnergyPlus 软件结合，数据库以即时可用的 EnergyPlus 文件格式在美国能源部的官方网站公布并定期更新❶。EnergyPlus 相关文件包括 EnergyPlus 软件可读文件（.idf 格式）、EnergyPlus 软件模拟结果（.html 格式）、输入/输出汇总表、气象数据（.epw 格式）。

DOE 美国商业建筑基准模型包括的建筑类型和气候区　　**表 2-4**

序号	建筑类型、建筑面积和层数			序号	气候区和代表城市	
	建筑类型	建筑面积(m^2)	层数		气候区	代表城市
1	大型办公	46320	12	1	1A	迈阿密
2	中型办公	4982	3	2	2A	休斯敦
3	小型办公	511	1	3	2B	费城
4	仓库	4835	1	4	3A	亚特兰大
5	独立式零售店	2319	1	5	3B(沿海)	洛杉矶
6	单排商业	2090	1	6	3B	拉斯韦加斯
7	小学	6871	1	7	3C	旧金山
8	中学	19592	2	8	4A	巴尔的摩
9	超市	4181	1	9	4B	阿尔伯克基
10	快餐店	232	1	10	4C	西雅图
11	全套服务式餐厅	511	1	11	5A	芝加哥
12	医院	22422	5	12	5B	博尔德
13	门诊所	3804	3	13	6A	明尼阿波利斯
14	小型旅馆	4013	4	14	6B	赫勒拿
15	大型旅馆	11345	6	15	7	德卢斯
16	中高层公寓	3135	4	16	8	费尔班克斯

资料来源：文献 [95]。

❶ 下载地址：DOE 官方网站 https://energy.gov/eere/buildings/new-construction-commercial-reference-buildings.

新建大型办公建筑基准模型的建筑面积为 46320m²，平面形状为矩形，地上 12 层，立面各朝向的窗墙比均为 0.38（图 2-1）。构造设计参数按照商业建筑能耗调查数据库（CBECS）设置，具体参数列表见表 2-5。

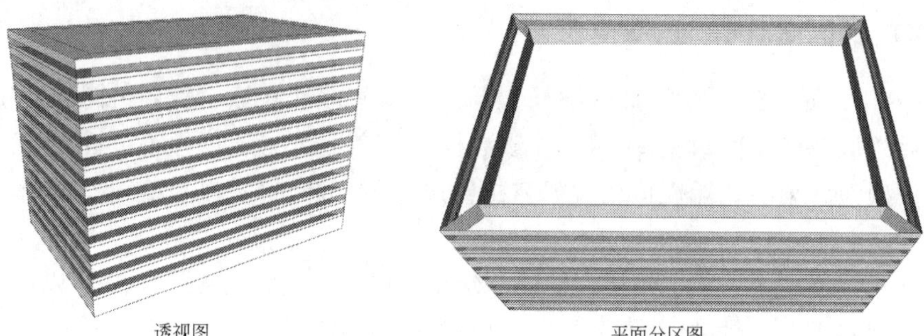

图 2-1　DOE 美国商业建筑基准模型新建大型办公建筑的透视图和平面分区图
（资料来源：在 DOE 官方网站下载的典型模型文件基础上整理绘制）

DOE 美国商业建筑基准模型新建大型办公建筑参数列表　　表 2-5

参数类型	参数名称	取值	数据来源
空间与表皮设计	建筑面积(m^2)	46320	2003 CBECS
	平面形状	矩形	
	平面长宽比	1.5	
	层高(m)	3.96	
	室内净高(m)	2.74	
	层数	地上 12 层(还有 1 层地下室)	
	窗墙比	0.38	
	建筑朝向	南向	
构造设计	外墙类型	重质墙体	2003 CBECS
	屋面类型	组合平屋面,保温层位于结构层上	
	气密性(ACH)	0.1	
HVAC 系统	系统类型	MZ-VAV	2003 CBECS
	系统分区	1 个内区和区分朝向分为 4 个外区	
	供热设备	燃气锅炉	
	冷却设备	水冷机组	
	采暖设计温度(℃)	白天:21;晚上:15.6	
	制冷设计温度(℃)	白天:24;晚上:26.7	
室内负荷	人员密度(m^2/人)	18.58	Standard 90.1-2004
	新风量[L/(s·人)]	10	
	照明功率密度(W/m^2)	10.76	
	办公设备功率密度(W/m^2)	10.76	
	热水设备	燃气锅炉	
	供热效率(%)	80	
	供水温度(℃)	60	
	水量消耗(m^3)	1 504.13	

资料来源：在 DOE 官方网站下载的典型模型文件基础上整理绘制。

2.1.3　OFFICE project 欧洲既有办公建筑典型模型

2002 年，办公建筑研究课题组（OFFICE project）建立了欧洲既有办公建筑典型模型数据库[97]，以便模拟预测既有办公建筑改造中不同改造方案的节能潜力。该数据库涵盖了 5 种办公建筑类型和 4 个气候区（表 2-6）。课题组从 4 个气候区中筛选了 10 个代表城市，从这些城市的办公建筑存量中筛选了 10 个建成实例作为典型模型的基础原型，这些实例覆盖了所有的 5 种办公建筑类型。课题组对这 10 个建成实例进行了细致的调研，包括监测室内的热环境状况及人员活动特征，这些数据组成了能耗模拟重要的输入参数。

OFFICE project 欧洲既有办公建筑典型模型涵盖的类型和气候区　　表 2-6

序号	类型	序号	气候区
1	独立式/重质结构/内部主导/开敞式办公	1	南部地中海
2	围合式/重质结构/表皮主导/单元式办公	2	欧洲大陆
3	独立式/重质结构/表皮主导/单元式办公	3	中部沿海
4	独立式/轻质结构/表皮主导/开敞式办公	4	北部沿海
5	围合式/轻质结构/表皮主导/单元式办公		

资料来源：文献［97］。

OFFICE project 考虑了城市环境对能耗结果的影响，课题组将其分为两种类型：独立式和围合式。独立式环境指建筑未受到来自周围建筑物的遮挡；而围合式对应的是建筑处在较为密集的城市建成区的情况，密集环境对建筑本身的日照和采光造成遮挡，且利用自然通风的潜力也会降低。其次，按照既有建筑结构构件的区别，又划分为重质和轻质两种类型，重质结构有较好的蓄热性能，有效减缓室内温度波动；而轻质结构则正好相反。内部主导或表皮主导的划分则主要是基于被动式改造策略的适用性而言，内部主导的大进深平面办公建筑无法有效利用天然采光或自然通风，因此改造策略将更多地侧重于改进人工照明系统、机械通风以及采暖空调设备等方面。最后，开敞式或单元式办公的划分对应建筑平面内部布局的特征。OFFICEproject 典型模型中的 5 个代表实例见表 2-7。

OFFICE project 欧洲既有办公建筑典型模型中的 5 个代表实例　　表 2-7

所属类型	透视图	建设地点和年代
独立式/重质结构/内部主导/开敞式办公		意大利佛罗伦萨/1977 年

续表

所属类型	透视图	建设地点和年代
围合式/重质结构/表皮主导/单元式办公		瑞士洛桑市/1870 年
独立式/重质结构/表皮主导/单元式办公		瑞典努德堡/1960 年
独立式/轻质结构/表皮主导/开敞式办公		德国柏林/1971 年
围合式/轻质结构/表皮主导/单元式办公		瑞典哥德堡/1991 年

资料来源：文献［97］。

2.1.4 DMU 英国既有办公建筑典型模型

2013 年，英国德蒙福特大学（DMU）的 Ivan Korolija[98] 等建立了英国既有办公建筑典型模型数据库。课题组借助文献研究的方式，提炼出了影响英国办公建筑能耗的主要参数，为每项参数安排了缺省值和值域。这种从参数入手的典型模型构建方式使数据库变得十分庞大，在只计算缺省值的情况下，典型模型的数量就已经多达 3840 个，包含海量参数信息的典型模型数据库能够更充分地体现建筑存量中的共性和差异。由于数据量庞大，人工模拟变得十分困难，课题组开发了专门针对能耗模拟软件 EnergyPlus 的参数化分析工具 jE-Plus，该工具还包含优化算法，可以帮助寻找单一目标或多目标下的节能优化设计方案。

课题组将建筑能耗的影响参数划分为 5 个大类：建筑空间、窗墙比、围护结构构造、遮阳措施和室内环境，这里仍然延续上文的逻辑将参数重新进行了归类整理。首先，建筑空间的定义是根据英国非居住建筑存量数据库[99] 来确定的，一共考虑了四种常见的办公建筑空间模式：开放式办公＋侧窗采光式（OD）、单元式办公＋侧窗采光式（CS）、开放式办公＋人工照明式（OA）以及复合式（CDO）（图 2-2）。不同空间模式对应的标准层规模均在 510m^2 左右，区别在于侧窗采光式空间的平面进深小、平面呈条式，而人工照明式和复合式空间的平面进深大、平面呈方形。平面内部均划分为办公区与辅助区，窗墙比采用多个缺省值来分别代表开小窗、中等窗或大窗的情况，典型模型的建筑层数均为 3 层。其他具体的参数见表 2-8。

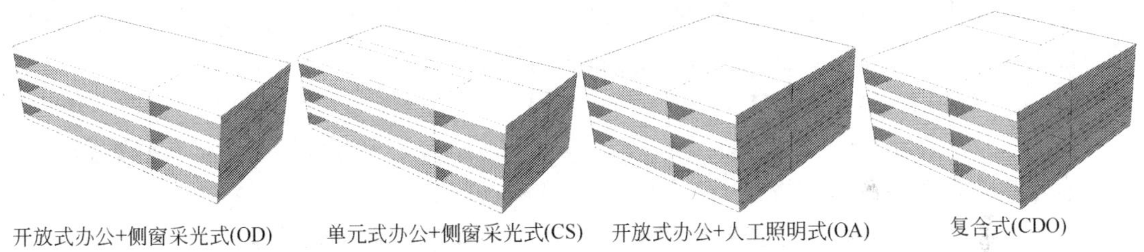

图 2-2 DMU 英国既有办公建筑典型模型包括的四种空间模式

（资料来源：文献［98］）

DMU 英国既有办公建筑典型模型的主要参数列表 **表 2-8**

参数类型	参数名称	取值			
空间与表皮设计	空间类型	开放式办公＋侧窗采光式（OD）	单元式办公＋侧窗采光式（CS）	开放式办公＋人工照明式（OA）	复合式（CDO）
	标准层建筑面积(m^2)	512	512	506.25	506.25
	平面尺寸(m)	32×16		22.5×22.5	
	功能分区	办公区和辅助区			
	室内净高(m)	3.5			
	窗墙比	0.25/0.50/0.75			
	建筑朝向(°)	0/45/90/135/180/225/270/315			
	立面遮阳构件	无遮阳/外窗上方设置水平遮阳板			

续表

参数类型	参数名称	取值
构造设计	保温性能	无保温/Part L1990/Part L1995/Part L2002/现存最佳状况
	外窗遮阳性能	普通玻璃/热反射镀膜玻璃
	气密性(ACH)	0.1/0.3/0.5/0.7/0.9
HVAC系统	采暖设计温度(值班温度)(℃)	20(12)/21(12)/22(12)/23/(12)
	制冷设计温度(值班温度)(℃)	23(28)/24(28)/25(28)/26/(28)
室内负荷	人员密度(m^2/人)	开放式办公:6/9/12/15
		单元式办公:11/14/17/20
	新风量[L/(s·人)]	5/10/15/20
	照明功率密度(W/m^2)	4/8/12/16/20/24
	照明灯具的控制	无/有
	办公设备功率密度(W/m^2)	开放式办公:10/15/20/25
		单元式办公:5/10/15/20

资料来源：文献 [98]。

就 2.1.1～2.1.4 分析的四个能耗模拟典型模型数据库比较而言，由于研究所处的阶段不同、研究侧重点不同，相应地存在一些各自的特点：

(1) LBL 美国商业建筑典型模型与 DOE 美国商业建筑基准模型较为相似，但后者的通用性更强，更加侧重于建立一套完整、统一的能耗模拟分析的基准，为了便于扩大使用群体，模型均采用在线下载的方式来呈现；

(2) OFFICE project 欧洲既有办公建筑典型模型取自于现存实际的建筑调研数据，这与既有建筑改造项目的特殊性有关；

(3) DMU 英国既有办公建筑典型模型则将能耗模拟软件和参数化分析工具相结合，模型基于大量数据分析和运算而建立。

2.2 国内研究

目前，我国针对公共建筑能耗模拟典型模型的相关工作正在起步。2010 年，住房城乡建设部信息中心的郭理桥提出构建我国建筑节能与绿色建筑模型系统的思路[100]。针对国家机关办公建筑、大型公共建筑、高校建筑、北方采暖地区建筑、可再生能源示范建筑等各类建筑，通过能耗监测和统计，建立针对各类型的典型建筑，积累典型建筑的基础信息、业务特征、服务内容等数据。经过数据的分类和筛选，逐步构建模型数据库，包括基础数据库、实时能耗数据库、能耗分析结果数据库、绿色建筑示范工程数据库等。

2015 年，我国在《公共建筑节能设计标准》修订的过程中，建立了代表我国公共建筑使用特点和分布特征的典型公共建筑模型数据库[6]。该数据库包括大型办公建筑、小型办公建筑、大型酒店建筑、小型酒店建筑、大型商场建筑、医院建筑和学校建筑等 7 类类型，典型模型是通过向国内主要设计院、科研院所等单位征集实例之后经过挑选确定的。

此外，我国建筑能耗调查工作正在进行中，统计成果相对欠缺。2007 年，建设部安排了全国 24 个省市国家机关办公建筑和大型公共建筑能耗统计、能源审计和能耗公示工作，能耗调查结果于 2007 年和 2008 年面向社会进行了公示[101]。清华大学建筑节能研究中心自 1996 年起，对北京市上百栋国家机关办公建筑和大型公共建筑开展了能耗调查[102]，上述调查结果将用于下文建构典型模型过程中模型的校验。

下文对获取的能耗模拟典型模型进行整理分析，主要是与本书相关的针对寒冷地区办公建筑的研究成果，借此了解其一般特征参数。

2006 年，Lam JC 等在研究中建立了一栋我国高层办公楼典型模型[103]（图 2-3），挑选哈尔滨、北京、上海、昆明和香港为我国的 5 个代表城市，研究照明功率密度对我国不同气候区办公建筑能耗的影响。典型模型的建立主要基于专业经验和判断，标准层建筑面积取值 1225m²，平面形状为方形，内部包含办公区和辅助区，层高 3.4m，建筑层数为 40 层，各朝向窗墙比均为 0.4，其他参数主要按照节能标准的低限要求来确定（表 2-9）。

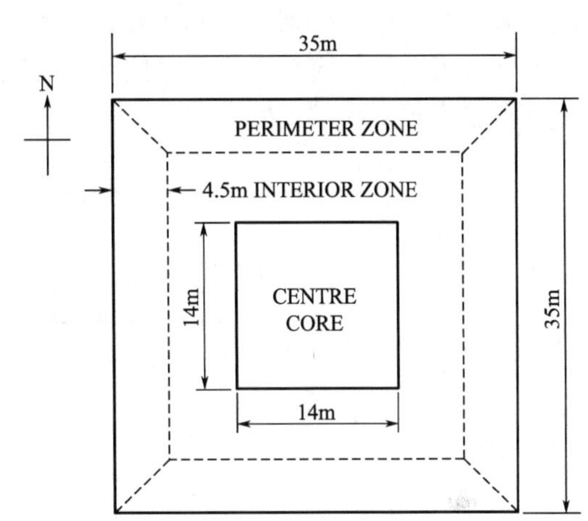

图 2-3　Lam JC 高层办公楼典型模型的平面
（资料来源：文献［103］）

Lam JC 高层办公楼典型模型的参数列表——以北京市为例　　　　表 2-9

参数类型	参数名称	取值	数据来源
空间与表皮设计	标准层建筑面积(m²)	1225	—
	平面形状	方形	—
	平面尺寸(m)	35×35	—
	功能分区	办公区和辅助区	—
	层高(m)	3.4	—
	层数	40	—
	窗墙比	0.4	—
	建筑朝向	南向	—
构造设计	外墙类型	轻质幕墙	—
	屋面类型	外保温混凝土屋面	—
	保温性能	外墙 K 值[W/(m²·K)]=0.86	ASHRAE Standard 90.1-2001
		外窗 K 值[W/(m²·K)]=3.24	
		屋面 K 值[W/(m²·K)]=0.36	
		地面 K 值[W/(m²·K)]=0.55	
	外窗遮阳性能	*SHGC* 值=0.5(北向);0.4(其他朝向)	—
HVAC 系统	系统分区	4 个外区、1 个内区和核心区	—
室内负荷	照明功率密度(W/m²)	20	—

资料来源：文献［103］。

2014 年，孙澄和刘蕾建立了我国严寒地区办公建筑能耗预测模型[104]。研究者通过对哈尔滨地区 50 栋办公建筑的实地调研，收集能耗模拟关键参数的信息，归纳出严寒地区办公建筑的典型空间模式，确定能耗影响参数的典型值和值域，建构能耗模拟典型模型数据库，数据库便于后续开展设计参数的敏感度分析。就参数列表来具体分析，首先，典型空间模式包含 4 种，分别为单元式办公＋侧窗采光式、复合式、开放式办公＋人工照明式以及开放式办公＋侧窗采光式，这些类型的案例占总调研数量之比例较高，构成了我国严寒地区办公建筑最为常见的空间模式（图 2-4）。其他具体的参数见表 2-10。

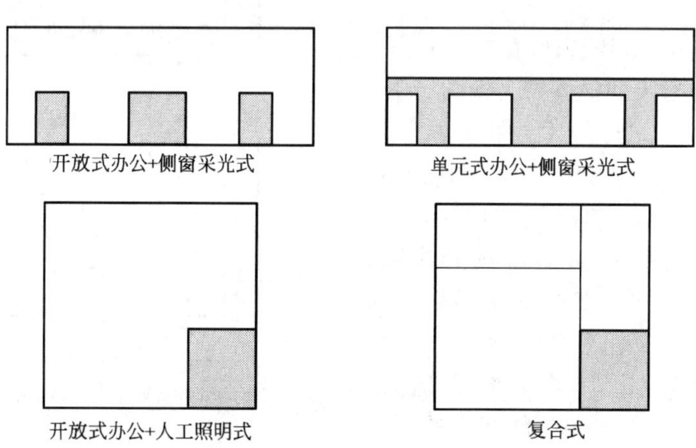

图 2-4　严寒地区办公建筑 4 种典型空间模式

（资料来源：文献［104］）

孙澄和刘蕾严寒地区办公建筑典型模型参数列表　　**表 2-10**

参数类型	参数名称	取值			
空间与表皮设计	空间类型	单元式办公＋侧窗采光式	复合式	开放式办公＋人工照明式	开放式办公＋侧窗采光式
	案例数量占比(%)	40	20	6	6
	功能分区	办公区和辅助区			
	层高(m)	3.6～4.5			
	层数	5～12			
	建筑朝向(°)	0/45/90/135/180/225/270/315			
	立面遮阳构件	无遮阳/有遮阳			
构造设计	保温性能	现行节能设计标准/绿色建筑一星级标准/绿色建筑三星级标准			
	外窗遮阳性能	普通玻璃/热反射镀膜玻璃			
	气密性(ACH)	0.1/0.3/0.5/0.7/0.9			
HVAC 系统	采暖设计温度(值班温度)(℃)	20(12)/21(12)/22(12)/23/(12)			
	制冷设计温度(值班温度)(℃)	23(28)/24(28)/25(28)/26/(28)			

续表

参数类型	参数名称	取值
室内负荷	人员密度(m^2/人)	开放式办公:6/9/12/15
		单元式办公:11/14/17/20
	新风量[L/(s·人)]	5/10/15/20
	照明功率密度(W/m^2)	4/8/11/16/20/24
	照明灯具的控制	无/有
	办公设备功率密度(W/m^2)	开放式办公:10/15/20/25
		单元式办公:5/10/15/20

资料来源：文献［104］。

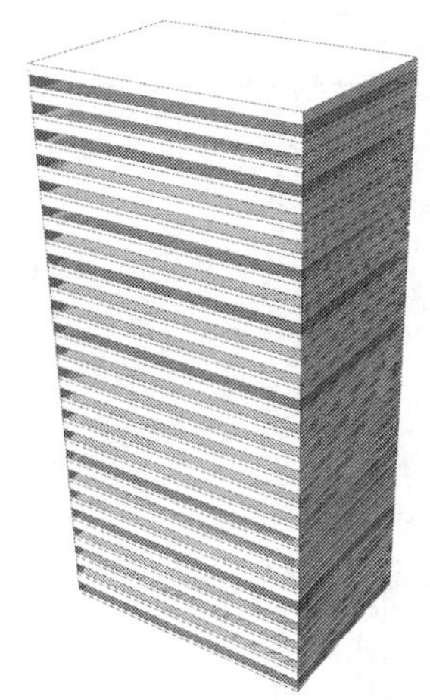

图 2-5　王永龙和潘毅群建立的上海市点式高层办公楼典型模型外观（资料来源：在文献［105］的基础上绘制）

2014 年，王永龙和潘毅群建立了一栋上海市点式高层办公楼典型模型，在此基础上比较了 14 项输入参数对总能耗和分项能耗的影响[105]。典型模型的各项参数是基于上海市实际使用较多的情况而设定的，并经过校验模拟与多次调整参数的过程，确保模拟的输出结果与实际能耗数据一致。

典型模型为 25 层，层高为 4.2m，标准层建筑面积为 $1750m^2$，平面长宽比取值 1.43，立面窗墙比为 0.4（图 2-5）。构造设计、室内负荷及运行时间表均参照节能设计标准设定（表 2-11）。

2014 年，任彬彬建立了我国寒冷地区低能耗多层办公建筑原型[106]。低能耗多层办公建筑原型代表了该地区最为节能的空间设计方案，其空间尺寸和层数的定义是基于十余组不同的数值组合方案的比选确定的。研究者在既定的 $6000m^2$ 总建筑面积条件下，经比选获得原型的平面尺寸为 60m×20m，平面内部设置中庭，建筑层高为 4.8m，5 层，各朝向窗墙比为 0.3（图 2-6）。模拟使用的其他参数是基于节能标准与常用做法，在定性分析的基础上确立的（表 2-12）。

王永龙和潘毅群建立的上海市点式高层办公楼典型模型参数列表　　表 2-11

参数类型	参数名称	取值	数据来源
空间与表皮设计	标准层建筑面积(m^2)	1750	—
	平面形状	矩形	—
	平面长宽比	1.43	—
	功能分区	办公区和辅助区	—
	层高(m)	4.2	—
	层数	25	—
	窗墙比	0.4	—
	建筑朝向	南向	—

续表

参数类型	参数名称	取值	数据来源
构造设计	保温性能	屋面 K 值[W/(m^2·K)]=0.70 外墙 K 值[W/(m^2·K)]=1.00 外窗 K 值[W/(m^2·K)]=3.00	公共建筑节能设计标准和 ASHRAE Standard 90.1-2007
HVAC 系统	系统类型	变风量空调系统(VAV)	—
	系统分区	4 个外区、1 个内区和核心区	—
	供热设备	燃气锅炉	—
	冷却设备	水冷离心式冷水机组	—
	制冷设计温度(℃)	24	—
室内负荷	人员密度(m^2/人)	6.0	—
	新风量[m^3/(人·h)]	30	—
	照明功率密度(W/m^2)	15.0	—
	办公设备功率密度(W/m^2)	10.0	—

表格来源：文献 [105]。

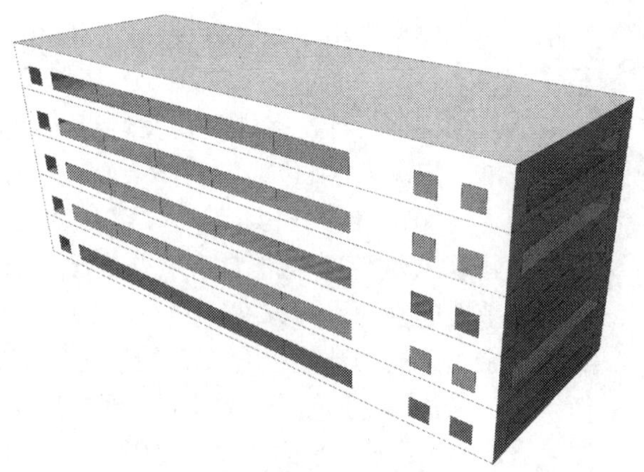

图 2-6　任彬彬建立的寒冷地区低能耗多层办公建筑原型外观

(资料来源：文献 [106])

任彬彬建立的寒冷地区低能耗多层办公建筑原型参数列表　　表 2-12

参数类型	参数名称	取值	数据来源
空间与表皮设计	建筑面积(m^2)	6000	—
	平面形状	矩形	—
	平面尺寸(m)	60×20	—
	层高(m)	4.8	—
	层数	5	—
	窗墙比	0.3	—
	建筑朝向	南向	—

续表

参数类型	参数名称	取值	数据来源
构造设计	外墙类型	外保温重质墙	—
	屋面类型	外保温混凝土屋面	—
	保温性能	屋面 K 值[W/(m^2 · K)]= 0.35	《公共建筑节能设计标准》
		外墙 K 值[W/(m^2 · K)]= 0.45	
		外窗 K 值[W/(m^2 · K)]= 1.80	
室内负荷	人员密度(m^2/人)	33	—
	照明功率密度(W/m^2)	10.0	—
	供水温度(℃)	65	—
	水量消耗[L/(m^2 · 天)]	0.2	—

资料来源：文献 [106]。

2014 年，张冉通过对哈尔滨地区新建多层办公建筑进行案例调研，建立了严寒地区多层办公建筑典型模型[107]。调研案例总数为 26 个，其中有效样本数为 22 个。案例调研针对的主要是建筑空间设计参数，并确立了典型形态数据组，而其他参数则主要依据节能设计标准来设定。典型模型分为南北朝向和东西朝向两组，以常见的长方形和 L 形两种平面为分析对象，于是，典型模型共计 4 个。以南北朝向长方形模型为例，典型模型的平面长度为 48m，宽度为 18m，首层层高为 4.5m，标准层层高为 3.6m，建筑层数为 6 层，模型外观见图 2-7。具体参数见表 2-13。

模型外观

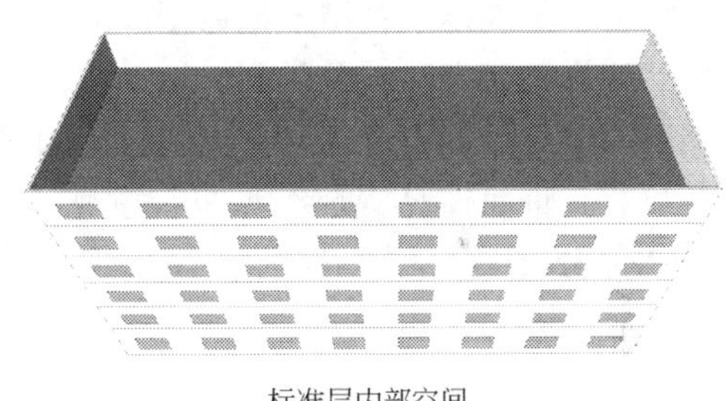

标准层内部空间

图 2-7 张冉建立的严寒地区多层办公建筑典型模型——以南北朝向长方形模型为例

（资料来源：文献 [107] ）

张冉建立的严寒地区多层办公建筑典型模型参数列表——以南北朝向的数据组为例 表 2-13

参数类型	参数名称	取值	
空间与表皮设计	平面形状	长方形	L 形
	平面长度(m)	40～60(缺省值为 48)	南北开间:33～42(缺省值为 39)
			东西开间:27～33(缺省值为 30)
	平面宽度(m)	15～18(缺省值为 18)	南北宽度:15～18(缺省值为 18)
			东西宽度:15～18(缺省值为 15)
	首层层高(m)	3.9～4.5(缺省值为 4.5)	
	标准层层高(m)	3.3～3.6(缺省值为 3.6)	
	层数	5～6(缺省值为 6)	
	窗墙比	南向:0.15～0.28;其他朝向:0.13～0.15	
	建筑朝向(°)	南偏东 45～南偏西 45	

续表

参数类型	参数名称	取值
构造设计	外墙类型	聚苯板外保温钢筋混凝土墙体
	屋面类型	挤塑聚苯板保温轻质混凝土板
	外窗类型	铝合金热固定窗框双层玻璃保温窗
	保温性能	满足《公共建筑节能设计标准》
HVAC 系统	系统类型	简化负荷计算模型
室内负荷	人员密度(m^2/人)	6
	照明功率密度(W/m^2)	11
	办公设备功率密度(W/m^2)	16

资料来源：文献［107］。

2.3 分析与总结

建筑能耗模拟典型模型可以基于真实存在的建筑调研结果，也可以仅仅是抽象的参数信息的组合。上文分析的典型模型数据库，大多数采取的是后一种方式。OFFICEproject 欧洲既有办公建筑典型模型包括了 10 栋真实的建筑，这与既有建筑改造项目的特殊性有关；对于这种方式而言，原型建筑的合理选择和长期持续的数据监测是重点和难点。

概括说来，能耗模拟典型模型数据库的建立分为以下几个步骤。

1. 研究范围确定与建筑分类

根据研究的重点划定建筑分类方式，比如建筑功能、使用时间、空间布局等，将研究对象进行分类，进而针对特定类型来建立典型模型，突出典型模型在特定分类中的代表性。建筑如何分类是一项关键的工作，往往需要大量的前期调研和充分的专业经验来判断。

2. 数据收集

上文将典型模型需要的参数归纳为空间与表皮设计、构造设计、HVAC 系统和室内负荷四个大类，此外，在能耗模拟过程中，气象数据也是不可或缺的。建筑类型数据及能耗数据可以取自于已有的建筑存量数据库，在这方面，国外的工作做得相对早一些，部分较为成熟的国家层面存量数据库或针对特定建筑类型的建筑存量数据库已经建立起来。在缺少足够的建筑信息时，应通过案例调研或者行业专家访谈等途径来获取数据。

3. 数据分析与参数设定

整理和汇总来源可靠的数据资料，从而归纳出能耗模拟各项参数的平均水平和参数变化的值域。

4. 模拟结果运算与验证

通过上文分析得到，能耗模拟结果包括采暖和制冷、照明、办公设备等几个主要的能耗分项。将能耗结果与实测数据相对比，对输入参数进行反复调整和校正。结果呈现方式分为两种：提供与软件结合的在线模型，或者仅仅确定模型的参数列表。DOE 美国商业建筑基准模型将典型模型与能耗模拟软件相结合，形成即时可用的文件包，并提供在线典型模型下载，便于提高使用者的效率，同时能够扩大模型的使用群体，便于模型的验证和下一步的改进。

2.4 本章小结

对于建筑能耗模拟典型模型相关建立方法、参数确定过程的分析，有助于吸收经验，归纳模型构建的思路。

通过对比可以看出：我国目前还没有可靠的典型模型数据库，针对典型模型的研究成果相对比较分散，停留在理论研究层面，和国外相比有一定的差距，相应地带来以下问题：模型建立的依据不足，将影响研究成果的可靠性；不同研究课题组采用的模拟参数各不相同，导致最终的模拟结果也无法比较，这些问题都影响到研究成果的进一步推广和应用。

能耗模拟典型模型数据库的建立一般包括研究范围确定与建筑分类—数据收集—数据分析与参数设定—模拟结果运算与验证四个步骤，通过分析还总结得到能耗模拟参数类型和取值等关键信息，这些都为后续建构寒冷地区高层办公建筑典型模型提供了依据。

第 3 章　寒冷地区高层办公建筑能耗模拟典型模型建构

在了解到能耗模拟典型模型的建立方法和步骤之后，针对我国寒冷地区高层办公建筑的特征，如何进行建筑分类并提取典型的空间模式、如何对各项能耗影响要素合理赋值、如何校准和检验模型数据是建立寒冷地区高层办公建筑典型模型时应该主要解决的问题。不同类型的影响要素有不同的数据收集和取值方式，常规典型模型数据库多关注于建筑方案设计之外的能耗影响要素，而本书的节能设计研究则是以建筑空间和表皮设计要素为重点，于是，本书是通过案例调研来把握这些要素的内容和取值区间。而构造设计及其他能耗影响要素的确定多是符合节能规范的常规做法。典型模型是整个模拟研究的起点，影响到研究成果的可靠性、普遍性和推广价值，对典型模型进行校验是不可或缺的步骤，文中典型模型的校验方法包括对比模拟数据与实际能耗数据、分析模拟结果中办公区室温的波动情况等。

3.1　典型模型的确立

典型模型的建立基于案例调研，同时考虑了上文分析的已有研究中使用的经验参数。本书的研究地域为寒冷地区的东部，典型模型的地理分布涵盖了该地区的 4 个大城市，以便深入研究寒冷地区内部不同城市的气候差异性。这 4 个城市分别是：天津（东经 117.20°，北纬 39.08°）、济南（东经 117.02°，北纬 36.68°）、郑州（东经 113.62°，北纬 34.75°）和西安（东经 108.94°，北纬 34.34°）[108]。

按照平面形态特征，高层办公建筑可以分为点式和条式两种基本类型。点式高层办公建筑以办公区围绕着核心筒布置的矩形平面最为常见；条式高层办公建筑常为走廊串联办公空间的一字形平面形态。课题组首先通过资料调研，找到代表性的案例，然后结合现场调研的方式，将资料进行整理和归纳。调研案例包含 50 栋点式和 33 栋条式高层办公建筑，调研案例在各地区的数量分布见表 3-1，基础信息资料见附表 1、附表 2。所有的调研案例均建于 2000 年以后，能够反映出本地区新建高层办公建筑的特征。通过案例调研获取的建筑存量信息主要包含建筑空间、表皮设计和构造设计参数。

调研案例在各地区的数量分布　　**表 3-1**

	点式(个)	条式(个)
北京	28	5
天津	13	8
济南	5	15
郑州	4	5
小计	50	33

典型模型需要的参数包含空间与表皮设计、构造设计、HVAC 系统和室内负荷四个大类，此外，在能耗模拟过程中，气象数据也是不可或缺的，下面就将参数的具体设定过程一一展开。

3. 1. 1　空间与表皮设计参数

1. 点式高层办公建筑

一般而言，寒冷地区建筑朝向以南向或接近南向较为常见。由于办公建筑没有日照时数的要求，所以在具体的案例中建筑朝向往往考虑协调单体建筑与周边城市环境之间的关系以及塑造舒适、美观的城市街景空间。沿街建筑按照与城市道路相同的角度进行偏转是最常用的一种环境协调化处理方式，便于塑造连续、统一的城市界面。在两栋以上的建筑群体布局中，对建筑体量作偏转处理能够打破行列式布局带来的单调；构成的相互环抱形象，强化建筑群的整体性。建筑群组的整体偏转，则是采用差异化的设计方式来获得突出效果，增加群体的可识别性。调研案例中建筑朝向的不同处理方式见图 3-1。

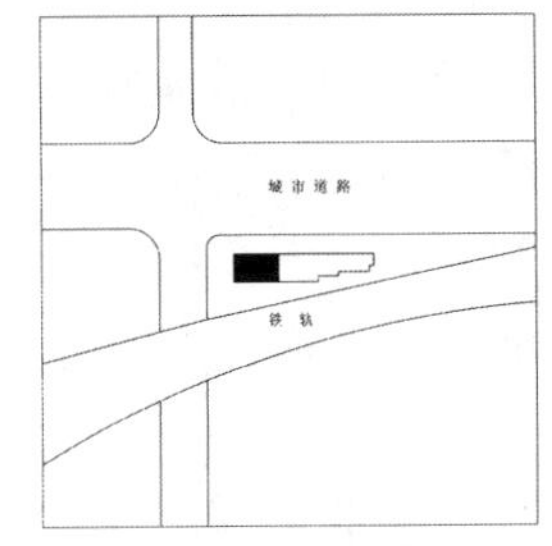

1.北京天莲大厦
建筑朝向为南向

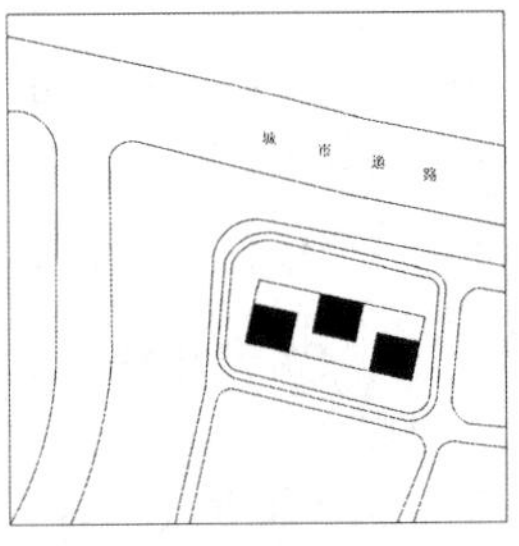

2.济南龙奥金座建筑
顺应城市道路的
走向发生偏转

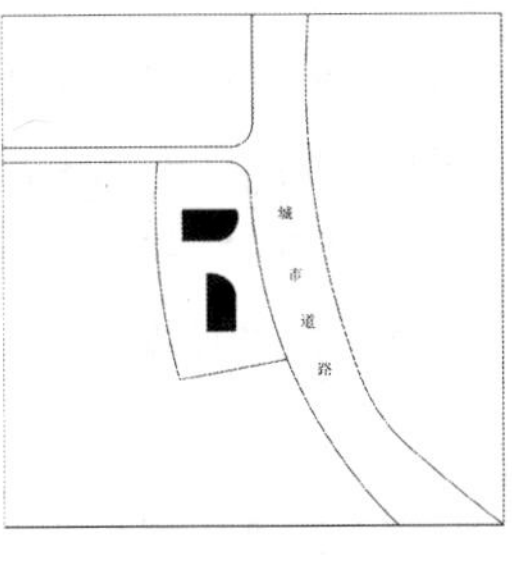

3.北京福码大厦
两栋建筑相互围合

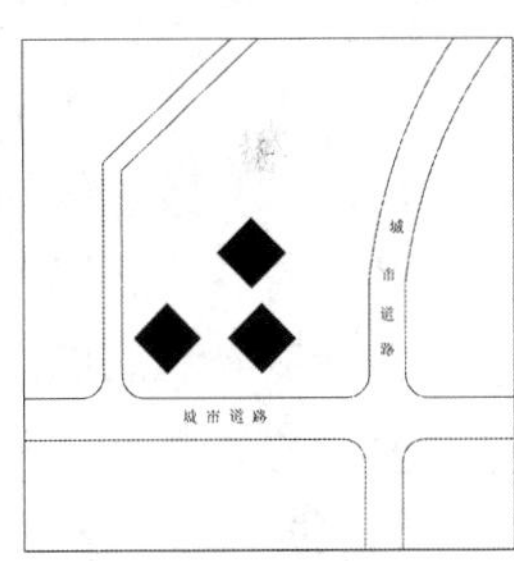

4.北京望京诚盈中心
建筑群组整体偏转

图 3-1　调研案例中不同的建筑朝向
（资料来源：在百度地图的基础上绘制）

本书中以平面长边朝向与南向所成的角度（°）来表示建筑朝向，将建筑朝向概括为 7 种不同的情况：南向（0°）、南偏西 15°（15°）、南偏西 30°（30°）、南偏西 45°（45°）、南偏西 60°（60°）、南偏西 75°（75°）、东西向（90°）。朝向为南偏东时的情况与南偏西时类似，用南偏西来代表这两种类型。建筑朝向为南向的案例样本数为 27 个，占总样本数的 54%；朝向为 15°、30°、45°、60°、75°、90°的样本数分别占总样本数的 4%、6%、8%、10%、0%、18%（表 3-2）。

点式高层办公建筑调研案例不同建筑朝向的案例数量与占比　　**表 3-2**

—	0°	15°	30°	45°	60°	75°	90°	总计
—	N 0°	N 15°	N 30°	N 45°	N 60°	N 75°	N 90°	—
数量(个)	27	2	3	4	5	0	9	50
占比(%)	54	4	6	8	10	0	18	100

在调研的 50 个点式案例中，办公区围绕着核心筒布置的矩形平面样本数为 38 个，占总样本数的 76%，构成最常见的平面形状，从某种意义上讲，其他平面可以认为在此基础上变化而来；梯形平面的样本数占总样本数的 10%；十字形、椭圆形、三角形、其他异形平面分别占总样本数的 6%、2%、2%、4%（表 3-3）。

点式高层办公建筑调研案例的平面形状分析　　表 3-3

—	矩形	梯形	十字形	椭圆形	三角形	其他	总计
—							—
数量（个）	38	5	3	1	1	2	50
占比（%）	76	10	6	2	2	4	100

点式高层办公建筑的平面体量设计具备独特性，需要考虑体量大小对于建筑整体造型的影响，以及标准层的使用面积比率等美学和经济性问题。从调研数据来看，建筑高度在百米以下的点式高层办公建筑标准层建筑面积从一千到两千平方米左右不等（图 3-2）。在建筑高度不变的前提下，较小的平面体量塑造较为挺拔的形态，而较大的平面将产生厚重、敦实的效果。

标准层内部包括两大部分功能，办公区和辅助区，辅助区囊括了核心筒和走廊。针对调研案例，通过对平面的使用面积比率分析可以得到，平面内部办公区面积占总面积之比大多分布在 0.7～0.8 之间（图 3-3）。

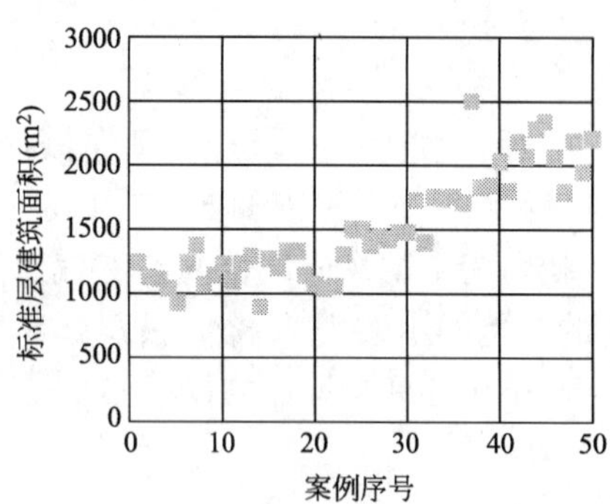

图 3-2　调研案例的平面体量分析

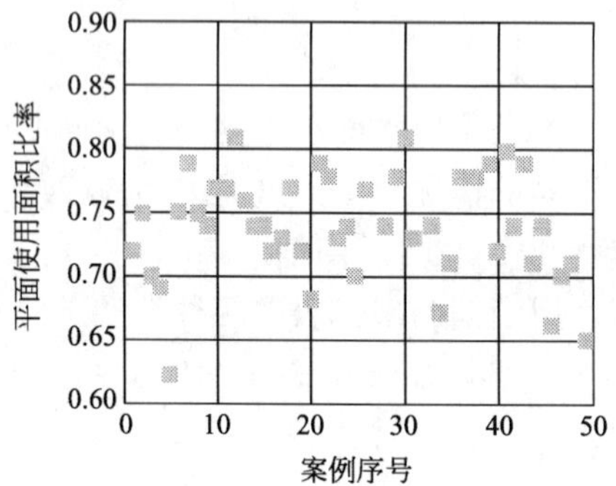

图 3-3　调研案例的平面使用面积比率分析

就调研案例中常见的矩形平面形态而言，对其平面长宽比进行分析，可以得到，平面长宽比的分布区间多集中在 1～1.5 之间。尤其对于平面体量较小的案例而言，平面长宽比越大，则平面越狭长、短边的进深更小，如果进深取值过小将影响到内部空间的正常功能安排（图 3-4）。

此外，调研案例的标准层层高分布区间为 3.6～ 4.2 m；层数分布在 10～24 层之间（图 3-5）。

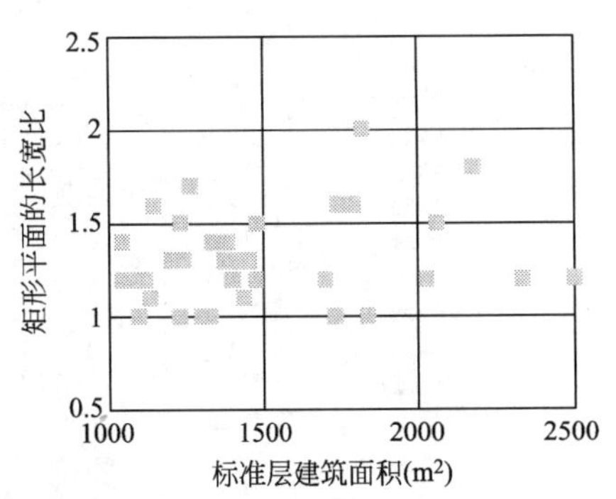

图 3-4 矩形平面的平面长宽比分布图

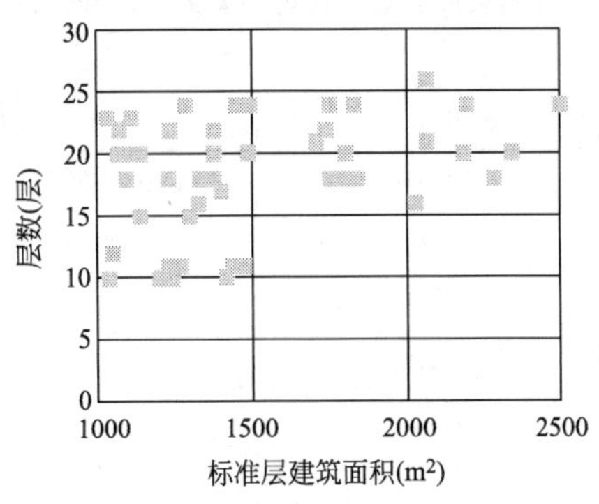

图 3-5 调研案例的层数分布图

基于上述分析，点式典型模型的标准层建筑面积取 1250m^2，建筑朝向选择南向，平面长宽比为 1.3，采用核心筒居中布置的矩形平面，平面内部根据不同使用功能划分为办公区和辅助区，办公区面积占总建筑面积之比为 0.75。辅助区包含的功能有卫生间、走廊、各类机房等。典型模型各层平面的面积及内部布局均保持一致。标准层层高设定为 3.9m，建筑层数为 18 层，未考虑地下室（图 3-6）。

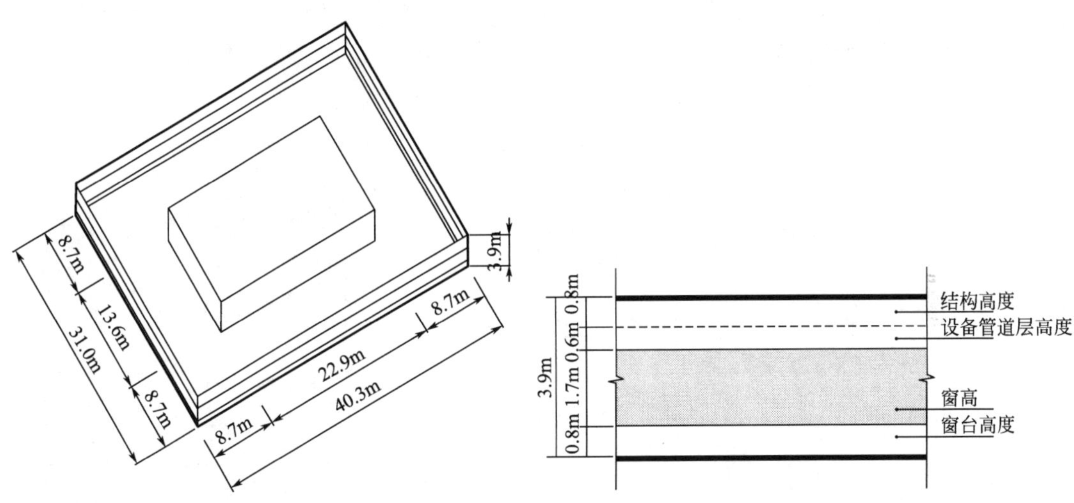

图 3-6 点式典型模型标准层透视图

图 3-7 点式典型模型窗墙比取值的分析

调研案例的窗墙比变化区间为 0.3～0.7，外窗在各个朝向的分布较为平均。在上文分析的已有研究中，办公建筑典型模型的窗墙比典型值各有不同，本书中典型模型的立面窗墙比设计为 0.4，这是基于常规做法而确定的一个典型值：层高为 3.9m，窗台高度为工作面高度 0.8m，结构高度为 0.8m，设备管道层高度为 0.6m，计算得到窗高为 1.7m，窗墙比为 0.4（图 3-7）。外窗样式选择带形长窗，典型模型的外窗无遮阳，典型模型的透视效果见图 3-8。

基于上述分析，确定点式高层办公建筑典型模型的空间与表皮设计变量列表，包含了变量的缺省值和变化区间（表 3-4）。

点式高层办公建筑典型模型的空间与表皮设计变量列表

表 3-4

名称	取值
建筑朝向(°)	0/15/30/45/60/75/90
平面体量(m^2)	1250/1500/1750/2000
平面形状	矩形
平面长宽比	1/1.3/1.5
层高(m)	3.6/3.7/3.8/3.9/4/4.1/4.2
层数(层)	10/12/14/16/18/20/22/24
窗墙比	0.3/0.4/0.5/0.6/0.7

注：带“_”的数为缺省值。

图 3-8　点式典型模型透视图

2. 条式高层办公建筑

条式典型模型的确立基于与点式模型相似的方法，建筑朝向为南向，采用走廊串联办公空间的一字形平面，标准层建筑面积为 990m^2，平面长度为 55m，平面宽度为 18m，平面使用面积比率为 0.75（图 3-9）。建筑层高为 3.9m，层数为 18 层。典型模型的南北向窗墙比为 0.4，选择带形长窗，窗台高为工作面高度 0.8m，东向和西向仅走廊部位开窗，开窗样式与南北向立面一致（图 3-10）。

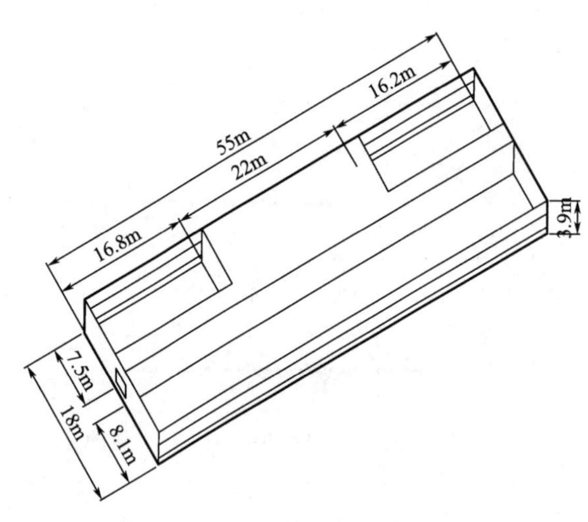

图 3-9　条式典型模型标准层透视图

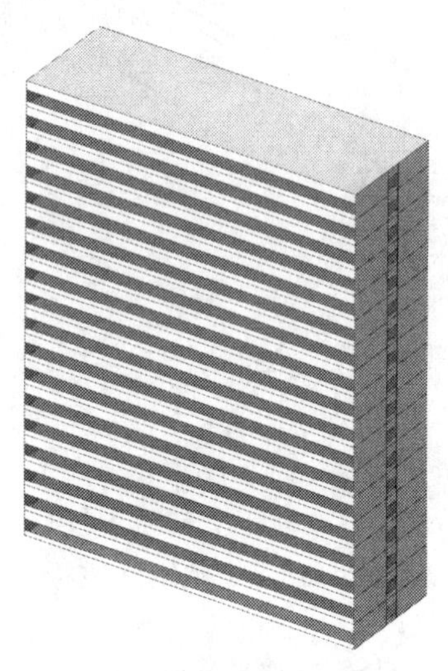

图 3-10　条式典型模型透视图

基于上述分析，将条式高层办公建筑典型模型的空间与表皮设计变量总结见表 3-5，变量取值包含缺省值和变化区间。

条式高层办公建筑典型模型的空间与表皮设计变量列表　　**表 3-5**

名称	取值
建筑朝向(°)	0/15/30/45/60/75/90
平面形状	矩形

续表

名称	取值
平面长度(m)	50/55/60/65/70/75
平面宽度(m)	17/18/19/20/22/24/26/28
层高(m)	3.6/3.7/3.8/3.9/4/4.1/4.2
层数(层)	10/12/14/16/18/20/22/24
窗墙比	0.3/0.4/0.5/0.6/0.7

注：带"_"的数为缺省值。

3.1.2　构造设计参数

围护结构作为室内与室外之间的屏障，包括不透明围护结构和透明围护结构两种类型。从建筑热工的角度，围护结构能够起到保温隔热的重要作用；外窗作为透明围护结构，还涉及太阳辐射和可见光的透过性能。影响建筑能耗的围护结构构造设计参数包括围护结构的保温性能、蓄热性能、表面太阳辐射吸收性能、外窗的透过性能以及整体的气密性能。

从建筑热工的角度，新建建筑的围护结构构造设计能否满足国家制定的节能目标是通过建筑节能设计标准中的指标来衡量，满足指标就意味着达到了最基本的节能以及为使用者提供热舒适室内环境的目标。于是，典型模型的围护结构构造设计参数可以参照现行公共建筑节能设计标准中的规定来制定，标准对于外墙、屋面、地面、外窗均有保温性能或透过性能限值，具体见表 3-6。

寒冷地区甲类公共建筑围护结构主要部位的性能限值　　**表 3-6**

围护结构部位	传热系数[W/(m^2·K)]	太阳得热系数 *SHGC*（东、南、西向/北向）	可见光透射比 *VLT*	保温材料层热阻（m^2·K/W）
外墙	≤0.50	—	—	—
屋面	≤0.45	—	—	—
地面	—	—	—	≥0.60
外窗	≤2.4	≤0.48/—	>0.40	—

注：表中列举的是建筑体形系数≤0.30，窗墙比为 0.4 情况下的性能限值。

资料来源：文献 [6]。

建筑采光设计标准[19] 从保证室内天然采光的角度，对办公建筑房间内部各表面的反射比提出了要求，设计方案需要参照执行，标准对于顶棚、墙面、地面均有反射比限值，具体见表 3-7。

办公建筑室内各表面的反射比限值　　**表 3-7**

表面名称	反射比
顶棚	0.60～0.90
墙面	0.30～0.80
地面	0.10～0.50

资料来源：文献 [19]。

于是，下文以公共建筑节能设计标准和建筑采光设计标准为主要的参照对象，结合案例调研中总结得到的特征，分别设定了外墙、屋面、楼板与地面、外窗等围护结构各个界面以及气密性参数。

1. 外墙

外墙构造设计参数包括蓄热性能、保温性能、外表面的太阳辐射吸收率以及内表面的反射比。

通过调研总结得到三种典型的外墙类型：钢框架轻质幕墙、外窗嵌入墙体的加气混凝土砌块墙以及普通混凝土砌块墙，将加气混凝土砌块墙设定为典型模型的外墙，其他两种类型作为参数取值的变化区间。这三种外墙的构造均满足标准规定的外墙传热系数限值，只是墙体的蓄热性能存在显著差异：钢框架轻质幕墙的蓄热性能最差、加气混凝土砌块墙居中，而普通混凝土砌块墙蓄热性能最佳（表 3-8）。基于定性分析，寒冷地区不宜采用轻质材料，采用轻质材料虽然能够达到冬季保温的要求，但夏季隔热的效果不佳[6]；而高蓄热性能墙体可以储存热量、减缓室内温度波动、降低采暖和制冷的峰值负荷，对于提高室内热舒适性和节能而言有利。模拟中详细设置了构造层次，以便考虑蓄热性能对模拟结果的影响。

三种不同的外墙类型及具体的构造层次 **表 3-8**

外墙类型	构造层次(从外到内)	构造图示	传热系数［W/(m^2·K)］	蓄热性能［kJ/(m^2·K)］
钢框架轻质幕墙	①金属面板(6mm,太阳辐射吸收率 0.6,可见光吸收率 0.6) ②EPS 保温层(69mm,导热系数 0.04W/(m·K),比热容 1380J/(kg·K),密度 20kg/m^3) ③装饰石膏板(13mm,太阳辐射吸收率 0.6,可见光吸收率 0.6)	室外 ① ② ③ 室内	0.50	11
加气混凝土砌块墙	①粉刷石膏(10mm,热吸收率 0.9,太阳辐射吸收率 0.6,可见光吸收率 0.6) ②加气混凝土砌块(340mm,导热系数 0.19W/(m·K),比热容 1050J/(kg·K),密度 600kg/m^3) ③混合砂浆(20mm,热吸收率 0.9,太阳辐射吸收率 0.6,可见光吸收率 0.6)	室外 ① ② ③ 室内	0.50	81
普通混凝土砌块墙	①粉刷石膏(10mm,热吸收率 0.9,太阳辐射吸收率 0.6,可见光吸收率 0.6) ②EPS 保温层(56mm,导热系数 0.04W/(m·K),比热容 1380J/(kg·K),密度 20kg/m^3) ③混凝土砌块(200mm,导热系数 0.51W/(m·K),比热容 1000J/(kg·K),密度 1400kg/m^3) ④混合砂浆(20mm,热吸收率 0.9,太阳辐射吸收率 0.6,可见光吸收率 0.6)	室外 ① ② ③ ④ 室内	0.50	142

注：上述数值中，带“__”的数为典型模型的取值。

外墙保温性能（K 值）有五个变化值，分别是 0.15、0.20、0.30、0.40 和 0.6W/(m^2・K)。根据德国被动房设计经验，不透明围护结构的传热系数可做到小于 0.15 W/(m^2・K)，力求做到 0.1 W/(m^2・K)[109]。文中性能区间的最小值反映的是本地区节能示范项目达到的性能指标，取自于河北省被动式低能耗居住建筑节能设计标准[110]，而最大值取自于公共建筑节能设计标准中本地区外墙保温性能的最大限值。

外墙表面采用不同色彩对太阳辐射热和可见光的吸收效率不同，从节能的角度出发，有必要区分墙体外表面吸收性能的不同对于建筑热负荷的影响，黑色、深蓝色等深色热吸收率较高，白色、淡黄色等浅色热吸收率较低（图 3-11）。

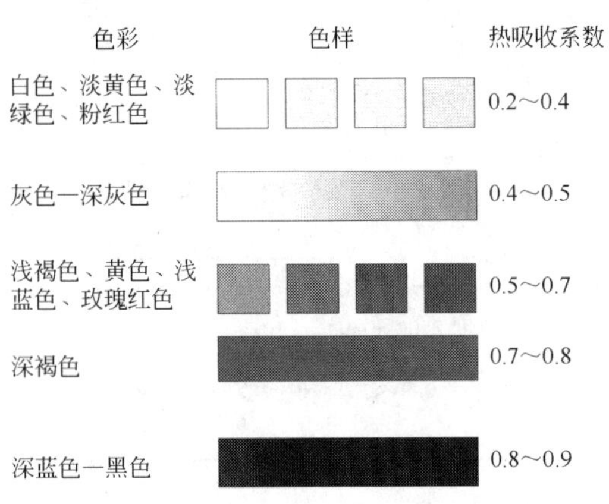

图 3-11　色彩的热吸收系数

（资料来源：在文献［111］的基础上绘制）

为了对墙体外表面性能加以准确定义，文中参考已有相关研究中的取值范围[112]，经过从 DesignBuilder 软件的材料模型库中筛选，得到表述这一性能的参数典型值以及变化范围，墙体外表面的太阳辐射吸收率取值区间为 0.2～0.9（表 3-9）。此外，三种类型外墙的内表面反射比均设定为 0.4，符合采光标准中的限值。

不同墙体外表面的太阳辐射吸收率取值　　**表 3-9**

热吸收率	热吸收率	太阳辐射吸收率	可见光吸收率
由低到高	0.9	0.2	0.2
	0.9	0.3	0.3
	0.9	0.4	0.4
	0.9	0.5	0.5
	<u>0.9</u>	<u>0.6</u>	<u>0.6</u>
	0.9	0.7	0.7
	0.9	0.8	0.8
	0.9	0.9	0.9

注：上述数值中，带“_”的数为典型模型的取值。

2. 屋面

屋面构造设计参数包括屋面类型、保温性能、屋面外表面的太阳辐射吸收率以及内表面的反射比。设定为外保温混凝土平屋面，传热系数满足节能标准规定的限值，屋面保温性能（K 值）为 0.45W/（m^2・K），构造层次见表 3-10。屋面保温性能（K 值）有六个变化值，分别是 0.15、0.20、0.30、0.40、0.50 和 0.55W/（m^2・K）。外表面的太阳辐射吸收性能与外墙一致，屋面内表面为室内顶棚，反射比为 0.6。

屋面类型及具体的构造层次　　表 3-10

屋面类型	构造层次(从外到内)	传热系数 [W/(m^2・K)]	蓄热性能 [kJ/(m^2・K)]
外保温混凝土平屋面(涂膜防水)	水泥砂浆(20mm,热吸收率 0.9,太阳辐射吸收率 0.6,可见光吸收率 0.6)	0.45	222.36
	轻集料混凝土找坡层(30mm,导热系数 0.63W/(m・K),比热容 960J/(kg・K),密度 1800kg/m^3)		
	EPS 保温层(80mm,导热系数 0.04W/(m・K),比热容 1380J/(kg・K),密度 20kg/m^3)		
	钢筋混凝土屋面板(100mm,导热系数 2.5W/(m・K),比热容 1000J/(kg・K),密度 2400kg/m^3)		
	混合砂浆(20mm,热吸收率 0.9,太阳辐射吸收率 0.4,可见光吸收率 0.4)		

3. 楼板与地面

楼板与地面作为模拟条件，构造参照常规做法：楼板保温性能（K 值）为 2.74W/（m^2・K），地面保温材料层热阻（R 值）为 0.6m^2・K/W。楼板和地面的内表面为室内地面，反射比为 0.4；楼板的外表面为室内顶棚，反射比为 0.6（表 3-11）。

楼板与地面具体的构造层次　　表 3-11

名称	构造层次(从外到内)	传热系数 [W/(m^2・K]	蓄热性能 [kJ/(m^2・K)]	保温材料层热阻 (m^2・K/W)
楼板	混合砂浆(20mm,热吸收率 0.9,太阳辐射吸收率 0.4,可见光吸收率 0.4)	2.74	222.36	—
	钢筋混凝土楼板(100mm,导热系数 2.5W/(m・K),比热容 1000J/(kg・K),密度 2400kg/m^3)			
	混合砂浆(20mm,热吸收率 0.9,太阳辐射吸收率 0.6,可见光吸收率 0.6)			
地面	地砖	—	—	0.6
	水泥砂浆(20mm)			
	细石混凝土(40mm)			
	XPS 保温层(24mm,导热系数 0.04W/(m・K),比热容 1380J/(kg・K),密度 35kg/m^3)			
	细石混凝土(60mm)			
	素土夯实			

4. 外窗

外窗性能反映在三项参数上：外窗传热系数 K 值、太阳得热系数 *SHGC* 值以及可见光透射比（*VLT*）。其中，K 值反映的是保温隔热性能，而 *SHGC* 值和 *VLT* 值分别反映的是外窗的太阳辐射透过性能和可见光透过性能。建筑节能设计标准中规定了外窗的 K 值、*SHGC* 值、*VLT* 值，但实际上，我们很难找到一种正好符合这三个限值的外窗类型。于是，我们在 DesignBuilder 的“软件图书馆”中尽量寻找接近限值的玻璃类型。对于寒冷地区而言，保温隔热性能比透过性能更重要一些，所以我们选择的是在 *SHGC* 值和 *VLT* 值均符合标准要求的前提下 K 值尽量接近限值的那一款外窗，外窗类型为双层 Low-E 镀膜玻璃，具体参数见表 3-12。本文并未考虑外窗框架与窗间分格条对建筑整体能耗模拟结果的影响。

典型模型外窗的性能参数　　表 3-12

外窗类型	传热系数 K 值 [$W/(m^2 \cdot K)$]	太阳得热系数 *SHGC* 值	可见光透射比 *VLT* 值
双层 Low-E 镀膜玻璃	2.4	0.4	0.45

文中设定的外窗传热系数（K 值）有其他的四个变化值，分别是 1.0、1.5、2 和 2.7$W/(m^2 \cdot K)$，区间最小值反映的是本地区节能示范项目的外窗性能，取自于河北省被动式低能耗居住建筑节能设计标准[110]，而最大值取自于公共建筑节能设计标准中本地区外窗性能的最大限值。文中设定的外窗透过性能包括四种类型，分别为遮阳型一种、普通型两种、高透型一种，典型模型选择的是普通型，而其他三种作为参数取值的变化区间（表 3-13）。

窗遮阳性能的参数取值典型值和变化值　　表 3-13

参数名称	取值
外窗遮阳性能	遮阳型 *SHGC*=0.3(*VLT*=0.40)/普通型 *SHGC*=0.4(*VLT*=0.45)/ 普通型 *SHGC*=0.5(*VLT*=0.60)/高透型 *SHGC*=0.6(*VLT*=0.75)

注：上述数值中，带“__”的数为典型模型的取值。

本文中并未区分不同的建筑朝向来分析外窗的性能参数，在变化外窗性能参数时均为各朝向一起变化。而实际上，对于建筑的不同朝向而言，“高性能外窗”的含义是不同的，比如南向和北向就不同，北向受到的太阳辐射明显少于南向，因此对于同一项指标 *SHGC* 值而言，在北向的影响程度与南向就存在差异。

5. 气密性

建筑围护结构的气密性能有多种表述方式，一种方式是在特定气压差下通过围护结构渗透的空气量，单位是 $m^3/(s \cdot m^2)$，另一种方式是预测的总体空气渗透率，也就是每小时的换气次数，单位是 ACH。DesignBuilder 软件中也有三种建筑气密性的定义方式，分别是恒定式、DOE 模式（考虑风压变化）和 BLAST 式（同时考虑风压变化与层压变化）。本文采用的是最为基础的恒定式，也就是换气次数指标来表征建筑的气密性。

目前，关于建筑气密性指标的实测研究数据是十分有限的，我国节能设计标准也并未直接规定建筑围护结构的气密性指标，而仅仅涉及了主要渗漏部位建筑部件的气密性能，比如外门、窗或幕墙。

Persily 通过对美国 139 栋非居住建筑的实测，提出 75Pa 气压差下建筑的平均气密性指标为 27.1$m^3/(h \cdot m^2)$，而事实上，指标数据的标准差大、分布较为离散[113]。Emmerich 和 Persily 在前者的基础上又增加了 100 个实测数据，并对原有数据进行更新，得到相似的结论[114]。VanBronkhorst 等收集并整理 25 栋美国办公建筑的气密性指标，提出最小值和最大值分别为 0.16ACH 和 1.0ACH[115]。通过整理发现，近年来研究者使用的办公建筑气密性指标（ACH）差异较大（表 3-14）。

不同研究成果中办公建筑气密性指标（ACH）的取值列表　　表 3-14

发表年份	研究者	区间最小值	典型值	区间最大值
2006 年	Tavares P. 和 Martins A.[116]	0.3	0.5	0.75/1.0
2007 年	潘毅群等[117]	—	内区为 0；外区在空调系统开启时为 0，空调系统关闭时为 0.1	—
2008 年	Lam J. C. 等[118]	—	0.45	—
2010 年	DOE[119]	—	0.1	—
2011 年	Hopfe C. 和 Hensen J. 等[120]	—	0.5	—
2013 年	Korolija 等[121]	0.1	0.3	0.9
2015 年	Liu L. 等[53]	—	0.15	—
2015 年	Ihara T. 等[53]	—	0.1	—

资料来源：在文献的基础上整理绘制。

建筑物的空气渗透主要来自外门、外窗的缝隙和外围护结构的孔洞。针对目前我国建筑物的特点，建筑墙体的气密性较好，而外门、外窗的气密性较差，因此外门、窗部位是影响建筑气密性的关键因素[122]。《建筑外门窗气密、水密、抗风压性能分级及检测方法》GB/T 7106 标准[123] 将建筑外门、外窗的气密性分为 8 个等级，1 级最低，8 级最高，分级指标为标准状态下压差为 10Pa 时的单位开启缝长空气渗透量 q_1 和单位面积空气渗透量 q_2（表 3-15）。

我国建筑外门窗气密性能分级指标　　表 3-15

分级	q_1[$m^3/(m \cdot h)$]	q_2[$m^3/(m^2 \cdot h)$]
1	3.5～4.0	10.5～12.0
2	3.0～3.5	9.0～10.5
3	2.5～3.0	7.5～9.0
4	2.0～2.5	6.0～7.5
5	1.5～2.0	4.5～6.0
6	1.0～1.5	3.0～4.5
7	0.5～1.0	1.5～3.0
8	≤0.5	≤1.5

资料来源：文献 [123]。

我国《公共建筑节能设计标准》规定了建筑外门、外窗的气密性：10 层及以上建筑外窗的气密性不应低于 7 级；10 层及以下建筑外窗的气密性不应低于 6 级。不同气密性等级外窗的渗透通风量可根据分级指标计算，针对典型模型办公区的空间参数，选用气密性为 7 级的外窗，窗墙比为 0.4，运用分级指标 q_2 对外窗的渗透通风量估算，得到典型模型办公区的气密性指标（表 3-16），可以看出，典型模型办公区通过外窗的渗透通风量为 0.08～0.19ACH，取 0.2ACH 作为典型值。办公区气密性的取值区间为 0.1～0.5ACH，内部辅助区维持 0ACH 不变。

典型模型办公区的气密性指标计算表　　**表 3-16**

—	外窗面积(m^2)	换气量(m^3/h)	房间体积(m^3)	气密性(ACH)
点式	222.46	333.68～667.37	3560.60	0.09～0.19
条式	85.80	128.70～257.40	1692.90	0.08～0.15

注：点式以办公区作为一个整体来计算；条式以南向办公区来计算。

基于上述分析，确定寒冷地区高层办公建筑典型模型的构造设计参数列表，包括参数取值的典型值和变化区间（表 3-17）。

高层办公建筑典型模型的构造设计参数列表　　**表 3-17**

参数类型	参数名称	取值
构造设计	外墙类型	钢框架轻质幕墙/加气混凝土砌块墙/普通混凝土砌块墙
	屋面类型	外保温混凝土屋面
	保温性能	外墙 K 值[W/(m^2·K)]=0.15/0.2/0.3/0.4/0.5/0.6
		屋面 K 值[W/(m^2·K)]=0.15/0.2/0.3/0.4/0.45/0.5/0.55
		外窗 K 值[W/(m^2·K)]=1.0/1.5/2.0/2.4/2.7
	外表面太阳辐射吸收率	外墙 0.2/0.3/0.4/0.5/0.6/0.7/0.8/0.9
		屋面 0.2/0.3/0.4/0.5/0.6/0.7/0.8/0.9
	外窗遮阳性能	遮阳型 $SHGC$=0.3(VLT=0.40)
		普通型 $SHGC$=0.4(VLT=0.45)
		普通型 $SHGC$=0.5(VLT=0.60)
		高透型 $SHGC$=0.6(VLT=0.75)
	气密性(ACH)	办公区 0.1/0.2/0.3/0.4/0.5
		辅助区 0

注：带“_”的数为典型模型的取值。

3.1.3　HVAC 系统参数

HVAC 系统参数包括系统末端及冷热源类型、系统性能系数、新风量及运行时间表等。

典型模型的 HVAC 系统采用我国办公建筑常见的空调末端，为风机盘管加新风系统，系统为恒定流量式。供热设备采用燃气锅炉，冷却设备采用电驱动冷水机组，消耗的能源类型分别为燃气和城市电网供电。系统供暖综合性能系数为 COP_H=0.75，制冷综合性能系数为 COP_C=2.5。机械通风新风量依据室内办公人员所需的最小新风量为 30m^3/(h·人)，机械通风系统未考虑排风热回收。假定核心筒（辅助区）的新风来源是办公区的回

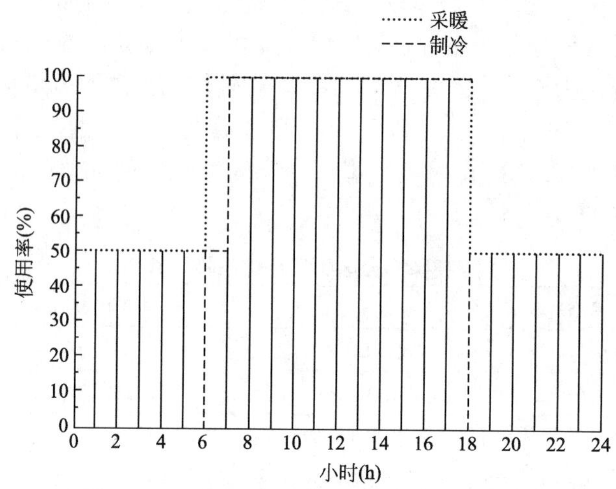

图 3-12 采暖和制冷系统工作日日运行时间表

风，没有考虑该区的采暖、制冷和新风负荷。HVAC 系统采暖和制冷的年运行时间表参照寒冷地区天津市地方规定，具体设置为：采暖季为 11 月 15 日至来年 3 月 15 日，空调季为 5 月 15 日至 9 月 15 日。HVAC 系统采暖和制冷在工作日的日运行时间表参照《公共建筑节能设计标准》，具体见图 3-12。周末采暖维持值班温度低负荷运行，而制冷关闭。

本文没有按照"4+1"的 HVAC 系统分区方式把平面按照不同的进深和建筑朝向划分为四个外区一个内区，而是从平面内部功能分区出发，首先将完整的平面划分为办公区和辅助区。以点式典型模型为例，不同朝向和位置的办公区具备不同的天然采光特性，因此，按照天然采光特性来对办公区进行分区，具体的分区方式将在下一节展开说明。

值得说明的是，我们已经意识到了关键的一点，建筑采暖或制冷系统综合性能系数取值十分重要，这个系数在很大程度上将会影响总能耗变化的趋势。比如采暖是燃气锅炉供暖（COP_H 为 0.8）还是热泵供暖（COP_H 可以达到 3 甚至更高）。该系数在本文中设定为固定值，所以，后续关于建筑运行总能耗的分析结果仅在所设定的采暖、制冷系数的前提下有意义，如果改变了系数，则关于总能耗的研究结果意义减弱。

经过上述分析，确定寒冷地区高层办公建筑典型模型的 HVAC 系统参数列表（表 3-18）。

高层办公建筑典型模型的 HVAC 系统参数列表 **表 3-18**

参数类型	参数名称	取值
HVAC 系统	空调末端形式	风机盘管加新风系统
	系统分区	未分空调内外区
	供热设备	燃气锅炉
	冷却设备	电驱动冷水机组
	采暖设计温度(℃)	白天:20
	采暖值班温度(℃)	5
	制冷设计温度(℃)	白天:26
	制冷预冷温度(℃)	28

3.1.4　室内负荷参数

办公建筑的室内负荷来源有三种：办公人员、照明灯具以及办公设备，办公人员活动产生热量，照明灯具和办公设备运转散热、同时消耗电量。室内负荷对建筑能耗产生影响的参数主要包括负荷密度以及运行时间表。

对于人员而言，负荷密度包括人员密度以及人员在室率；对于照明灯具和办公设备这些用电设备而言，负荷密度指的是用电设备的峰值功率密度。运行时间表反映的是办公建筑的人员使用及设备运转的正常作息规律。负荷密度参数以及各类运行时间表均依据公共建筑节能设计标准而设定。遵循办公建筑的一般作息模式，高峰使用时间为工作日 9：00am～6：00pm，7：00am～9：00am 与 6：00pm～8：00pm 之间有低使用率，低使用率设定为高峰使用率的 10％～50％（图 3-13）。照明灯具、办公设备的运行时间与人员作息相匹配。周末室内无使用人员。

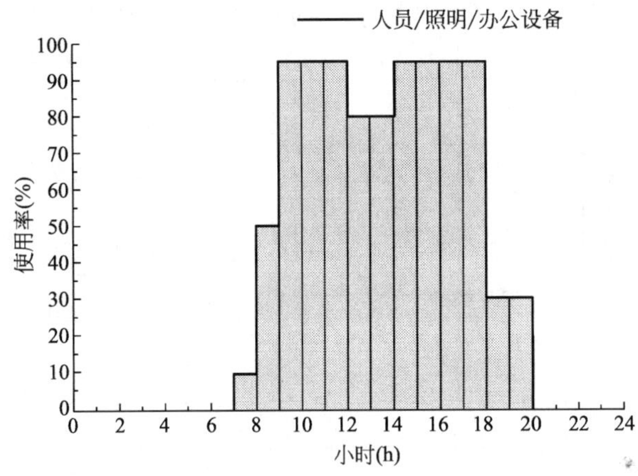

图 3-13　人员、照明、办公设备工作日日运行时间表

典型模型的照明系统具备光控节能功能，照明灯具的输出功率根据逐时的室内天然采光照度来调节。

照明控制的原理具体为：根据室内天然采光环境来控制照明灯具。当打开照明控制时，计算实时的室内照度，用来确定可以抵消的人工照明量。模拟是基于 EnergyPlus 光环境分析和热环境分析模型，来确定与室内天然采光环境有关的设计策略对建筑能耗的影响。EnergyPlus 光环境分析包括以下三个步骤：

首先，计算每个天然采光房间中用户定义的感光点的采光系数[1]，计算范围包括透过外窗的直射光和经过墙面、地板、顶棚的反射光。考虑的因素包括天空照度分布、外窗尺寸与朝向、玻璃的透光性能、室内各表面的反射比等。

第二，在太阳升起时间段内挑选代表的时间点进行采光系数计算，感光点的照度等于当前时间采光系数与室外水平面照度的乘积。

第三，感光点的照度与设计照度之间的差值将由人工照明补充，每个房间的人工照明降低率将被传送到热环境计算中，以考虑灯具散热量的变化。EnergyPlus 光环境分析考虑

[1] 采光系数的定义：室内照度与室外水平面照度之比。

了晴天、全阴天和另外两种介于晴天和全阴天之间的天空类型。

点式典型模型的平面按照使用功能不同划分为办公区和辅助区，为了细致考虑办公区内部光环境分布的差异，将办公区按照不同的采光方向划分为八个区。因此，点式典型模型的平面分区体现为“九宫格”样式（图 3-14）。办公区设置了光控照明节能系统，光控传感器共 16 个，位于各分区平面的中部，距离外墙分别为 4m 和 7.5m，放置高度为工作面高度 0.8m。光控传感器放置进深是基于典型模型的空间设计参数，通过计算侧窗采光时的采光有效进深确定（表 3-19）。

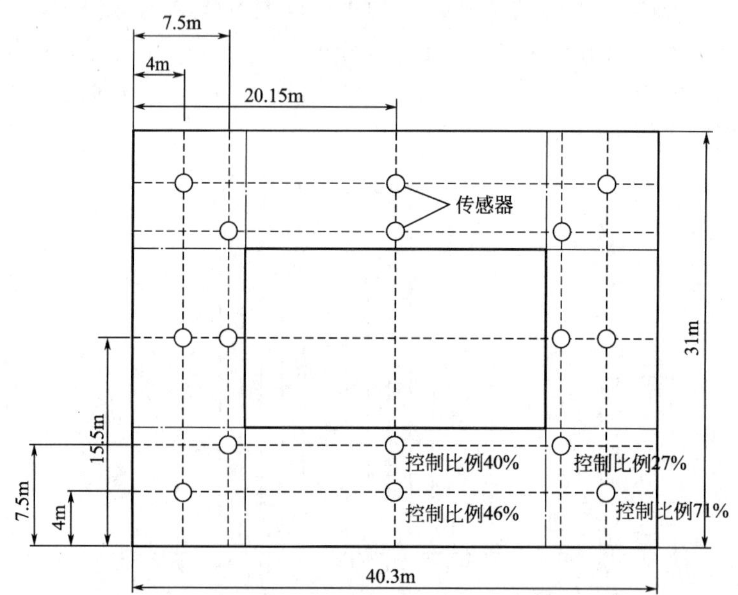

图 3-14　点式典型模型平面分区与光控传感器的定位

办公区天然采光区域的进深计算表　　**表 3-19**

房间名称	采光等级	采光有效进深 (b/h_s)	窗高变化区间 (m)	天然采光区域的进深 (m)
办公室	Ⅲ	2.5	1.56～2.94	3.90～7.35

每个办公区均有一级、二级两个传感器，两级传感器所控制灯具的比例是根据灯具控制区域面积与房间面积之比计算得到的，单面采光房间的一级传感器控制灯具比例为 46%，二级传感器控制灯具比例为 40%；有两个方向开窗的房间一级传感器控制灯具比例为 71%，二级传感器控制灯具比例为 27%。办公区照明系统的目标照度为 500lx，灯具控制方式为连续式。

条式典型模型的分区简单，仅区分使用功能，划分为办公区和辅助区。办公区设置两级照明控制，传感器的布置原理和参数与点式典型模型一致（图 3-15）。

经过上述分析，确定寒冷地区高层办公建筑典型模型的室内负荷参数列表，具体参见表 3-20。

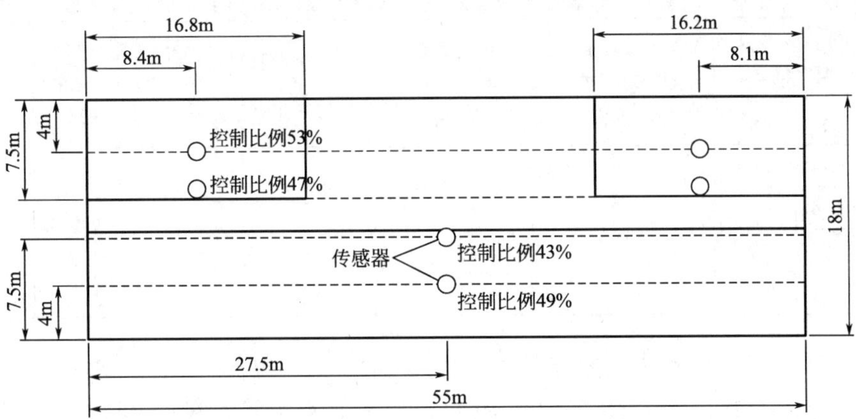

图 3-15　条式典型模型平面分区与光控传感器的定位

高层办公建筑典型模型的室内负荷参数列表　　**表 3-20**

参数类型	参数名称	取值
室内负荷	人员密度（m^2/人）	办公区:10
		辅助区:50
	照明功率密度（W/m^2）	办公区:9
		辅助区:0
	照明自动控制	办公区有照明自动控制,目标照度:500lx,照明灯具的控制方式:连续式
	办公设备功率密度（W/m^2）	办公区:13
		辅助区:0

3.1.5　气象数据

天津、济南、郑州、西安 4 个城市均采用典型气象年数据，气象数据为 CSWD 类型，下载于 EnergyPlus 软件官网[124]。气象参数主要包含室外干球温度、相对湿度、太阳辐射和风向、风速，其中室外干球温度和太阳辐射是最重要的两项。室外干球温度影响室内外之间的传热量；太阳辐射直接影响室外综合温度，通过透明围护结构的太阳辐射得热影响室内的冷热负荷，太阳辐射得热对于建筑的冬季采暖负荷而言是有利因素，而对于夏季制冷负荷而言构成不利因素。

将气象参数中的“室外干球温度”与前文中《建筑气候区划标准》GB 50178 的指标进行对比，我们发现两者基本一致，唯有郑州的 1 月平均室外干球温度（1.5℃）略微高于标准中的数值（－10～0℃）（表 3-21）。因此，可以认为气象数据有效，可以用于后续分析。从表 3-21 可以看出，就日平均温度≤5℃的天数而言，天津明显多于其他 3 个城市；就日平均气温≥25℃的天数而言，济南明显多于其他 3 个城市。

4 个城市的室外干球温度与《建筑气候区划标准》GB 50178 指标的对比　　　表 3-21

城市	平均室外干球温度(℃)		气象数据日平均温度≤5℃的天数(d)	日平均温度≥25℃的天数(d)	平均气温(℃)		标准日平均气温≤5℃的天数(d)	日平均气温≥25℃的天数(d)
	1 月	7 月			1 月	7 月		
天津	−2.4	26.1	112	65	−10～0	25～28	90～145	<80
济南	−0.4	27.0	86	83				
郑州	1.5	27.0	88	72				
西安	−0.4	26.7	93	68				

图 3-16 分析了 4 个城市的逐月平均气温。按照平均气温低于 10℃为冬季，4 个城市的冬季漫长，达 5 个月，包含 1、2、3 月和 11、12 月；夏季气温基本维持在 25℃以上。就不同城市进行对比的话，济南、郑州、西安的冬季气温高于天津；济南、郑州的夏季气温高于天津和西安。在 4 个城市中，天津冬季更冷，济南、郑州夏季更热一些，西安居中。

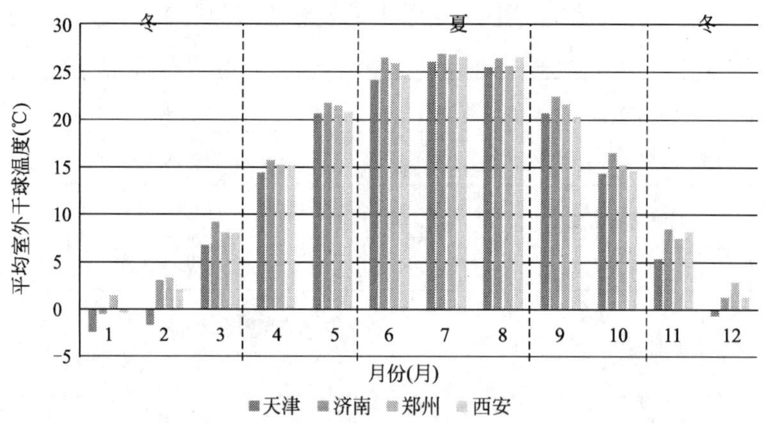

图 3-16　4 个城市的逐月平均室外干球温度

图 3-17 对 4 个城市的逐月太阳辐射展开分析。全年太阳辐射呈现随着夏季和冬季变化而峰谷起伏的曲线，与气温的变化趋势基本相符。就不同城市进行对比的话，西安的太阳辐射量明显小于其他的 3 个城市。

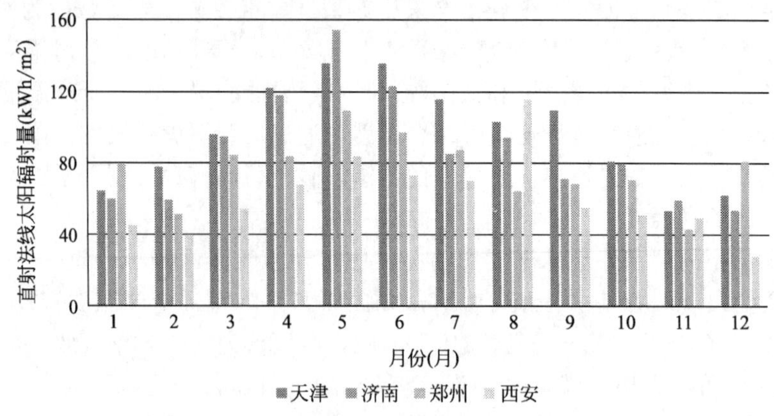

图 3-17　4 个城市的逐月累计直射法线太阳辐射量

3.2　结果验证

在典型模型的各项参数经过确定以后，模拟过程相对简单，输入能耗模拟软件便可计算获得结果数据，但模拟软件导出的结果十分繁杂，为了提升模拟的可操作性、保证结果的准确性与可比性，结果的分析与验证便成为必不可少的步骤。

3.2.1　能耗计算范围

寒冷地区办公建筑的用能以电能为主，能耗的大类包括空调通风系统能耗、采暖系统能耗、照明系统能耗、办公设备能耗、综合服务系统能耗等。清华大学建筑节能研究中心从能源类型的角度将寒冷地区公共建筑能耗分为供暖用能和其他能耗，考虑到了我国寒冷地区公共建筑多采用集中供暖的特征。

最初，基于能耗模拟方法开展的建筑节能设计研究大多仅仅针对围护结构的热工性能，计算的能耗指标为建筑采暖制冷负荷或者是空调通风系统和采暖系统能耗。而事实上，天然采光可以节约照明能耗，照明灯具的散热对于冬季采暖负荷而言为有利因素，而对于夏季空调负荷而言为不利因素。那么，整合光环境考虑的能耗模拟分析研究有必要综合考虑空间设计因素对建筑整体能耗（采暖、空调、照明能耗之和）的影响[104]。办公设备能耗、综合服务系统能耗中的热水供应能耗等与建筑空间节能设计的关系不大，所以总能耗中未计入上述能耗分项。

考虑到办公建筑能耗以电能为主，所以采用等效电法进行不同种类能耗之间的换算。能耗计算方程：

$$E_{\mathrm{T}}=E_{\mathrm{H}}+E_{\mathrm{C}}+E_{\mathrm{L}} \tag{3-1}$$

式中：E_{T} 为建筑能耗总量［kWh/(m²·a)］，E_{H} 为采暖能耗量［kWh/(m²·a)］，E_{C} 为空调能耗量［kWh/(m²·a)］，E_{L} 为照明能耗量［kWh/(m²·a)］。

$$E_{\mathrm{H}}=\frac{Q_{\mathrm{H}}}{A\times COP_{\mathrm{H}}\times q_1\times q_2}\times\varphi \tag{3-2}$$

式中：Q_{H} 为采暖需求（kWh/a），A 为建筑面积（m²），COP_{H} 为采暖系统综合性能系数，取 0.75，q_1 为标准天然气热值，取 9.87kWh/m³，q_2 为发电煤耗，取 0.36kgce/kWh，φ 为天然气与标煤折算系数，取 1.21kgce/m³。

$$E_{\mathrm{C}}=\frac{Q_{\mathrm{C}}}{A\times COP_{\mathrm{C}}} \tag{3-3}$$

式中：Q_{C} 为制冷需求（kWh/a），COP_{C} 为空调系统综合性能系数，取 2.5。

3.2.2　模型简化

为了节省模拟时间，有必要对典型模型进行合理的简化。由于模拟时间主要取决于模拟单元的数量，所以模型简化从层数入手。

以天津为例，分析层数对典型模型能耗的影响（表 3-22、表 3-23）。层数增加，总能耗呈现略微降低的趋势；随着层数增加，分项能耗的变化均不明显；总体而言，总能耗和分项能耗的变化幅度不大，尤其是层数在 14～24 层之间变化时，与典型模型相比的节能率仅为±0.2%左右。

层数对天津点式典型模型能耗的影响 表 3-22

层数	照明能耗		采暖能耗		制冷能耗		总能耗	
	值[kWh/(m^2·a)]	节能量[kWh/(m^2·a)]	值[kWh/(m^2·a)]	节能量[kWh/(m^2·a)]	值[kWh/(m^2·a)]	节能量[kWh/(m^2·a)]	值[kWh/(m^2·a)]	节能率(%)
10	8.97	−0.04	15.64	−0.24	14.80	0.05	39.40	−0.6
12	8.95	−0.03	15.53	−0.14	14.83	0.02	39.31	−0.4
14	8.94	−0.01	15.47	−0.07	14.84	0.01	39.25	−0.2
16	8.93	−0.01	15.42	−0.03	14.85	0.00	39.20	−0.1
18(基准)	8.93	0.00	15.39	0.00	14.85	0.00	39.17	0.0
20	8.92	0.00	15.38	0.02	14.84	0.00	39.14	0.1
22	8.92	0.01	15.37	0.03	14.84	0.01	39.12	0.1
24	8.91	0.01	15.36	0.03	14.83	0.02	39.10	0.2

资料来源：在 DesignBuilder 软件模拟结果的基础上自绘。

层数对天津条式典型模型能耗的影响 表 3-23

层数	照明能耗		采暖能耗		制冷能耗		总能耗	
	值[kWh/(m^2·a)]	节能量[kWh/(m^2·a)]	值[kWh/(m^2·a)]	节能量[kWh/(m^2·a)]	值[kWh/(m^2·a)]	节能量[kWh/(m^2·a)]	值[kWh/(m^2·a)]	节能率(%)
10	8.92	−0.04	16.94	−0.21	13.57	0.03	39.43	−0.6
12	8.91	−0.03	16.84	−0.12	13.59	0.01	39.34	−0.4
14	8.89	−0.02	16.79	−0.06	13.60	0.00	39.28	−0.2
16	8.89	−0.01	16.75	−0.02	13.60	0.00	39.23	−0.1
18(基准)	8.88	0.00	16.73	0.00	13.60	0.00	39.20	0.0
20	8.87	0.01	16.71	0.01	13.59	0.01	39.18	0.1
22	8.87	0.01	16.71	0.02	13.58	0.02	39.16	0.1
24	8.86	0.01	16.71	0.02	13.57	0.03	39.14	0.1

资料来源：在 DesignBuilder 软件模拟结果的基础上自绘。

简化建模方式是在节能原理分析的基础上确定的。就一栋完整的建筑体量模型而言，地面层、标准层和顶层的能耗特征是不同的：地面层由于底部接触下垫面，能耗受到地面构造的影响；顶层屋面接收到额外的太阳辐射，同时，通过屋面还会与外界产生热传递；对于标准层而言，热量很少通过地板和顶棚发生传递，因此，基本上可认为其上下围合界面是热绝缘面。

基于上述分析结果，一栋完整的建筑体量模型可以简化为地面层、标准层和顶层三种类型的部件，多个标准层的能耗可以采用仅计算一层之后乘以层数的方法来计算，原模型和简化模型的建模方式见图 3-18。

于是，将模型的层数保持在典型值（18 层）不变，在此基础上对原模型和简化模型的能耗结果进行了对比（表 3-24）。两种建模方式对典型模型能耗的影响在点式和条式典型模型中基本一致，采用简化建模方式时，总能耗略微小于原模型；照明能耗不变，采暖能耗略微降低，而制冷能耗略微增加；总体而言，总能耗的变化幅度不大，采用简化模型

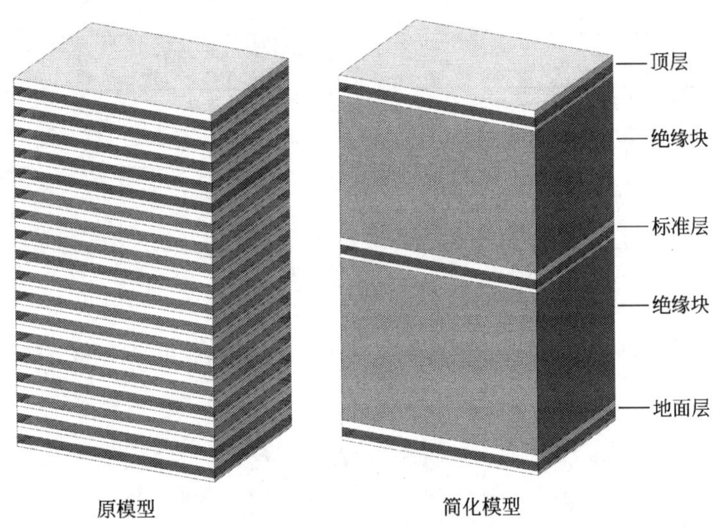

图 3-18　两种建模方式的图示

时针对原模型的误差率仅为 0.1%。因此，文中采用统一的简化方式来建立能耗模拟模型，典型模型的层数维持典型值（18 层）不变。

两种不同的建模方式对天津点式和条式典型模型能耗的影响　　表 3-24

层数	照明能耗		采暖能耗		制冷能耗		总能耗	
	值[kWh/(m²·a)]	节能量[kWh/(m²·a)]	值[kWh/(m²·a)]	节能量[kWh/(m²·a)]	值[kWh/(m²·a)]	节能量[kWh/(m²·a)]	值[kWh/(m²·a)]	节能率(%)
(一)点式								
原模型(基准)	8.93	0.00	15.39	0.00	14.85	0.00	39.17	0.0
简化模型	8.93	0.00	15.19	0.20	15.04	−0.19	39.15	0.0
(二)条式								
原模型(基准)	8.88	0.00	16.73	0.00	13.60	0.00	39.20	0.0
简化模型	8.88	0.00	16.51	0.21	13.75	−0.16	39.15	0.1

资料来源：在 DesignBuilder 软件模拟结果的基础上自绘。

3.2.3　结果校验

基于能耗模拟的建筑节能研究有一项非常重要的内容，就是对模拟结果进行校验，没有经过校验的模型很难说是否能够准确预测建筑能耗，因此无法开展下一步的能耗分析。典型模型能耗模拟结果的校验是通过三个方面来进行的，分析办公区在采暖季和制冷季的室温波动、分析典型模型的逐月分项能耗，以及对比模拟的能耗数据与实际能耗数据。

1. 办公区室温分析

图 3-19 以天津点式典型模型为例，选取典型模型标准层一间位于南向的办公区为例，模拟了冬季和夏季为期连续一周的室内气温波动情况，结果表明在所设定的工作时间段内，室温维持在采暖和制冷的设计温度。图中选择的冬季周为 1 月 9 日至 1 月 15 日，夏季周为 7 月 17 日至 7 月 23 日。

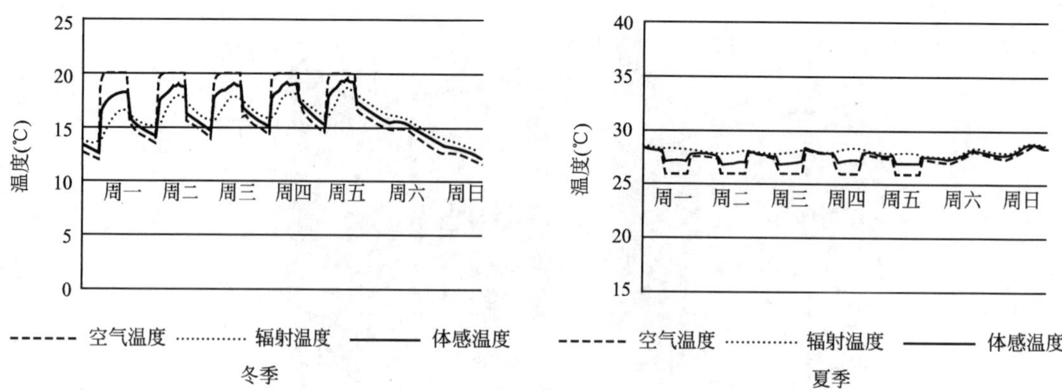

图 3-19　南向办公区在冬季和夏季一周的室内气温分布图
（资料来源：在 DesignBuilder 软件模拟结果的基础上自绘）

2. 典型模型的逐月分项能耗分析

图 3-20 以天津点式典型模型为例，模拟了典型模型的逐月分项能耗，可以看出，采暖和制冷能耗随季节而呈现出波动变化的趋势，采暖和制冷能耗的峰值分别出现在冬季最冷的 1 月和夏季最热的 7、8 月份，而照明能耗随季节而变化的幅度不大，表明典型模型的设备系统依照时间表运转，逐月能耗分布合理。

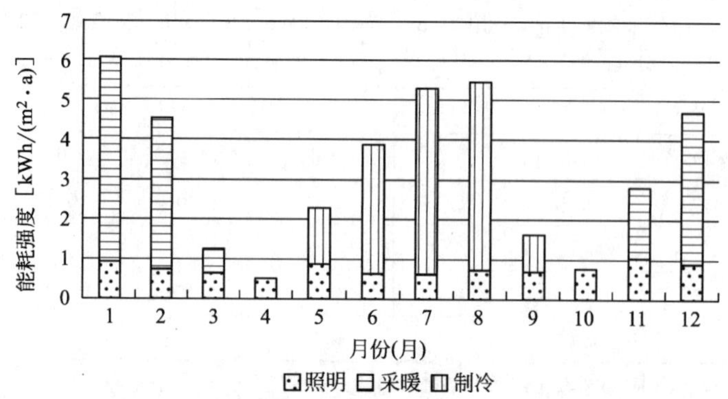

图 3-20　天津点式典型模型的逐月能耗分析
（资料来源：在 DesignBuilder 软件模拟结果的基础上自绘）

3. 模拟能耗数据与实际能耗数据的对比

用实际的建筑能耗数据对软件中的能耗模拟模型进行校验，是一种常见的模拟校验思路。本文的典型模型为抽象的建筑模型，无法获得逐月能源消耗账单或现场测试数据，所以采用建筑能耗统计数据来校验模拟结果。

中国建筑科学研究院[125] 分别于 2005 年和 2006 年对北京市的 8 家行政单位办公楼进行能耗调研与节能诊断，单位建筑面积耗电量为 52～108kWh/(m^2 · a)，平均耗电量为 81kWh/(m^2 · a)。

2007 年，薛志峰[126] 提出我国公共建筑的采暖能耗很低，用电能耗是能耗的主要部分，其中空调系统、照明是电耗的两个主要组成部分。基于北京市 99 栋写字楼用电量的能耗数据，总结得到写字楼单位建筑面积耗电量分布区间为 100～200kWh/(m^2·a)，不同案例之间耗电量存在较大差异。以其中一栋写字楼为例，总用电量为 120kWh/(m^2·a)，主要分项有空调系统 44.4kWh/(m^2·a)（占比 37%），照明设备 33.6kWh/(m^2·a)（占比 28%），办公设备 26.4kWh/(m^2·a)（占比 22%）（图 3-21）。

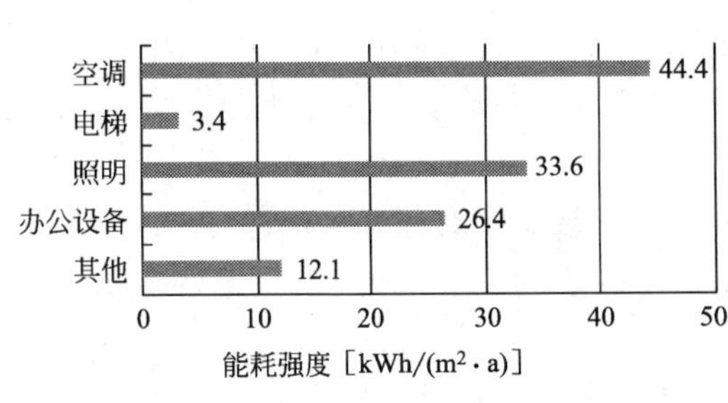

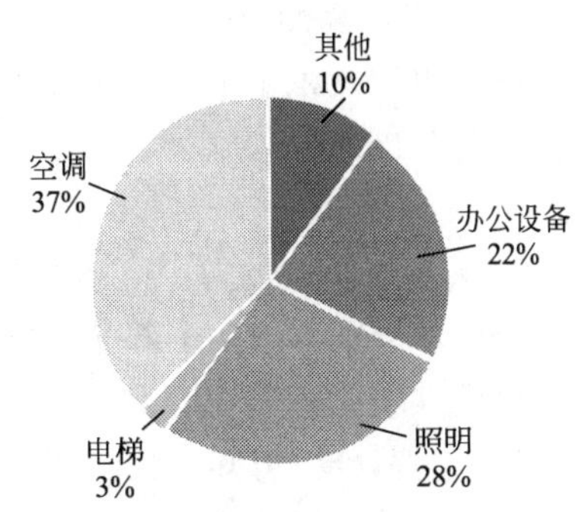

图 3-21　北京市某写字楼用电量各分项及比例

（资料来源：文献［126］）

2010 年，天津大学的陈高峰等[127] 对 24 个天津市办公建筑样本进行调研，分析得到本年度单位面积耗电量为 26.79～125.45kWh/(m^2·a)，平均值为 64.25kWh/(m^2·a)，用电设备主要包括照明、办公设备、电梯、供暖通风空调设备。其中，20 个样本供暖消耗的都是市政热水，供暖期单位供暖面积耗热量以消耗的市政热水的热量表示，为 0.21～0.37GJ/(m^2·a)，平均值为 0.27GJ/(m^2·a)。

2014 年，清华大学建筑节能研究中心[128] 通过对北京市 52 栋写字楼除采暖以外的用电量和面积的聚类分析，发现重心有两个，分别为 95.1kWh/(m^2·a)，面积 3.9 万 m^2 和 117.2kWh/(m^2·a)，面积 12.2 万 m^2。以北京市和天津市的写字楼样本为例，北京市写字楼样本单位面积用电强度大多数集中在 80～120kWh/(m^2·a)，中位数约为 105kWh/(m^2·a)；天津市写字楼样本则集中在 40～100kWh/(m^2·a)，中位数约为 65kWh/(m^2·a)（图 3-22）。

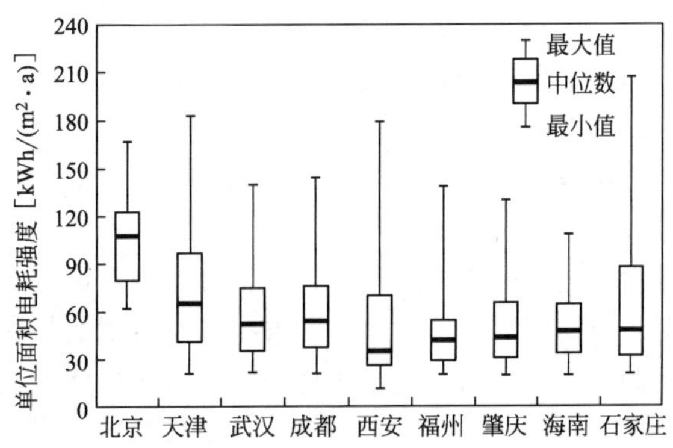

图 3-22　我国部分城市和地区写字楼单位面积用电强度（集中采暖能耗未包括在内）

（资料来源：文献［128］）

2014 年，李星魁等[129] 调查分析了天津市三栋高层办公建筑的用能特征，单位面积总用能强度为 74.9～118kWh/(m^2·a)，平均数为 89.9kWh/(m^2·a)；电能消耗占总能耗的 82%；就电能消耗而言，空调系统的能耗比例最大，占比达到 42%～67%，空调系统、照明和办公设备用能占总电能消耗的 90%左右。

2015 年，高丽颖等[130] 提供了北京市的三栋建于 2000 年以后的高层办公楼的能源审计数据，单位面积用电强度为 136.8～194.8kWh/(m^2·a)；其中，空调系统单位面积用电量分别为 29.3～52.2kWh/(m^2·a)；空调系统用电量占建筑总能耗之比分别为 17.1%～37.5%。

2016 年，陈晓欣等[131] 应用抽样调查方法对山东某地区商务办公楼的 37 个样本进行统计分析，分别得出两个部分的结果：单位面积用电能耗平均值为 72.14kWh/(m^2·a)，单位面积供暖能耗平均值为 14.74kgce/(m^2·a)。

基于上述分析可知，我国寒冷地区办公建筑宏观能耗统计数据并不充分，且数据分布较为分散。就能耗类型而言，采暖能耗和电耗构成两种最为常见的能耗类型；空调系统、照明和办公设备用能是电能消耗的几个大的分项。就除采暖以外的电耗而言，已有研究中的数据较为离散，分布在 50～200kWh/(m^2·a) 之间，具体数值见图 3-23。

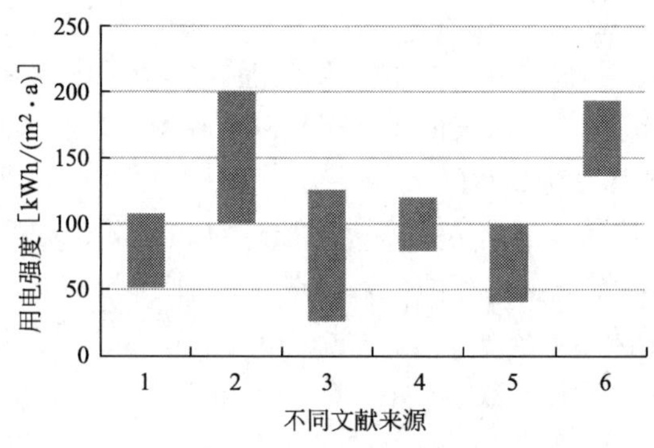

图 3-23 已有研究中寒冷地区办公建筑除采暖以外的电耗分布区间

本文基于典型模型计算的数据分布区间为 22～26kWh/(m^2·a)，与已有研究对比属于较低值。这一结果可以从以下两个方面来解释：

其一，为了更加突出建筑设计策略对建筑能耗的影响，本文并没有列入办公设备能耗，经过计算，其数值约为 30kWh/(m^2·a)；

其二，典型模型均设有光控照明节能装置，该措施本身具备明显的节能效果。图 3-24 以天津为例，对比了有无光控照明条件下点式和条式典型模型的能耗特征，可以看出，当增加了光控照明时，典型模型的照明能耗显著降低、采暖能耗略微增加、制冷能耗略微降低，总能耗显著降低。

此外，建筑运行过程中的多种不确定因素也会造成设计目标值与实际能耗值的偏离。

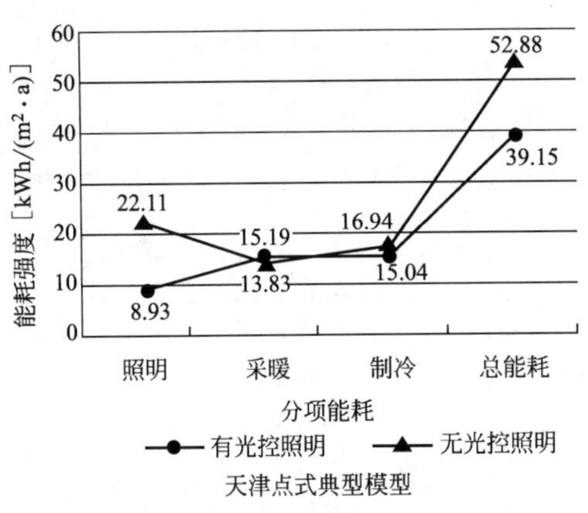

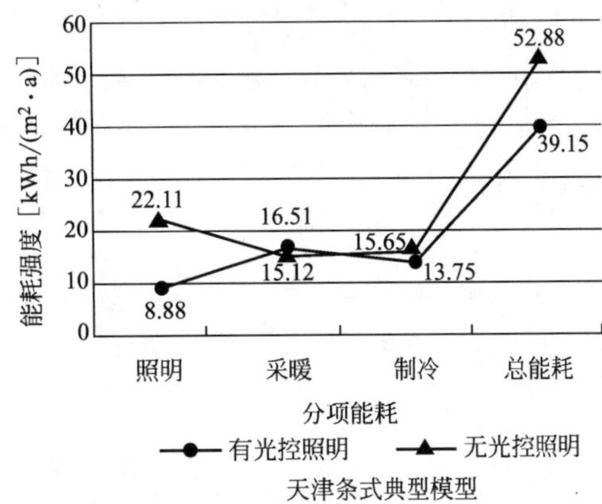

图 3-24　有无光控照明条件下典型模型的能耗对比
（资料来源：在 DesignBuilder 软件模拟结果的基础上自绘）

3.3　能耗特征分析

典型模型能耗模拟结果校验之后，对于其热负荷及内部机理、能耗构成的分析，为后续设计策略的研究提供了必要的理论基础。典型模型的能耗特征分析是从年累计热负荷以及热负荷的各分项、建筑总能耗以及能耗的各分项来入手的。

从表 3-25 可以看出，典型模型的年累计热负荷（采暖与制冷年累计热负荷之和）的分布区间为 62～72kWh/(m^2·a)，其中年累计采暖负荷的分布区间为 22～37kWh/(m^2·a)，年累计制冷负荷的分布区间为 33～44kWh/(m^2·a)，年累计采暖负荷占总负荷之比的分布区间为 0.34～0.47，意味着年累计采暖负荷略低于年累计制冷负荷。

就点式典型模型或条式典型模型而言，在不同城市进行对比分析，年累计总负荷按照不同的城市进行高低排序依次为：天津＞济南或郑州＞西安，年累计采暖负荷占总负荷之比按照不同的城市进行高低排序依次为：天津＞西安＞济南或郑州。

典型模型的年累计热负荷对比分析　　表 3-25

典型模型	年累计采暖负荷［kWh/(m^2·a)］	年累计制冷负荷［kWh/(m^2·a)］	年累计总负荷［kWh/(m^2·a)］	采暖负荷占总负荷之比
天津点式	33.5	37.6	71.1	0.47
济南点式	23.3	42.3	65.6	0.36
郑州点式	22.1	43.3	65.4	0.34
西安点式	26.4	35.7	62.1	0.43
天津条式	36.4	34.4	70.8	0.51
济南条式	25.5	39.6	65.1	0.39
郑州条式	24.3	41.0	65.3	0.37
西安条式	29.8	33.6	63.4	0.47

资料来源：在 DesignBuilder 软件模拟结果的基础上自绘。

图 3-25、图 3-26 就典型模型年累计采暖与制冷负荷的各分项来分析，冬季采暖负荷

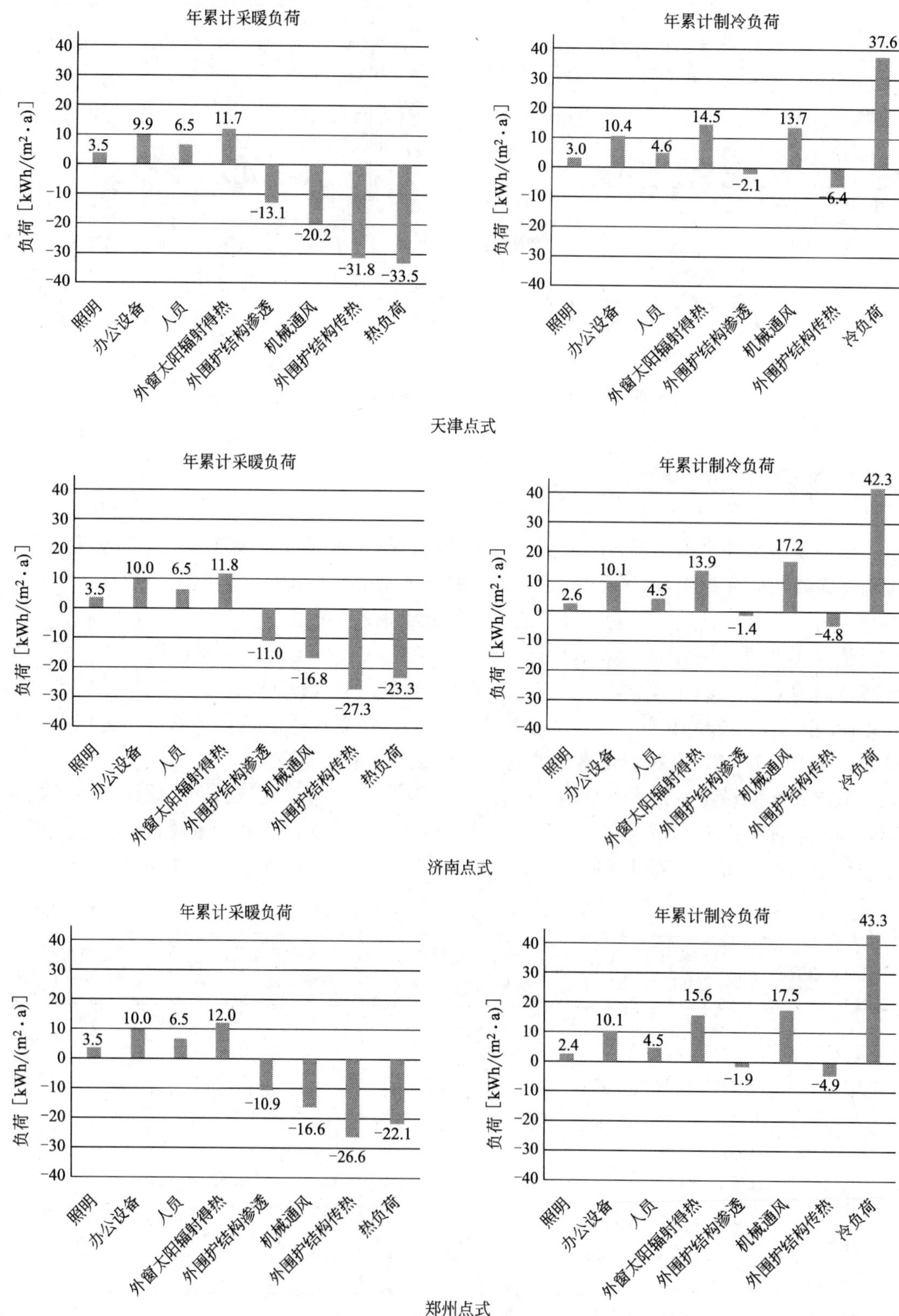

图 3-25　点式典型模型的年累计热负荷分析图（一）

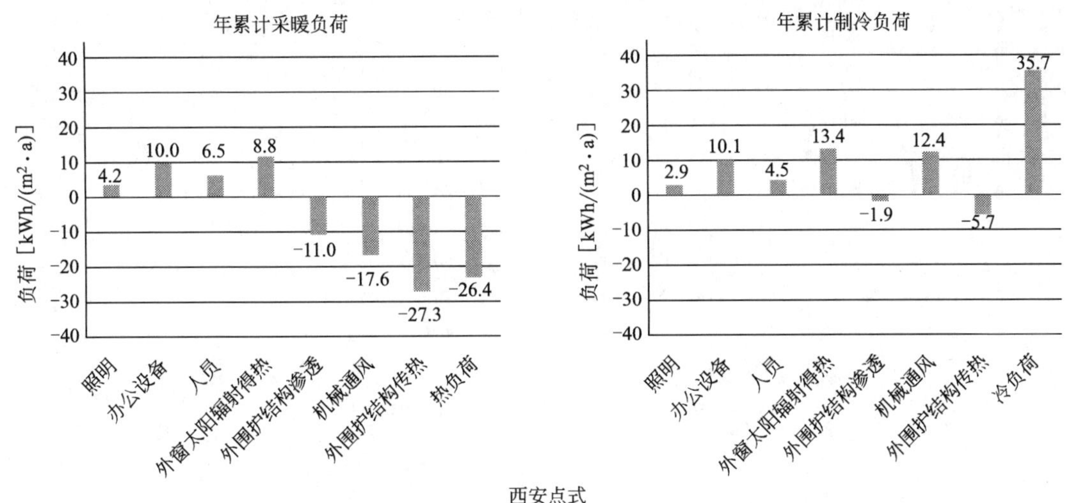

图 3-25 点式典型模型的年累计热负荷分析图（二）

（资料来源：在 DesignBuilder 软件模拟结果的基础上自绘）

主要是围护结构渗透、机械通风、围护结构传热三个部分引起的，室内得热（包括照明、办公设备、人员）和外窗太阳辐射得热有利于降低采暖负荷。夏季制冷负荷主要是室内得热（包括照明、办公设备、人员）、外窗太阳辐射得热、机械通风引起的。围护结构渗透和传热对冬季采暖负荷的影响程度远远高于其对夏季制冷负荷的影响，这是由于夏季的室内外温差小于冬季，因此渗透或传热传递的热量少，此外，如果考虑全天时间段的话，夏季夜间气温往往低于室内，围护结构渗透换气和传热能够带来一定的冷却和降温的效果。

就点式或条式典型模型而言，济南与郑州两个城市的热负荷特征基本一致，与天津相比年累计热负荷更低，在各分项之间的差异主要体现在围护结构渗透传热、机械通风、围护结构传热三方面，产生差异的原因在于各地区的气温不同。与天津相比，济南与郑州两个城市的冬季更温暖，冬季累计采暖负荷更低；而夏季两地的气温更高，因此夏季累计制冷负荷更高。

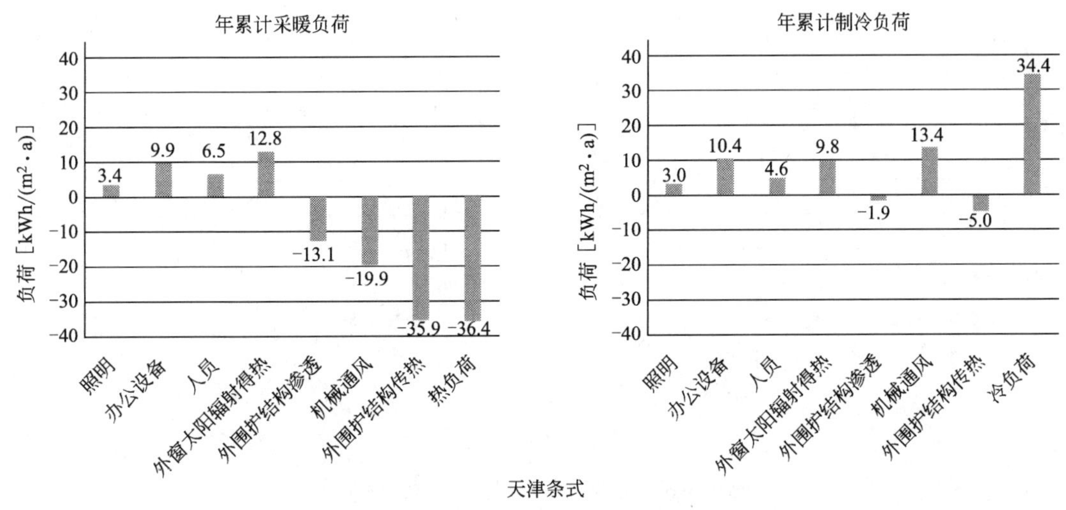

图 3-26 条式典型模型的年累计热负荷分析图（一）

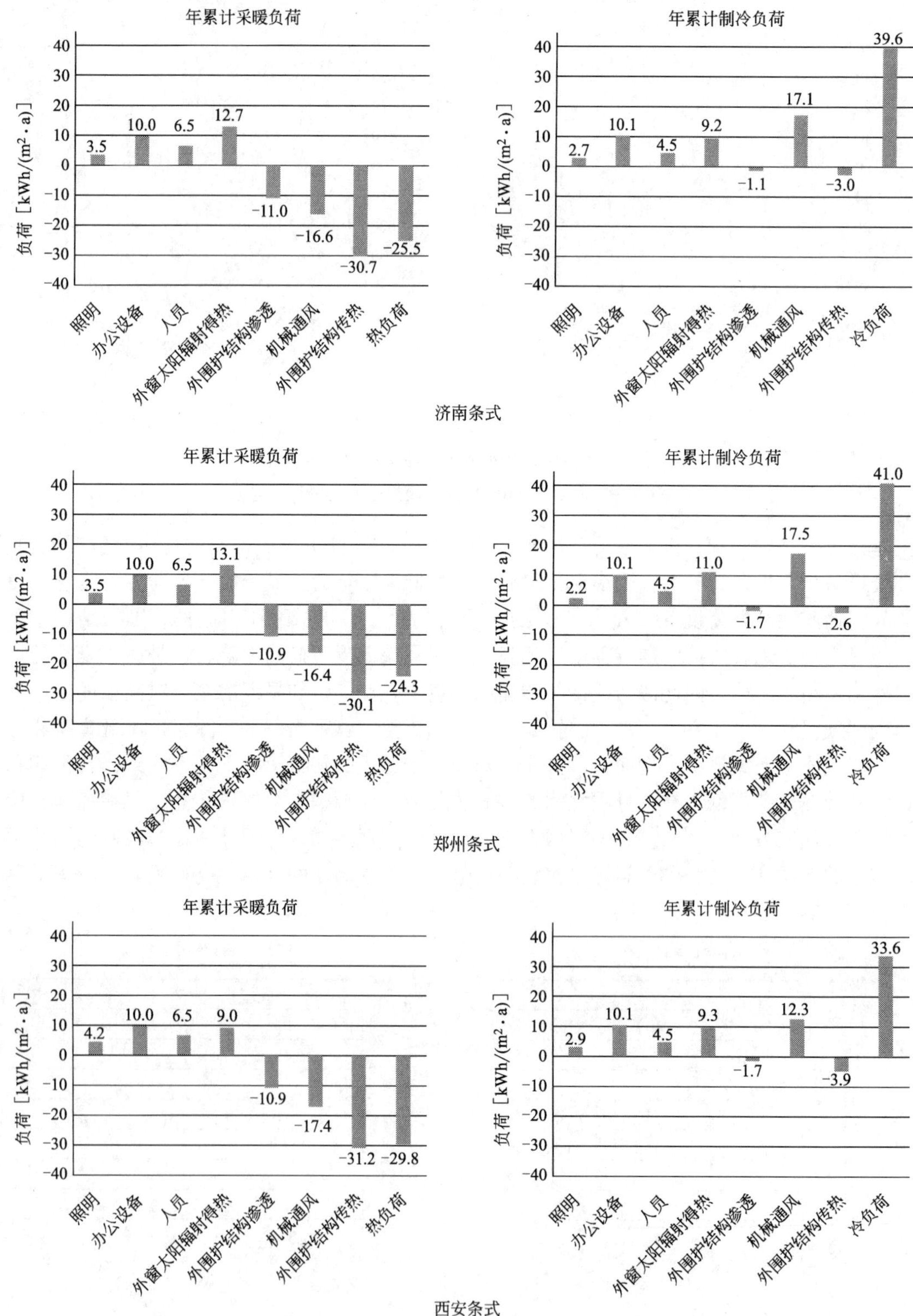

图 3-26　条式典型模型的年累计热负荷分析图（二）
（资料来源：在 DesignBuilder 软件模拟结果的基础上自绘）

就点式或条式典型模型而言，西安与天津相比，年累计采暖与制冷负荷均降低，因此年累计热负荷降低，在各分项之间的差异主要体现在外窗太阳辐射得热、围护结构渗透传热、机械通风、围护结构传热四个方面，产生差距的原因在于太阳辐射以及气温的不同。与天津相比，西安全年的太阳辐射量更少，冬季更温暖，冬季累计采暖负荷更低；西安夏季的气温与天津差别不大，夏季累计制冷负荷略微低于天津。

典型模型的总能耗分布区间为 36～40kWh/(m^2 · a)，图 3-27 就不同典型模型的分项能耗进行对比分析。在不同城市之间对比的话，济南、郑州、西安三个城市的典型模型的总能耗均低于天津。济南与郑州两个城市的能耗特征基本一致，与天津相比照明能耗维持不变，采暖能耗大幅降低，同时制冷能耗略微升高。西安与天津相比照明能耗明显增加，同时采暖和制冷能耗均降低。

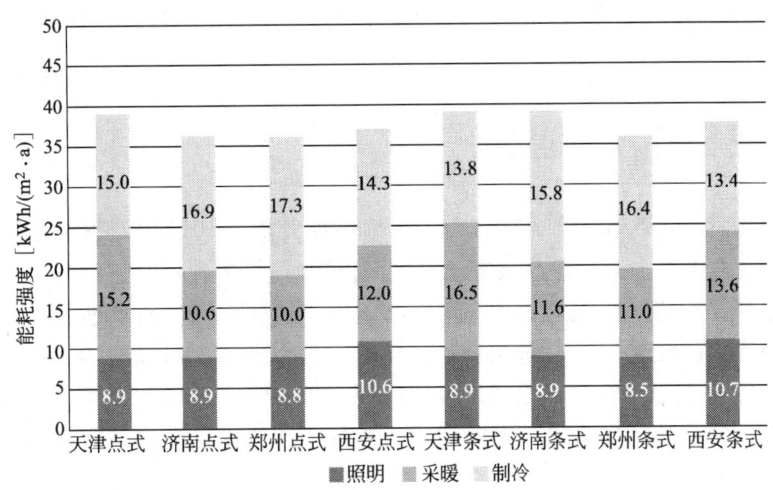

图 3-27　典型模型的能耗对比图

（资料来源：在 DesignBuilder 软件模拟结果的基础上自绘）

3.4　本章小结

本章中，首先立足于高层办公建筑的平面形态特征，将其分为点式和条式两种基本类型，在案例调研的基础上，构建了模拟的完整参数列表，包含空间与表皮设计、构造设计、HVAC 系统、室内负荷和气象数据。

其次，基于建筑空间和形态设计要素对能耗的影响这一研究的重点，设定研究的能耗范围包含采暖、制冷和照明三个分项；并借助能耗影响机理的分析，从建筑层数入手，对典型模型的几何建模方式进行简化，便于合理地节省模拟工作量；将计算机模拟结果与宏观的能耗统计数据之间进行对比，认为数值差异在可解释的合理范围内，完成对典型模型能耗模拟结果的校验。

再次，通过对寒冷地区 4 个不同城市点式和条式典型模型的能耗和热负荷进行分解和对比，为后续分析研究提供理论依据。

在典型模型的基础上，空间与表皮设计要素如何变化对应着一项一项具体的设计策略，不同策略有着怎样的节能效果，在节能设计中如何优化组合应用将在下面继续论述。

第 4 章　建筑节能设计策略研究

第 3 章建立了寒冷地区高层办公建筑能耗模拟典型模型，本章根据寒冷地区的气候条件，结合办公建筑的类型特征，提取空间设计、表皮设计和构造设计要素，依次进行能耗模拟分析。设计要素的提出遵循可行性原则和可模拟原则，可行性原则即不违反强制性建筑相关规范；可模拟原则即变量对于建筑能耗的影响尽可能通过 DesignBuilder 模拟软件的能耗模拟结果清晰地反映出来。每个变量均赋有 1 个典型值（缺省值）和多个变化值，典型值（缺省值）即典型模型的取值，变化值则是根据第 3 章的调研和分析来加以界定的。

4.1　敏感度分析方法的应用

敏感度分析（Sensitivity Analysis，又称敏感性分析）从定量分析的角度研究有关因素发生某种变化对某一个或一组关键指标的影响程度，其实质是通过逐一改变相关变量数值的方法来解释关键指标受这些因素变动影响大小的规律[132]。简单地说，当一个自变量的变化引起因变量的变化，那么对两者的变化区间进行分析，可以获得因变量对自变量的敏感度，这是敏感度分析的基本原理。一般需要首先确定一个典型模型，其输入参数可以取最优值或常见值，然后保持其他参数固定于基准值，改动关注的输入参数，观察输出结果的变化（图 4-1）。

输入 —△IP→ 模型系统 —△OP→ 输出

图 4-1　敏感度分析的原理图

（资料来源：文献［112］）

注：图中△IP 是输入因素的变化量；△OP 是输出因素的变化量。

在能耗模拟分析中，有些设计变量引起建筑能耗的变化比其他更明显，不管是从建筑设计或技术角度还是节能的经济性角度，这些变量都应引起重视，因为变量指代的是潜在的节能设计策略。研究的重点是建筑能耗由于设计变量的变化而发生改变的趋势和程度。采用敏感度分析方法分析影响建筑能耗的敏感度因素，可以确定节能设计的关键所在，既有利于节省时间成本，又便于提高节能效率。

根据敏感度分析的作用范围，可以分为局部敏感度分析和全局敏感度分析。局部敏感度分析只检验单个变量对结果的影响程度，而全局敏感度分析检验多个变量对结果产生的总影响，并分析变量之间的相互作用对结果的影响。局部敏感度分析简单快捷、可操作性强，在已有研究中较为常见[133]。

敏感度系数（IC）是敏感度分析中的基本概念，用来反映自变量对因变量的影响程度，敏感度系数的绝对值越高，则影响程度越大。敏感度系数有多种计算方式，常见的一种计算方式为：

$$IC=\frac{因变量的变化量}{自变量的变化量}$$

当自变量变化一次，即有两个取值时，有两组数据，敏感度系数等于因变量的变化量除以自变量的变化量。当自变量取值多于两个，敏感度系数等于回归曲线的斜率，当因变量与自变量之间不是线性关系时，敏感度系数是会随逐点而变化的值。当自变量与因变量的变化趋势一致时，敏感度系数为正，反之为负。

这种方式得到的敏感度系数并不是无量纲的值，因此单纯从敏感度系数数值上进行不同变量对能耗影响程度大小的比对是无意义的。在本章单一变量能耗模拟分析中，针对那些与建筑总能耗以及分项能耗呈现近似线性关系的变量，将借助敏感度系数的方式来具体分析变量对能耗的影响，主要在于各分项能耗变化趋势以及其变化对总能耗影响的大小，以便量化地把握能耗变化的内部机理。

4.2 空间节能设计策略敏感度分析

建筑空间是使用功能的载体，创造合用的空间是建筑师的根本任务，空间创造也是建筑师最为熟练和擅长的表达手段。建筑空间要素包含空间的方位、体量、几何形态及不同空间的组织和秩序等[134]。空间设计需要同时考虑基本的使用功能要求以及美学和情感方面的要求，这些因素的影响通过已有研究已形成了相对系统的理论成果，但从能耗的角度对建筑空间设计逻辑的研究较少。

以点式高层办公建筑为例，将其空间设计要素分解，并逐一细化模拟分析。首先，空间的方位对应着模型的建筑朝向。其次，建筑体量包含平面体量和建筑高度两个维度：平面体量对应高层办公建筑的标准层规模，可等效为平面的长、宽尺寸；建筑高度由标准层层高和层数构成。然后，不同的标准层的平面形状构成丰富多样的建筑几何形态，比如常见的长方形体量以及圆柱形、圆弧形、三角锥形等。在建筑体量内部植入两层或以上通高的共享空间，为使用者带来丰富的空间感受，还构成热缓冲区，这涉及共享空间与正常功能房间之间的排布。

于是，本文提取点式高层办公建筑空间设计的五个要素：建筑朝向、平面体量、平面形状、共享空间和层高，分别进行策略解析。能耗结果由 DesignBuilder 软件模拟获得。

4.2.1 建筑朝向变化的敏感度分析

建筑朝向对能耗的影响主要在于不同朝向的建筑立面受到太阳辐射的特征存在差异。一天之中东升西落是最基本的太阳轨迹。以寒冷地区天津市为例，运用 Autodesk Ecotect 软件分析太阳轨迹，于是发现，随着季节变化，夏季太阳从东北方升起、西北方落下，冬季和过渡季太阳从东南方或东方升起、西南方或西方落下（图 4-2）。进而，利用 DesignBuilder 软件对建筑不同表面入射的太阳辐射进行分析，南向立面在冬季收获较为充足的太阳辐射，而在夏季则得益于太阳高度角变大而规避不利的得热；北向立面仅在夏季的清晨或傍晚受到太阳辐射；东西向立面的太阳辐射特征相似，相比而言，西向立面在夏季午后时段受到的太阳辐射将对建筑夏季制冷的峰值负荷带来更多不利影响；水平面（屋面）受太阳辐射强度最大，随冬夏季节的波动最明显（图 4-3）。

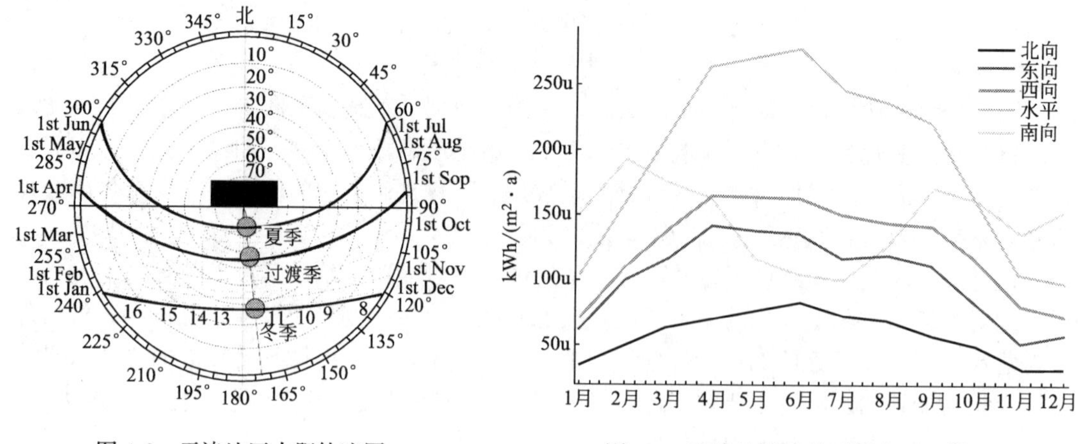

图 4-2　天津地区太阳轨迹图
（资料来源：在 Autodesk Ecotect 软件的基础上自绘）

图 4-3　天津地区建筑不同表面入射太阳辐射随季节变化的特征
（资料来源：在 DesignBuilder 软件模拟结果的基础上自绘）

于是，以典型模型的朝向南向（0°）为基准，分别对南偏西 15°（15°）、南偏西 30°（30°）、南偏西 45°（45°）、南偏西 60°（60°）、南偏西 75°（75°）和东西向（90°）进行对比分析（图 4-4）。

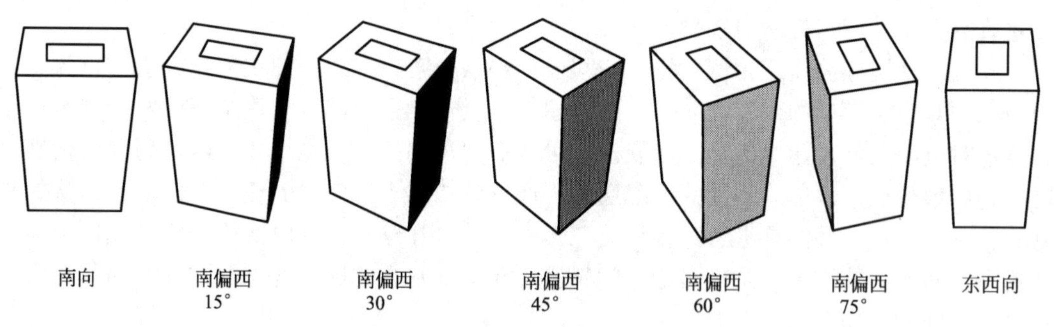

图 4-4　不同建筑朝向的图示

针对点式典型模型不同朝向的能耗模拟分析表明，由南向（0°）转为东西向（90°），总能耗增加，南偏西 60°时，总能耗最高。随着建筑朝向发生偏转，照明能耗基本维持不变，采暖和制冷能耗同时增加，两者之中制冷能耗的增量更多。以天津为例，建筑朝向变化对应的节能率分布区间为－0.3％～－2.2％（图 4-5）。

建筑朝向控制作为一项节能设计策略，在天津、济南和郑州更有效。由于朝向是通过太阳辐射特征的变化影响建筑能耗，所以对于全年太阳辐射量更低的西安而言，典型模型能耗对建筑朝向的敏感度低于其他，建筑朝向变化对应的节能率分布区间为 0.1％～－1.4％。以节能率在±1％以内为前提，点式典型模型的最佳朝向范围对天津、济南、郑州而言为 0°～30°，对于西安而言为 0°～45°。

4.2.2　平面体量变化的敏感度分析

在讨论单位面积建筑能耗之前，有必要做到保证适用的基础上尽量控制平面体量，通

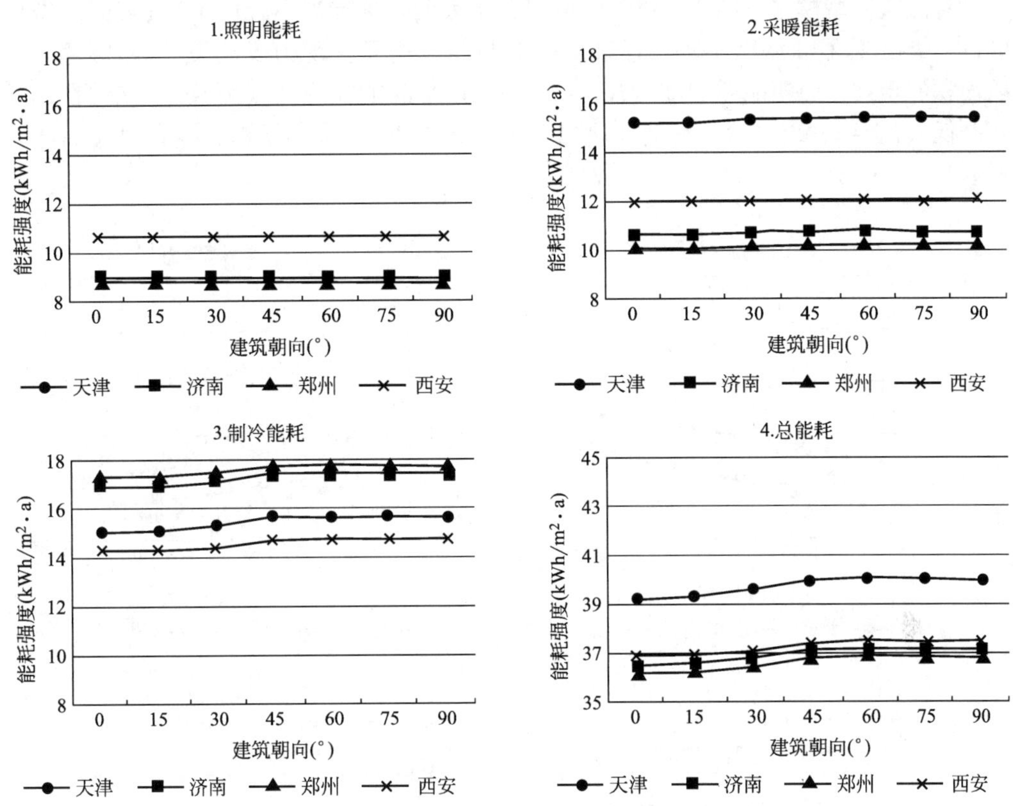

图 4-5　建筑朝向对点式典型模型能耗的影响
（资料来源：在 DesignBuilder 软件模拟结果的基础上自绘）

过减少建设量实现节能目标，这也是常忽略的最为基础的节能策略。从单位面积建筑能耗的角度分析，平面体量对能耗的影响分为室内光环境和热工性能两方面。体量增大，办公空间的进深增加：标准层面积分别为 1250、1500、1750、2000m^2 时，办公区进深为 8.7、9.5、10.3、11m（图 4-6）。虽然大进深平面便于更加灵活地安排室内功能、布置办公家具，但同时伴随着天然采光和通风的恶化。从热工性能来看，建筑平面体量增大，则体形系数减小，围护结构传热量降低，对于冬季采暖而言非常有利。

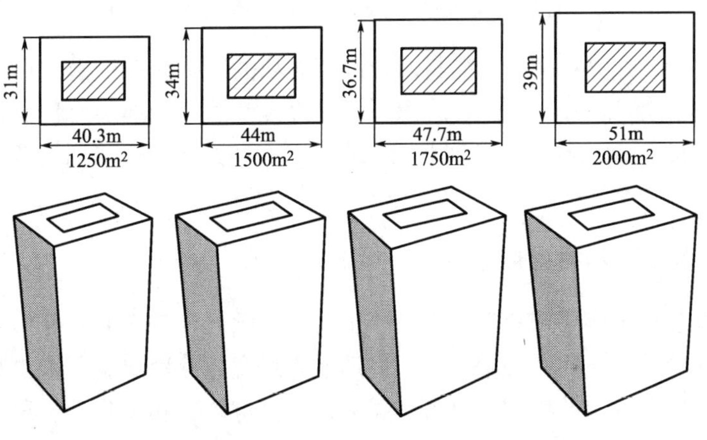

图 4-6　不同平面体量的图示

针对点式典型模型不同平面体量的模拟分析表明，标准层面积由 1250m² 逐渐增加为 2000m²，导致总能耗略微增加。标准层面积与能耗之间呈现为线性关系。以天津为例，随着面积的增加，照明能耗增加（IC＝0.0032），采暖能耗降低（IC＝－0.0024），制冷能耗降低（IC＝－0.0004），总能耗增加（IC＝0.0004），标准层面积变化对应的节能率分布区间为－0.2%～－0.8%（图 4-7）。

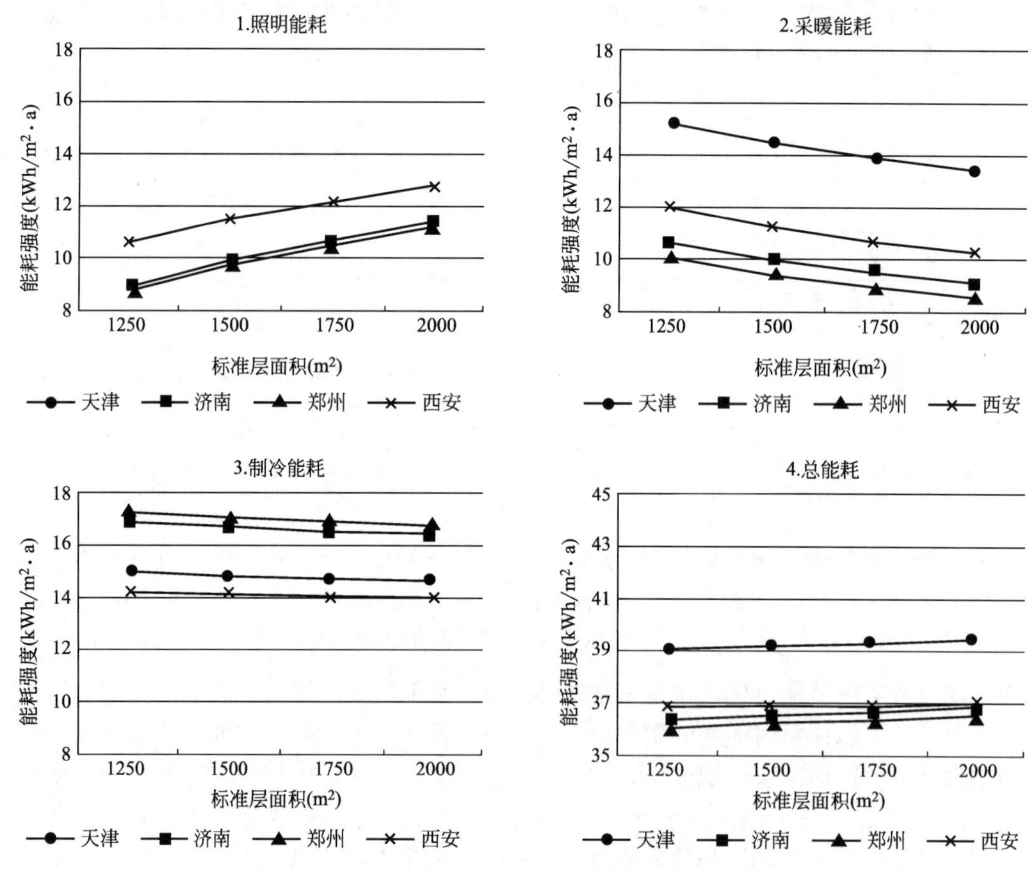

图 4-7　标准层面积对点式典型模型能耗的影响
（资料来源：在 DesignBuilder 软件模拟结果的基础上自绘）

与天津相比，点式典型模型总能耗对标准层面积的敏感度在济南、郑州 2 个城市更高（IC＝0.0007），在西安更低（IC＝0.0002）。点式典型模型标准层面积变化对应的节能率分布区间为济南：－0.5%～－1.6%、郑州：－0.5%～－1.4%、西安：－0.1%～－0.4%。

4.2.3　平面形状变化的敏感度分析

点式高层办公建筑多采用矩形、方形、三角形、圆形等基本的平面形状。不同的平面形状带给人不同的外部空间心理感受。正方形或矩形意味着稳定和平衡；圆形给人以焦点和重心感；由圆形衍生出的椭圆形具备优美弧线，富有动感和变化；三角形相当于对角切割后的正方形，锐角空间与弧形体量是刚与柔的碰撞，三角形平面适用于相对特殊的基地条件。

从节能的角度来分析，圆形平面的体形系数最小，其次是正方形，因此冬季可以减少热损失；矩形或椭圆形扩大了南向受热面，最大获取太阳能，并减少不利的东西朝向，规避夏季过热的情况；矩形、椭圆形或三角形平面的办公空间进深均减少，室内天然采光得到改善。下面对基本平面形状进行模拟分析（图 4-8）。

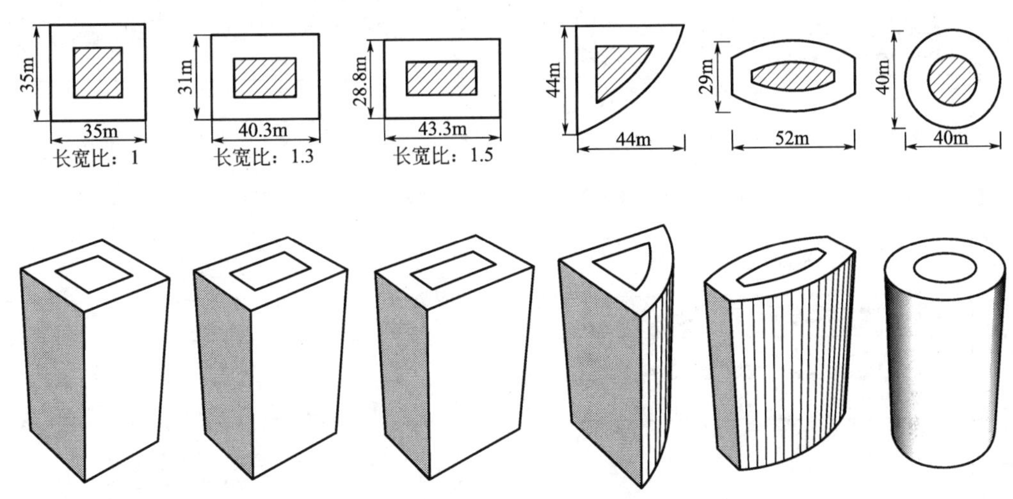

图 4-8　不同平面形状的图示

针对点式典型模型不同平面形状的模拟分析表明，正方形平面的总能耗最高，矩形、三角形、椭圆形或圆形都要更节能。就正方形或矩形平面的平面长宽比来分析，随着平面长宽比增加，总能耗将降低，平面长宽比与能耗之间呈现为线性关系。以天津为例，随着长宽比增加，照明能耗降低（$IC=-0.65$），采暖能耗基本不变（$IC=0.06$），制冷能耗降低（$IC=-0.82$），总能耗降低（$IC=-1.40$）。照明能耗降低与办公区进深减小有关，平面长宽比分别为 1、1.3、1.5 时，对应的办公区进深为 8.8、8.7、8.5m。制冷能耗降低主要是由于建筑东西向立面的比例减小，所以夏季不利的外窗太阳辐射得热量降低。以天津为例，平面长宽比变化对应的节能率分布区间为 0.7%～−1.1%。就其他形状的平面来分析，三角形平面的节能优势体现为照明能耗降低，同时，采暖和制冷能耗均增加；椭圆形平面的能耗最低，分项能耗的变化机理与东西向拉长的矩形平面类似；圆形平面的能耗与典型模型差异不大（图 4-9）。

对正方形或矩形平面的平面长宽比在天津、济南、郑州三个城市来分析，分析结果相同。在西安总能耗对平面长宽比的敏感度更低（$IC=-0.93$），主要是因为制冷能耗受平面长宽比的影响更小（$IC=-0.58$），平面长宽比变化对应的节能率分布区间为 0.5%～−0.7%。

4.2.4　共享空间的敏感度分析

高层办公建筑中的共享空间常采用边庭的形式出现，边庭为两层或两层以上通高的室内空间，通过侧界面或顶部界面实现与室外的互通（图 4-10）。就容纳的功能来看，边庭以交通性或社交性为主，兼具展示、集会等公共属性，与主要办公空间形成良好的功能互

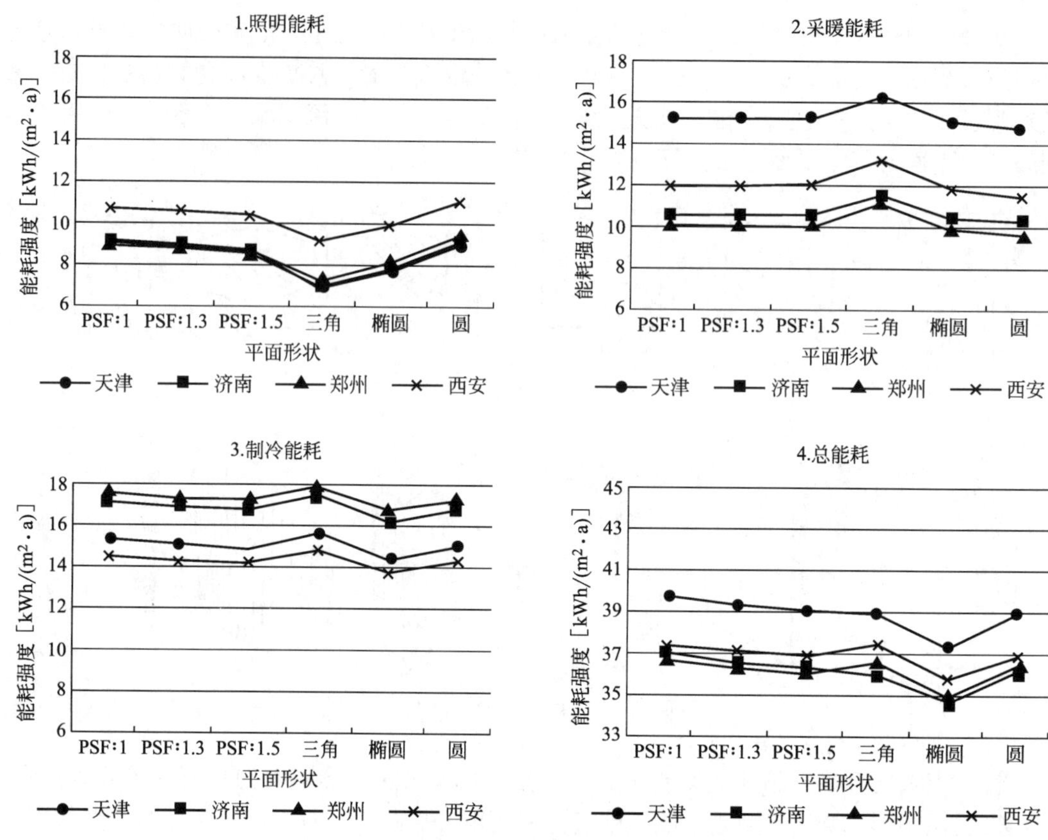

图 4-9　平面形状对点式典型模型能耗的影响

（资料来源：在 DesignBuilder 软件模拟结果的基础上自绘）

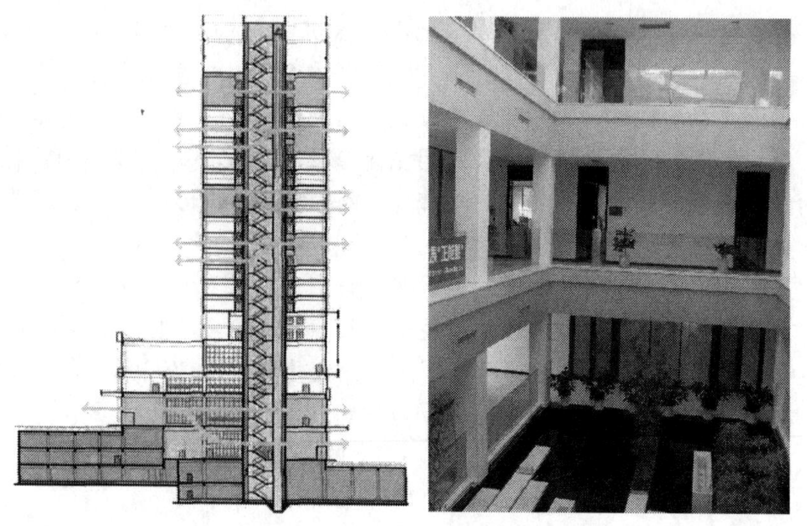

图 4-10　高层办公建筑边庭设计图解

（资料来源：文献［135］及百度图片）

补，强化建筑空间的人性化和舒适性。在外部界面处理上，边庭部位通常有较大的玻璃面，因此容易受外界气候变化影响而波动；边庭属于间歇性使用的空间，不需要加以严格的室内环境温度控制，于是，边庭可以作为室内外环境之间的缓冲区。边庭在空间位置和形态方面有多种灵活、自由的布局方式。下面以常见的矩形边庭为例，对其所处的不同方位进行模拟（图 4-11）。

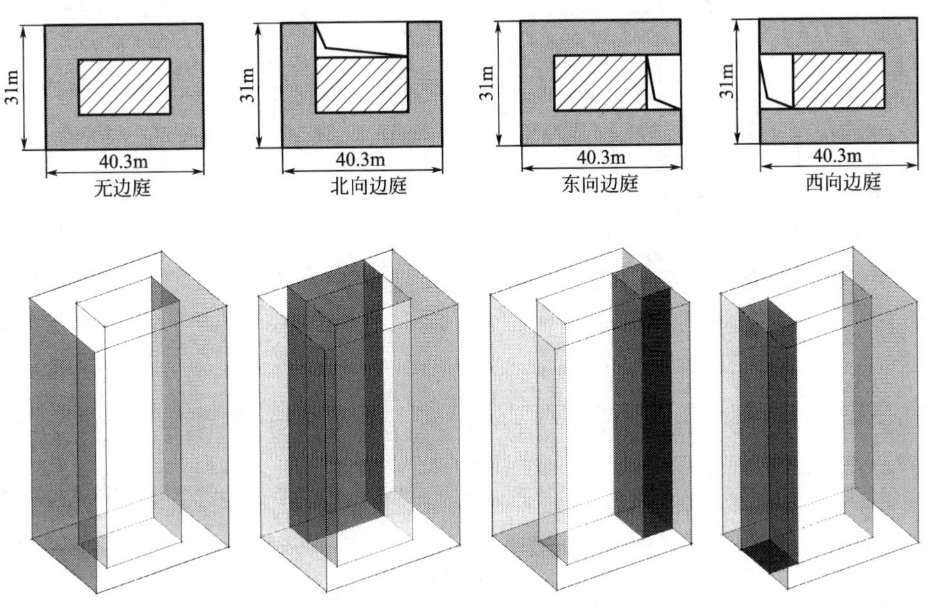

图 4-11　共享空间不同位置的图示

针对点式典型模型边庭不同方位的能耗模拟分析表明，大体上来看，各模拟方案间的能耗差异较小，就北、东、西向之间对比的话，西向边庭能耗最低，北向边庭能耗最高。就分项能耗而言，各朝向之中北向的天然采光照度不足，于是北向边庭的照明能耗降低；采暖能耗的差异较小；而制冷能耗体现为北向＞东向＞西向的趋势（图 4-12）。

边庭对能耗的影响在天津、济南、郑州这三个城市中基本一致，对于西安而言，边庭的不同方位带来的能耗变化范围更大，应归因于西安本地太阳辐射强度较低，所以照明能耗的变化要更小。

4.2.5　层高变化的敏感度分析

层高是衡量建筑空间在垂直方向上体量的一项要素，直接影响到单位建筑面积需要加热和制冷的空气体积，同时在立面窗墙比维持不变的前提下，层高增加则窗高增加，于是层高变化还间接影响到室内的天然采光。从调研数据来看，高层办公建筑的层高大致在 3.6～4.2m 之间变化，通常物业等级较高的办公建筑层高越高。下面对不同层高进行模拟（图 4-13）。

层高对能耗的影响在四个城市中基本一致，以天津为例来说明。由图 4-14 看出，层高与能耗之间呈现为线性关系，由 3.6m 逐渐增加为 4.2m，照明能耗降低（$IC=$

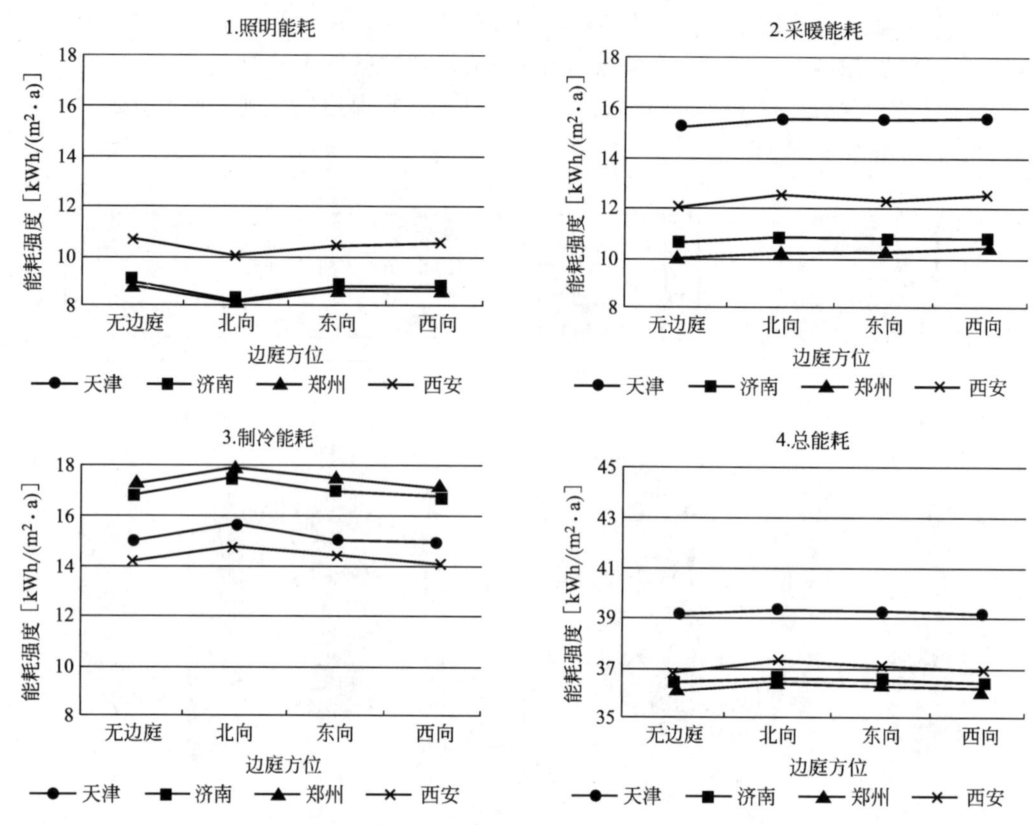

图 4-12　共享空间方位对点式典型模型能耗的影响
（资料来源：在 DesignBuilder 软件模拟结果的基础上自绘）

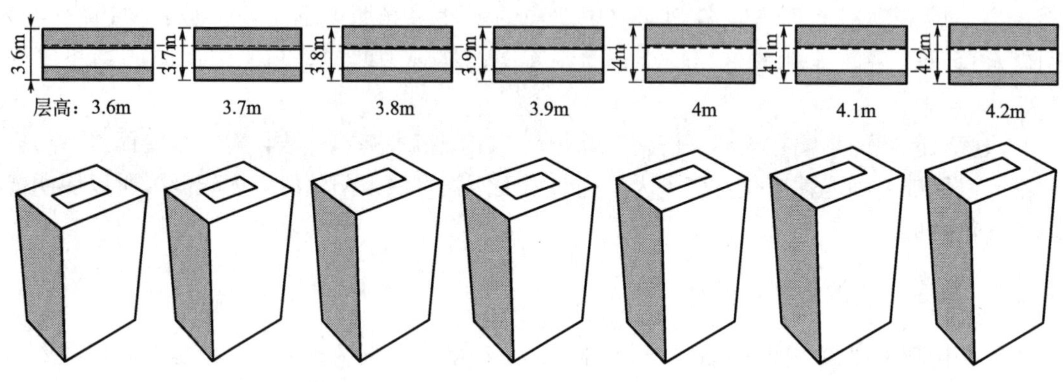

图 4-13　不同层高的图示

—1.16)，采暖能耗增加（*IC*＝3.15)，制冷能耗增加（*IC*＝0.60)，总能耗增加（*IC*＝2.60)。层高增加之后，办公区的天然采光得到改善，因此照明能耗降低；同时，单位建筑面积需要加热或制冷的空气体积增加，造成采暖和制冷能耗增加，其中采暖能耗的敏感度更高。层高变化对应的节能率分布区间为 1.9%～—2.0%。

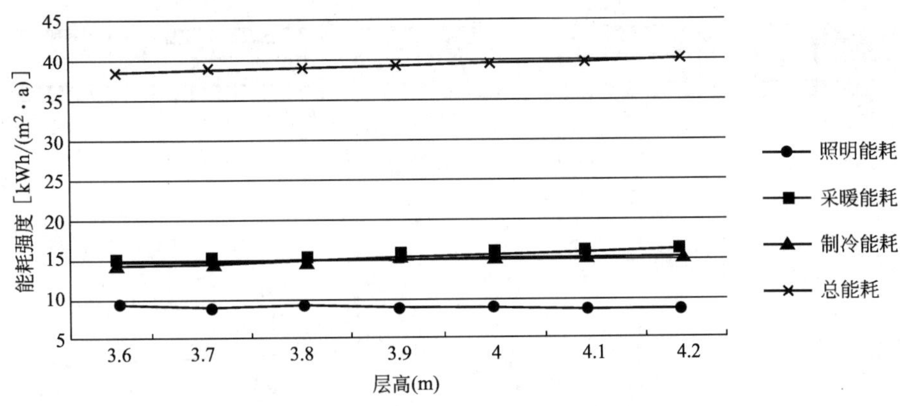

图 4-14　层高对天津点式典型模型能耗的影响

（资料来源：在 DesignBuilder 软件模拟结果的基础上自绘）

4.3　表皮节能设计策略敏感度分析

建筑空间设计在很大程度上受限于建筑所处的城市环境、基地边界等制约因素，灵活性不足，相比之下，通过建筑表皮设计来调节与缓和建筑与气候之间的关系自由度更大。建筑表皮，即建筑与外界环境之间的界面，是室内空间的界定，具备采光、纳日、保温隔热等重要的功能意义，还可以弥补不当的建筑空间布局导致的过多太阳辐射得热。建筑表皮主要涉及立面透明围护结构的比例（窗墙比）和遮阳系统两个方面。

4.3.1　窗墙比变化的敏感度分析

外窗的基本作用在于采光、通风、提供户外视野等，立面窗墙比的大小对建筑形象有着重要的影响，随着窗墙比变大，建筑外观形象给人的感觉由厚重逐渐变得通透轻盈。

从节能的角度来看，天然采光与热工的影响应该综合考虑，才能确定理想的窗口大小。窗户越高，天然采光区域越深，有利于提高天然采光的效率。外窗的保温隔热性能不如墙体，增大外窗面积会增加室内与外界的传热量，同时增加室内的太阳辐射得热量，对于建筑冷负荷而言两者均为不利因素，对于建筑热负荷而言两者的影响趋势相反，需要通过具体分析来判断。

不同朝向的建筑立面太阳辐射特征也不同，所以应区别对待每个朝向窗墙比的变化对能耗的影响。以北半球为例，南向的太阳辐射强度仅次于水平屋面受到的太阳辐射，且太阳入射角度变化最为明显；北向外窗的天然采光性能好，因为北向的太阳辐射量最少，且不受太阳直接照射，具有均匀的漫射光线；东向与西向的特征基本一致，具体而言，西向外窗更应该加以关注，因为这部分得热会提高制冷负荷的峰值。

下文对各立面的不同窗墙比进行模拟分析（图 4-15）。

1. 南向窗墙比与能耗的关系

由图 4-16 可以看出，南向窗墙比由 0.3 逐渐增加到 0.7，将产生一定的节能效果。南

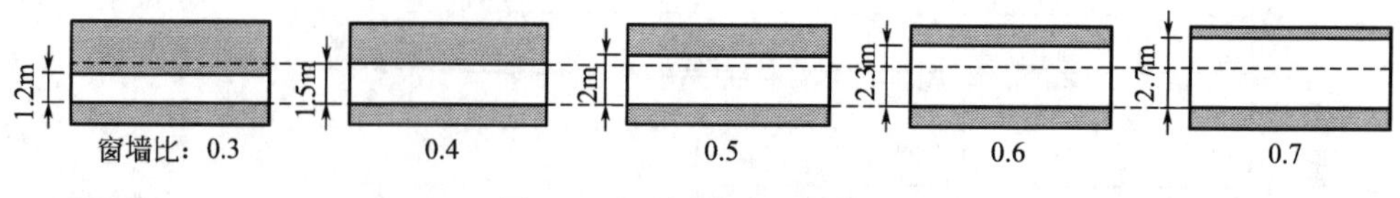

图 4-15　不同窗墙比的图示

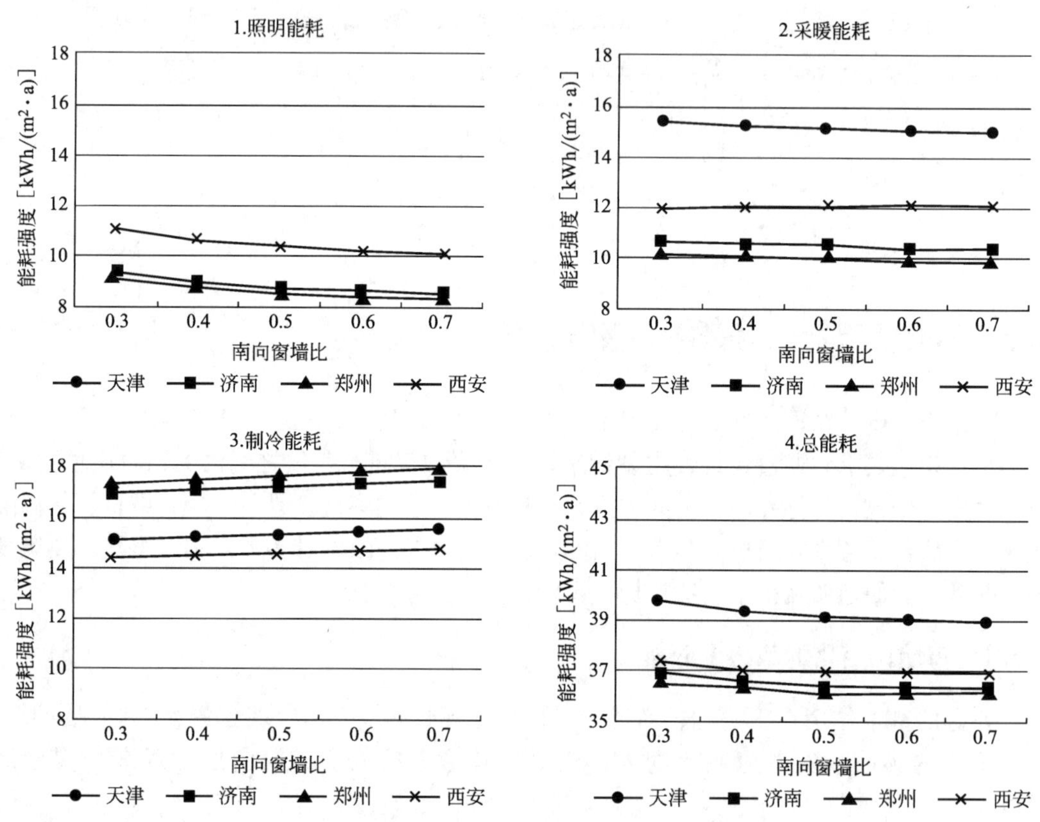

图 4-16　南向窗墙比对点式典型模型能耗的影响

（资料来源：在 DesignBuilder 软件模拟结果的基础上自绘）

向窗墙比与能耗之间呈现为线性关系。以天津为例，随着南向窗墙比增加，照明能耗降低（*IC*＝－1.95），采暖能耗降低（*IC*＝－0.93），制冷能耗增加（*IC*＝1.15），总能耗降低（*IC*＝－1.72）。南向窗墙比变化对应的节能率分布区间为 0.9％～－0.9％。

在天津、济南两个城市，南向窗墙比的敏感度分析结果一致。在郑州、西安两个城市，总能耗对南向窗墙比的敏感度均降低（*IC*＝－0.09），南向窗墙比在 0.4 的基础上增加时，节能效果十分微弱。对于郑州而言，原因在于夏季太阳辐射得热多、制冷能耗的增量更为明显（*IC*＝1.65）；对于西安而言，原因在于冬季太阳辐射得热量少、采暖能耗反而继续增加（*IC*＝0.44）。

2. 东西向窗墙比与能耗的关系

由图 4-17 可以看出，对于点式典型模型而言，东西向窗墙比由 0.3 逐渐增加到 0.7，导致总能耗增加。东西向窗墙比与能耗之间呈现为线性关系。以天津为例，随着东西向窗墙比增加，照明能耗降低（IC＝－3.50），采暖能耗增加（IC＝2.72），制冷能耗增加（IC＝4.61），总能耗增加（IC＝3.83）。东西向窗墙比变化对应的节能率分布区间为0.5％～－3.4％。

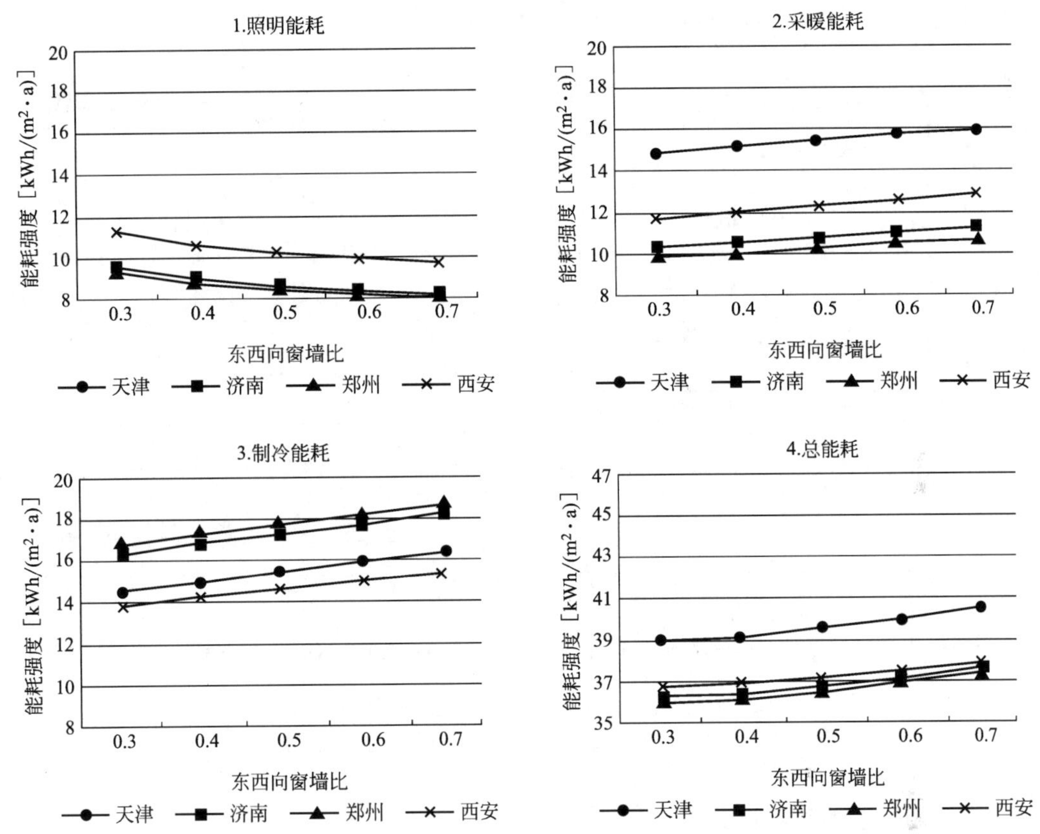

图 4-17　东西向窗墙比对点式典型模型能耗的影响

（资料来源：在 DesignBuilder 软件模拟结果的基础上自绘）

控制东西向窗墙比作为一项有利的节能设计措施，在天津、济南和郑州显得更加明显，分析结果相同。对于西安而言，典型模型总能耗对东西向窗墙比的敏感度降低（IC＝2.78），这是由于西安本地的太阳辐射量少，制冷能耗的敏感度降低（IC＝3.64），东西向窗墙比变化对应的节能率分布区间为 0.3％～－2.7％。

3. 北向窗墙比与能耗的关系

由图 4-18 可以看出，北向窗墙比由 0.3 逐渐增加到 0.7，总能耗先降低后增加，北向窗墙比为 0.4～0.5 时，总能耗最低，过低或过高的北向窗墙比均不利于节能。随着北向窗墙比的增加，照明能耗降低，采暖和制冷能耗均增加。以天津为例，北向窗墙比变化对应的节能率分布区间为 0.2％～－0.7％。

在天津、济南、西安三个城市，北向窗墙比的敏感度分析结果一致。对于郑州而言，控制北向窗墙比以免过大对于节能而言显得更为必要，北向窗墙比为 0.7 时，与本地典型模型相比，节能率为－1.2％，原因在于夏季外窗太阳辐射得热量增加，制冷能耗的增量更明显。

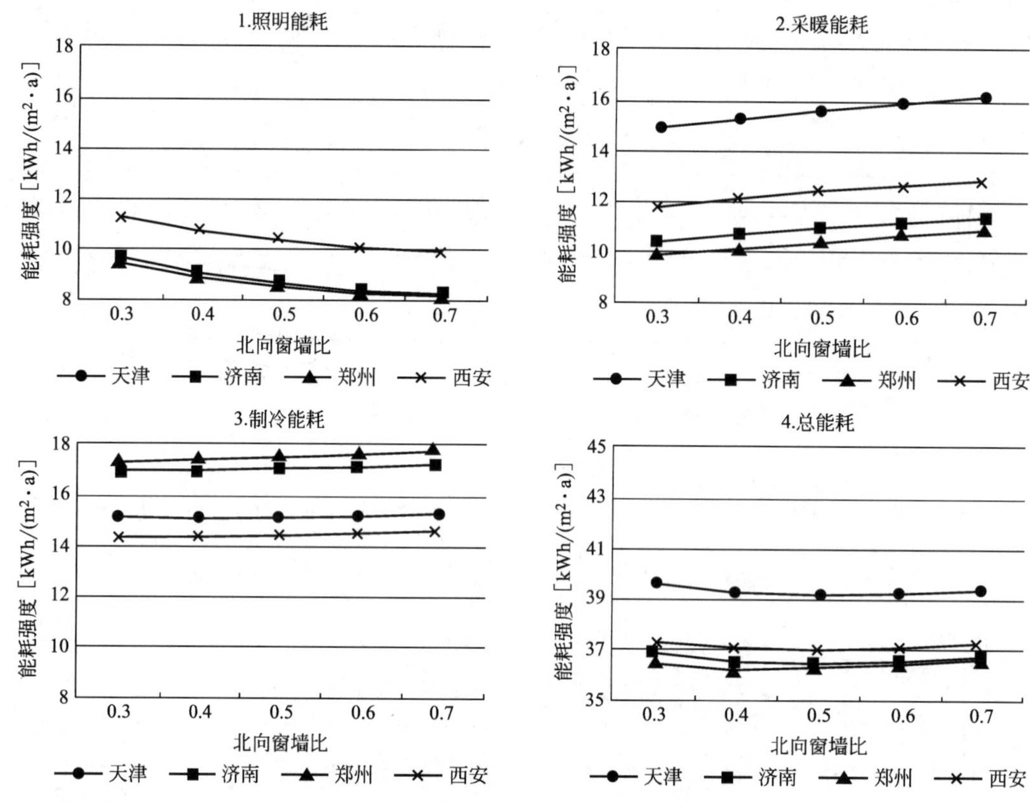

图 4-18 北向窗墙比对点式典型模型能耗的影响

（资料来源：在 DesignBuilder 软件模拟结果的基础上自绘）

4.3.2 遮阳系统的敏感度分析

由于外窗具备较高的光、热透过性能，将会带来夏季不利的太阳辐射得热，同时容易带来靠近外窗工作区域的眩光，采用遮阳是减轻这些影响的有效方式。基于典型模型的能耗分布特征，夏季制冷和冬季采暖能耗占比大体相当，所以在夏季遮阳的同时满足冬季摄取阳光的需求，才能实现建筑热工性能的整体优化。

遮阳系统的分类和形式多样，从使用方式上可分为固定遮阳和可调遮阳，固定遮阳通常是建筑结构或构件的一部分，由于一旦建成之后很难改变，所以构件的尺度、位置和角度需要通过细致分析加以确定；可调遮阳可以通过人为或自动方式灵活开合或变化，从而有效协调建筑冬季、夏季矛盾，以及不同时刻的内部光环境需求。从构件与外窗的相对位置上可分为内遮阳、外遮阳和中置遮阳，外遮阳是在热量透过玻璃之前进行阻隔，因此隔热效果最佳。此外，从遮阳构件形式上大致包括水平遮阳、垂直遮阳和挡板遮阳。通过调研案例的分析总结得到，固定式外遮阳和可调式内遮阳或中置遮阳是高层办公建筑常用的遮阳类型。

建筑不同朝向立面的太阳辐射特征不同，所以不同朝向的遮阳需要区别对待。对于南向而言，夏季太阳高度角较高而冬季太阳高度角变低；利用这一规律合理设置水平遮阳构件的出挑宽度，可以做到夏季有效遮阳的同时冬季不挡阳。东西向立面的太阳高度角较低，遮阳相对困难，适合采用垂直或挡板遮阳图 4-19。

本文分别以南向水平遮阳和东西向垂直遮阳为模拟对象，进行能耗对比分析。

首先，南向水平遮阳的垂直偏移距离设置为 0.2m，南向遮阳比的取值区间为 0～0.5。最大值 0.5 是考虑到高层建筑常受到大风侵扰，因此，以南向遮阳比的常规取值 0.5 作为变量取值的最大值，在考虑外窗高度变化的情况之下，将遮阳板的最大水平挑出距离控制在 1.2～1.5m 以内（图 4-20）。模拟方案见表 4-1。

图 4-19

资料来源：作者自摄

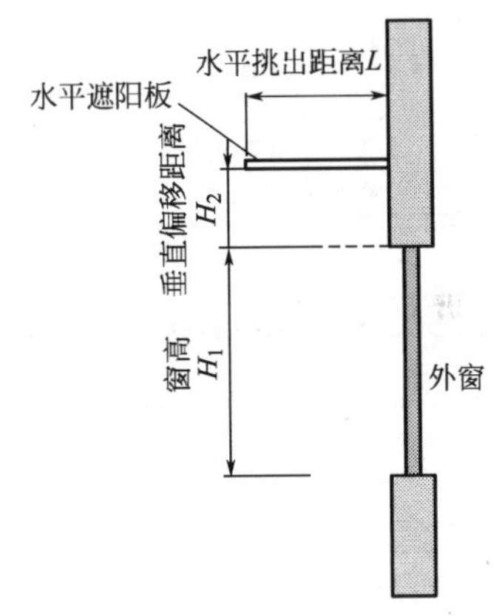

图 4-20　南向水平遮阳板示意图

南向水平遮阳的能耗模拟方案　　　　**表 4-1**

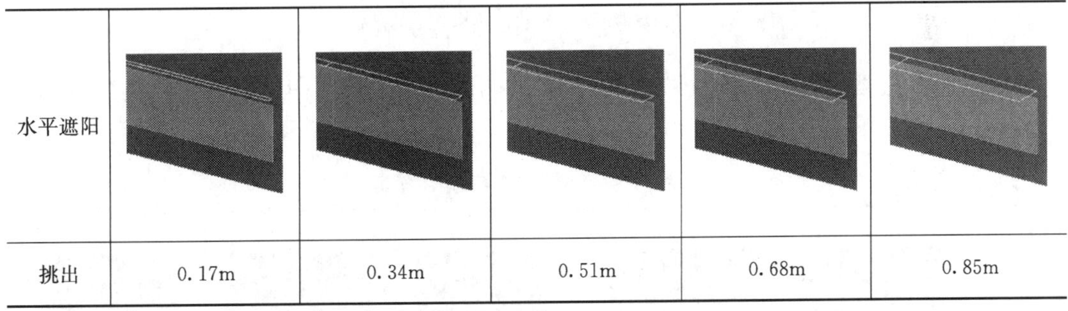

水平遮阳					
挑出	0.17m	0.34m	0.51m	0.68m	0.85m

资料来源：在 DesignBuilder 软件模拟结果的基础上自绘。

南向遮阳比（PF，Projection Factor）的计算公式：

$$PF = \frac{L}{(H_1 + H_2)}$$

注：PF 为南向遮阳比，L 为遮阳板水平挑出距离，H_1 为窗高，H_2 为遮阳板垂直偏移距离。

由图 4-21 看出，南向遮阳比由 0 逐渐增加到 0.5，总能耗基本不变，遮阳比为 0.1～0.4 时，有微弱的节能效果。随着南向遮阳比增加，照明能耗基本不变，采暖能耗增加，制冷能耗降低。以天津为例，南向遮阳比变化对应的节能率分布区间为 0.3%～−0.2%。

南向遮阳比对能耗的影响在四个城市中基本一致。

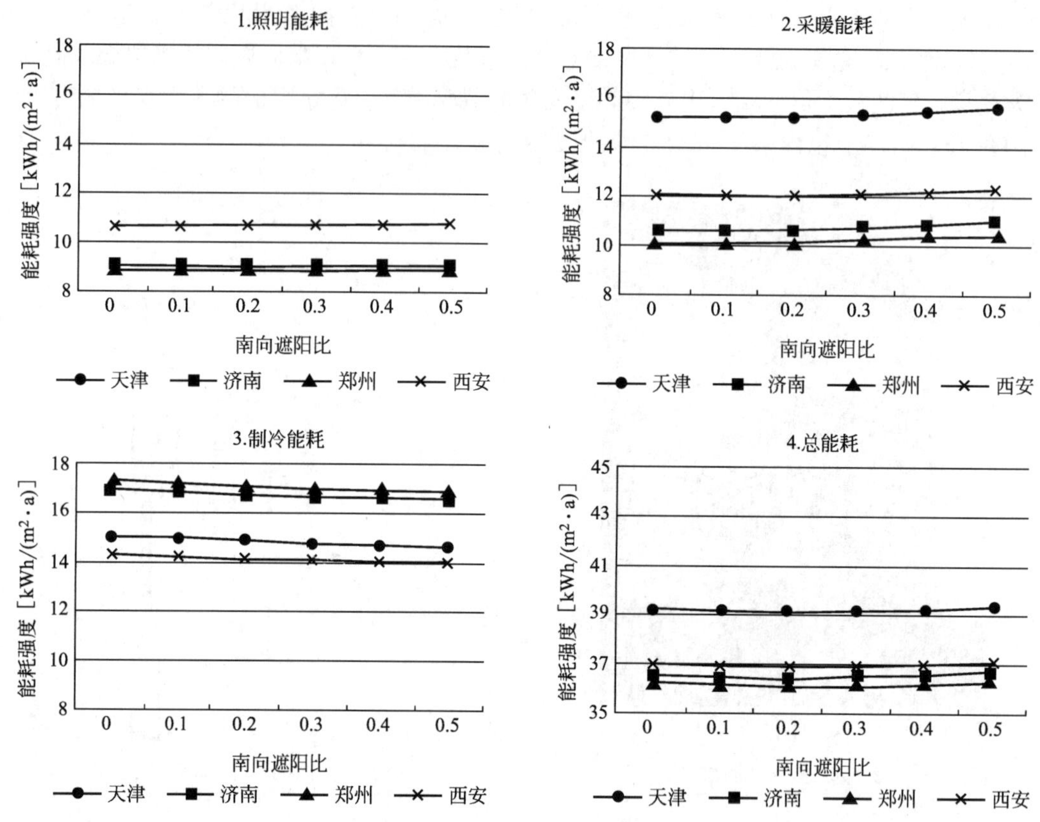

图 4-21　南向遮阳对点式典型模型能耗的影响

（资料来源：在 DesignBuilder 软件模拟结果的基础上自绘）

东西向垂直遮阳板的横向间隔为 1m，根据调研数据，东西向遮阳挑出距离的取值区间为 0～0.5m，模拟方案见表 4-2。

东西向垂直遮阳的能耗模拟方案　　**表 4-2**

垂直遮阳	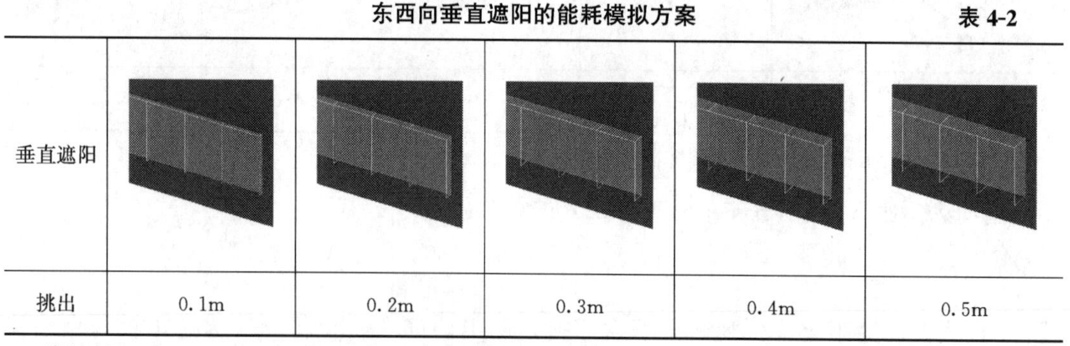				
挑出	0.1m	0.2m	0.3m	0.4m	0.5m

资料来源：在 DesignBuilder 软件模拟结果的基础上自绘。

由图 4-22 看出，随着东西向遮阳挑出量的增加，引起照明与采暖能耗增加，而制冷能耗降低，总能耗的变化幅度不大。以天津为例，采用东西向垂直遮阳且挑出量在 0.1～0.4m 之间时，可以带来 0.2%～0.3%的节能率。济南、郑州、西安结果类似，采用东西

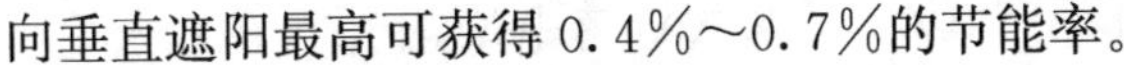

向垂直遮阳最高可获得 0.4%～0.7%的节能率。

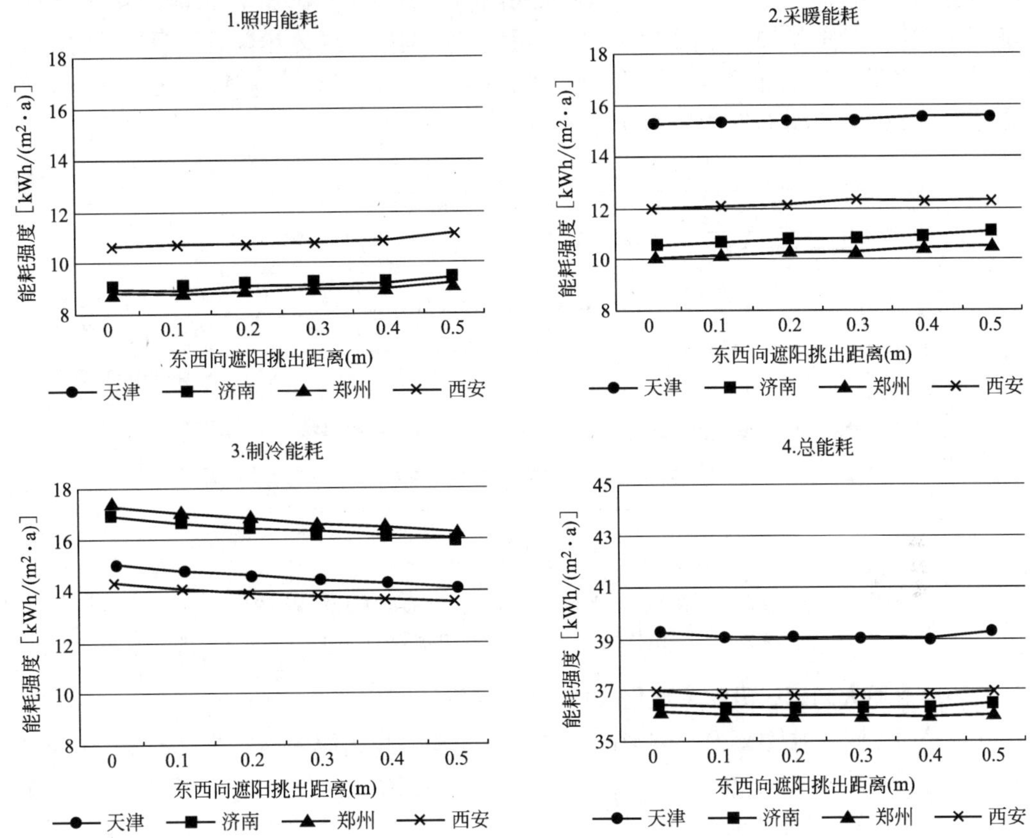

图 4-22　东西向遮阳对点式典型模型能耗的影响

（资料来源：在 DesignBuilder 软件模拟结果的基础上自绘）

4.4　构造节能设计策略敏感度分析

从建筑创作的角度来说，构造节能设计很难反映在建筑空间和形象上，但围护结构控制着建筑内部与外部之间的能量流动，在调节室内环境方面起重要作用，节能构造设计乃是建筑节能设计中十分关键的一环，一直以来也是作为建筑节能设计的重点内容。围护结构部位主要涉及外墙、屋面和外窗三个方面。

4.4.1　外墙构造变化的敏感度分析

1. 外墙 *K* 值变化与能耗的关系

尽管各地的气候特征有所差异，但通常认为，我国办公建筑的采暖能耗很低，空调系统、照明耗电是能耗的主要部分。即便是在冬季，对于那些内部发热量大、热扰大的办公建筑而言，负荷类型仍多为冷负荷，所以，提升围护结构保温性能的性价比也许并不高，节能效果有待根据具体情况进一步验证。[136]

外墙 K 值对点式典型模型能耗的影响在四个城市中一致，以天津为例来说明。外墙

K 值与能耗呈现为线性关系，外墙 K 值由 0.15W/(m^2·K) 逐渐增加为 0.6W/(m^2·K)，采暖能耗增加（IC＝5.16），制冷能耗降低（IC＝－0.78），总能耗增加（IC＝4.38）。外墙 K 值的增加带来围护结构传热量增加，围护结构传热量对采暖负荷的影响很大，对制冷负荷的影响却很低，因此采暖能耗的增量明显高于制冷能耗的变化量，外墙 K 值变化对应的节能率分布区间为 4.0%～－1.0%（图 4-23）。

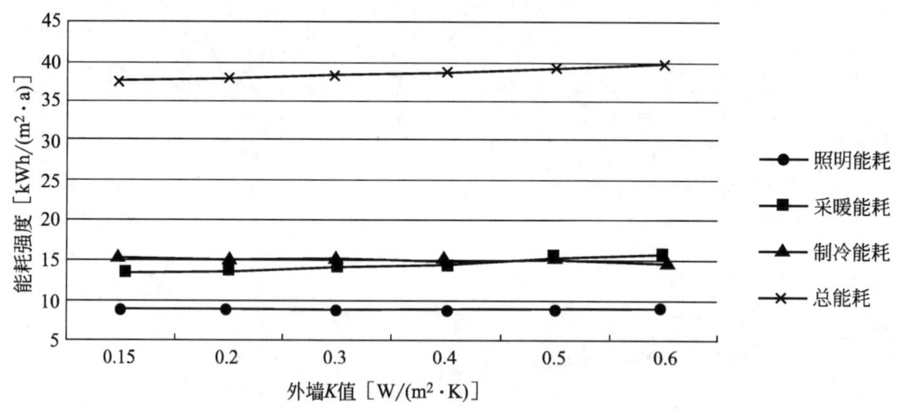

图 4-23　外墙 K 值对天津点式典型模型能耗的影响

（资料来源：在 DesignBuilder 软件模拟结果的基础上自绘）

2. 外墙表面太阳辐射吸收率变化与能耗的关系

外墙表面太阳辐射吸收率的影响在四个城市中一致，以天津为例，外墙表面太阳辐射吸收率与能耗呈现线性关系，由 0.2 逐渐增加为 0.9，采暖能耗降低（IC＝－0.69），制冷能耗增加（IC＝0.95），总能耗基本不变（IC＝0.26），对应的节能率分布区间为 0.3%～－0.2%（图 4-24）。

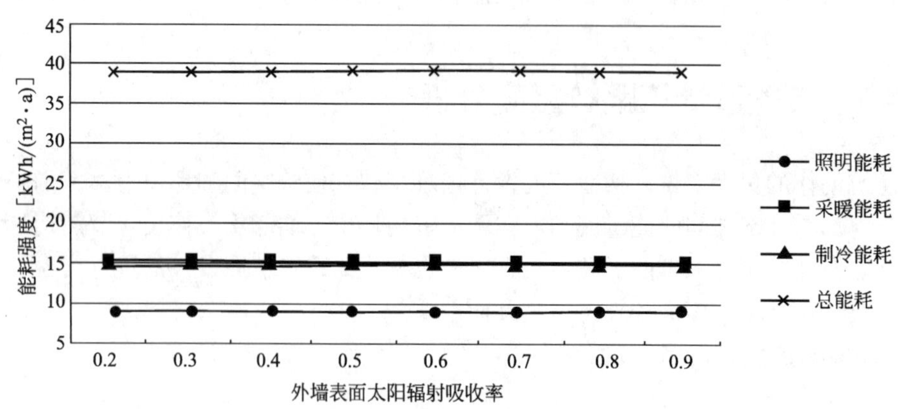

图 4-24　外墙表面太阳辐射吸收率对天津点式典型模型能耗的影响

（资料来源：在 DesignBuilder 软件模拟结果的基础上自绘）

3. 外墙热惰性变化与能耗的关系

外墙热惰性对能耗的影响在四个城市中一致，以天津为例来说明。选用轻质外墙时，采暖能耗降低，制冷能耗基本不变，总能耗降低，引起的节能率为 0.5%；选择重质外墙时，采暖能耗增加，制冷能耗基本不变，总能耗增加，引起的节能率为－0.3%（图 4-25）。

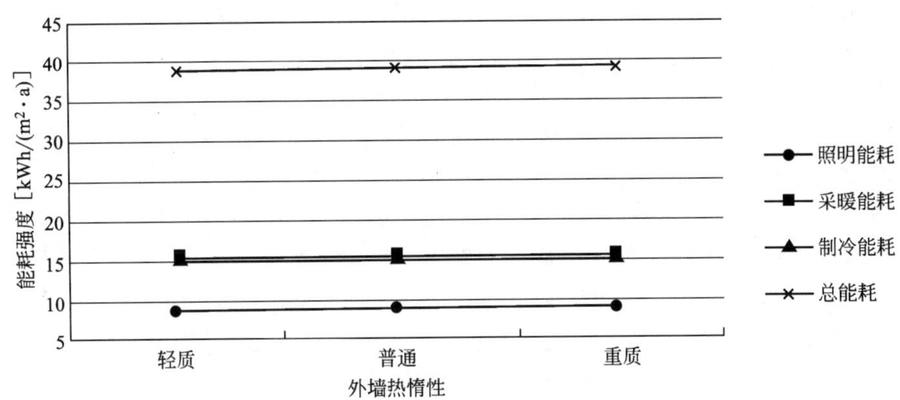

图 4-25　外墙热惰性对天津点式典型模型能耗的影响

（资料来源：在 DesignBuilder 软件模拟结果的基础上自绘）

注：轻质即钢框架轻质幕墙、普通即加气混凝土砌块墙、重质即普通混凝土砌块墙。

4.4.2　屋面构造变化的敏感度分析

1. 屋面 *K* 值变化与能耗的关系

屋面 *K* 值对能耗的影响在四个城市中一致，以天津为例，屋面 *K* 值与能耗之间为线性关系，由 0.15W/(m^2·K) 逐渐增加为 0.55W/(m^2·K)，采暖能耗增加（*IC*＝0.84），制冷能耗基本不变（*IC*＝0.05），总能耗略微增加（*IC*＝0.89），对应的节能率分布区间为 0.7%～－0.2%（图 4-26）。

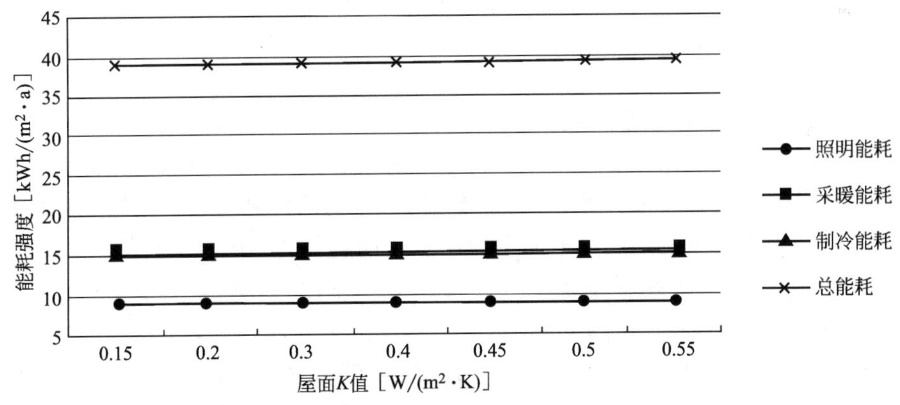

图 4-26　屋面 *K* 值对天津点式典型模型能耗的影响

（资料来源：在 DesignBuilder 软件模拟结果的基础上自绘）

2. 屋面表面太阳辐射吸收率变化与能耗的关系

屋面表面太阳辐射吸收率对能耗的影响在四个城市中一致，以天津为例，屋面表面太阳辐射吸收率与能耗之间呈现为线性关系，吸收率由 0.2 逐渐增加为 0.9，采暖能耗降低

（IC=－0.19），制冷能耗升高（IC=0.38），总能耗基本不变（IC=0.20），屋面表面太阳辐射吸收率变化对应的节能率分布区间为0.2%～－0.2%（图4-27）。

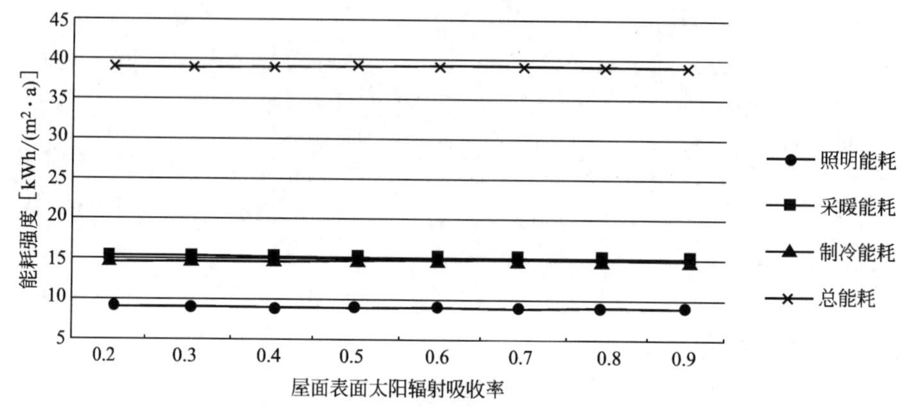

图4-27　屋面表面太阳辐射吸收率对天津点式典型模型能耗的影响

（资料来源：在DesignBuilder软件模拟结果的基础上自绘）

4.4.3　外窗构造变化的敏感度分析

1. 外窗 *K* 值变化与能耗的关系

外窗 K 值由 1.0W/(m^2·K) 逐渐增加为 2.7W/(m^2·K)，导致总能耗增加。外窗 K 值与能耗之间呈现为近似线性关系。以天津为例，外窗 K 值增加带来采暖能耗增加（IC=2.94），制冷能耗降低（IC=－0.94），总能耗增加（IC=2.00），外窗 K 值变化对应的节能率分布区间为7.5%～－1.2%。

如果就四个城市来对比的话，在济南、郑州和西安三个城市典型模型总能耗对外窗 K 值的敏感度略微降低（IC=1.68～1.79），外窗 K 值变化对应的节能率分布区间为：济南：7.2%～－1.2%；郑州：6.8%～－1.1%；西安：6.9%～－1.1%（图4-28）。

2. 外窗 *SHGC* 值变化与能耗的关系

外窗太阳得热系数（简称SHGC）由0.3逐渐增加到0.6，总能耗降低。外窗 *SHGC* 值与能耗之间呈现为近似线性关系。以天津为例，外窗 *SHGC* 值增加使外窗太阳辐射得热量增加，伴随着外窗可见光透过率的增加，照明能耗降低（IC=－7.27），采暖能耗降低（IC=－10.67），制冷能耗增加（IC=14.93），总能耗降低（IC=－3.02）。外窗 *SHGC* 值变化对应的节能率分布区间为2.1%～－0.2%。

在天津、济南、西安三个城市，外窗 *SHGC* 值的敏感度分析结果一致。在郑州典型模型总能耗对外窗 *SHGC* 值的敏感度降低（IC=0.12），主要因为制冷能耗对外窗 *SHGC* 值的敏感度增加（IC=15.98），外窗 *SHGC* 值变化对应的节能率分布区间为0.3%～0.5%（图4-29）。

4.4.4　气密性变化的敏感度分析

围护结构气密性指标是影响建筑供暖和空调能耗的重要因素。在供暖季和空调季，室

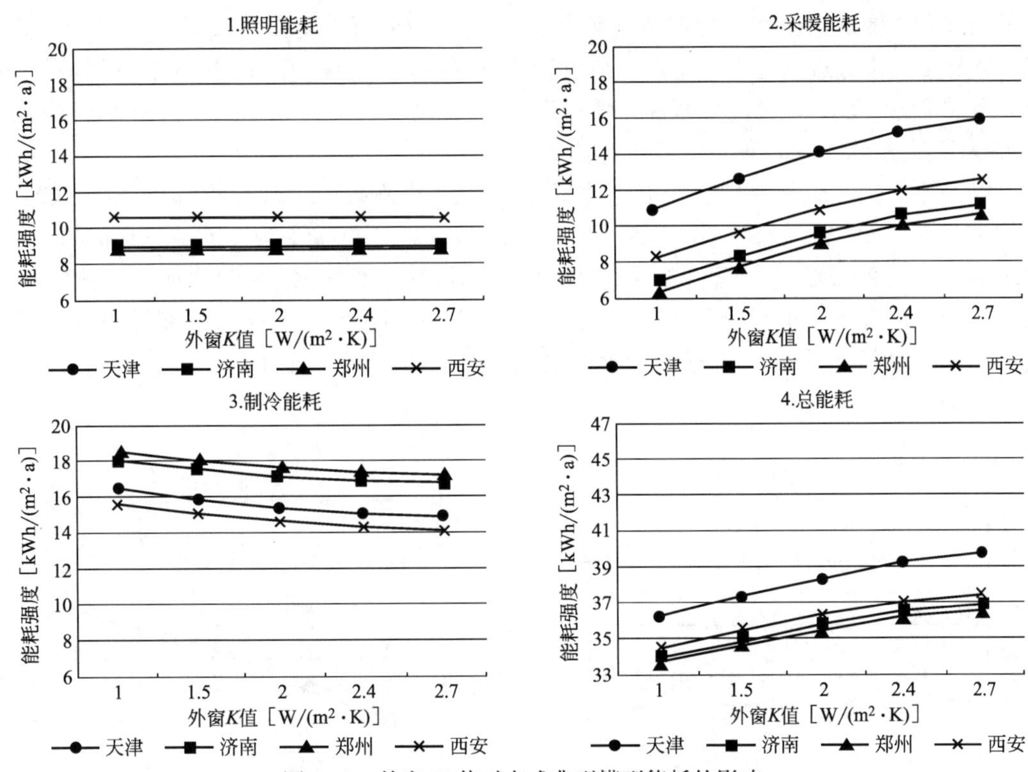

图 4-28 外窗 K 值对点式典型模型能耗的影响

（资料来源：在 DesignBuilder 软件模拟结果的基础上自绘）

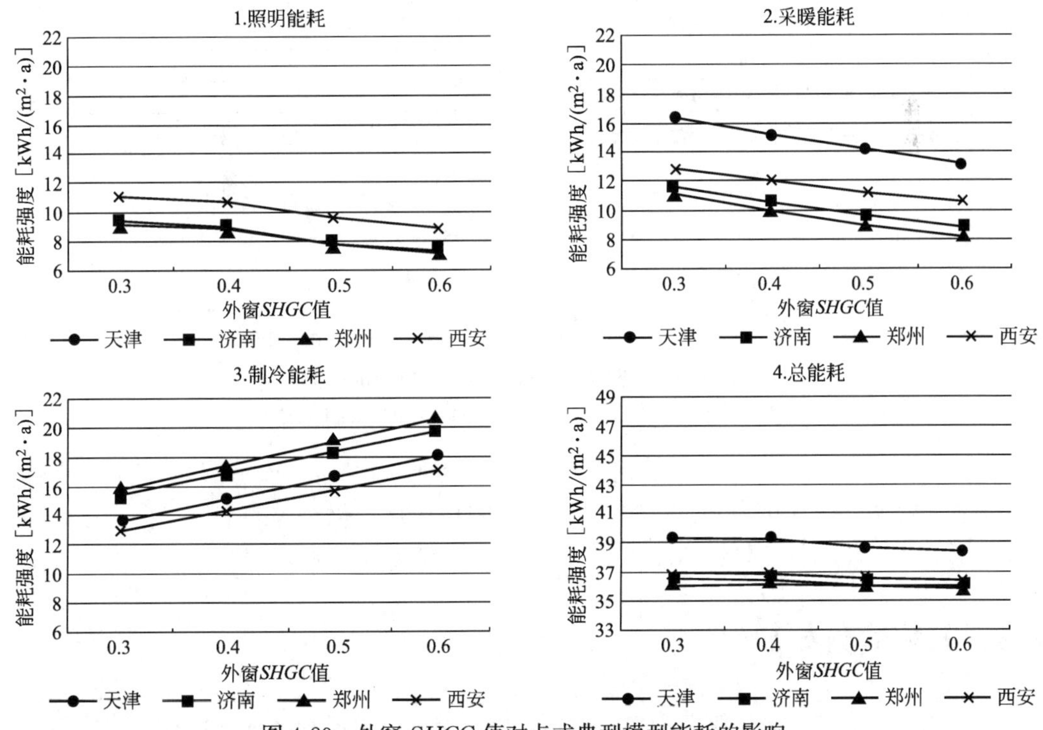

图 4-29 外窗 $SHGC$ 值对点式典型模型能耗的影响

（资料来源：在 DesignBuilder 软件模拟结果的基础上自绘）

内外温差大，围护结构的空气渗透将增加供暖或空调负荷。尤其在供暖季，室内外温差大，室外空气渗透进入室内，将造成热量损失，导致供暖能耗增加。Emmerich 等[137] 研究了美国的办公建筑，提高气密性，使得渗透换气次数从0.17～0.26 ACH减小到0.02～0.05 ACH，节约40%的燃气量和25%的用电量。

以天津为例，气密性指标与能耗之间呈现为线性关系。气密性指标由0.1 ACH逐渐增加为0.5 ACH，采暖能耗增加（IC=22.29)，制冷能耗降低（IC=−1.96)，总能耗增加（IC=20.34)。气密性指标的增加引起围护结构渗透换热量增加，围护结构渗透换热量对采暖负荷的影响很大，对制冷负荷的影响却很低，因此采暖能耗的增量明显高于制冷能耗降低的量。气密性指标变化对应的节能率分布区间为5.6%～−15.2%（图4-30）。

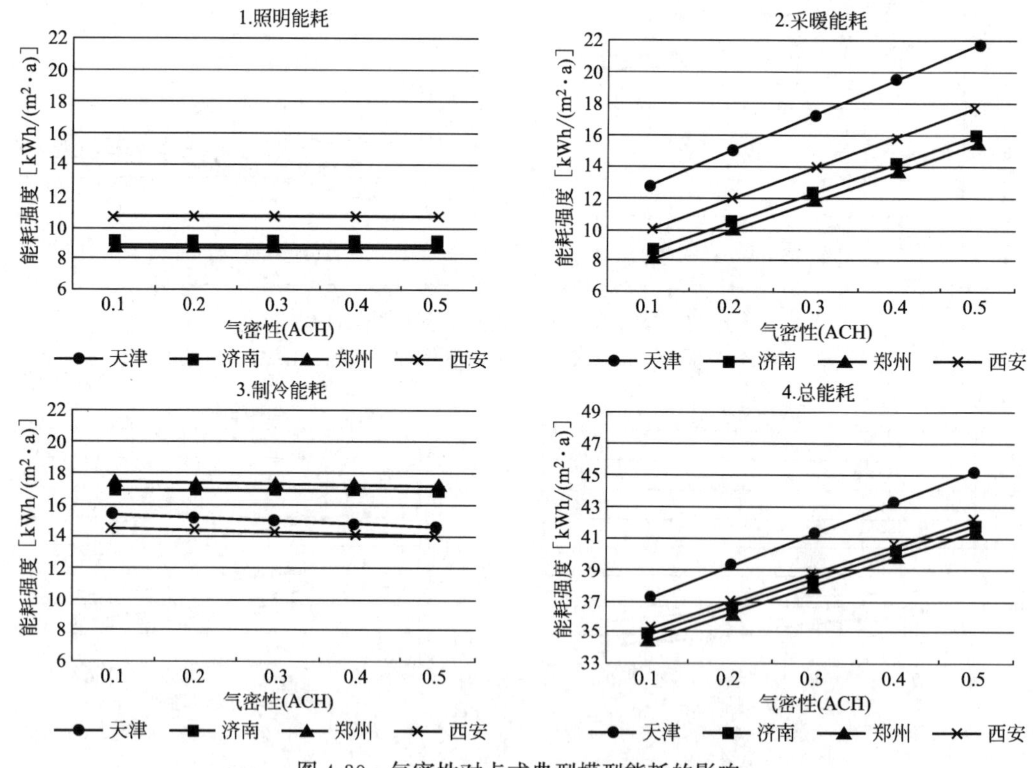

图4-30　气密性对点式典型模型能耗的影响

（资料来源：在DesignBuilder软件模拟结果的基础上自绘）

就四个城市来对比的话，气密性指标对于天津更加重要，济南、郑州和西安气密性指标的敏感度略微降低（IC=17.66～17.99)，气密性指标变化对应的节能率分布区间为济南：5.3%～−14.5%；郑州：5.2%～−14.3%；西安：5.2%～−14.0%。

4.5　敏感度分析总结

前面以点式高层办公建筑典型模型为例，解析空间、表皮和构造节能设计要素对能耗的影响，属于单项策略敏感度的研究。建筑节能设计牵扯的要素虽多，但不同要素的影响程度大小也有区别，按照各要素的变化区间所能带来节能率的变化范围，把单一节能设计策略作一个筛选和区分，从而辨别节能设计中需要重点关注的因素。此外，典型模型包含点式与条式两种基本类型，于是，按照与点式同样的思路，对条式典型模型也展开节能设计策略的分析。

4.5.1　点式典型模型

本文对点式典型模型分析了 18 项建筑节能设计策略，包括空间设计 5 项、表皮设计 5 项、构造设计 8 项，把要素对节能率的最大贡献区间绘制在一张图上，直观地比较不同类型的设计要素对能耗影响程度的高低（图 4-31、图 4-33、图 4-35、图 4-37）。对于建筑师而言，在建筑创作过程中对于方案的构思更多地关注于具体的每一项节能设计要素，于是，对单一变量的影响大小进行依次排序（图 4-32、图 4-34、图 4-36、图 4-38）。节能率为正则，柱状图为绿色，节能率为负，则柱状图为红色。

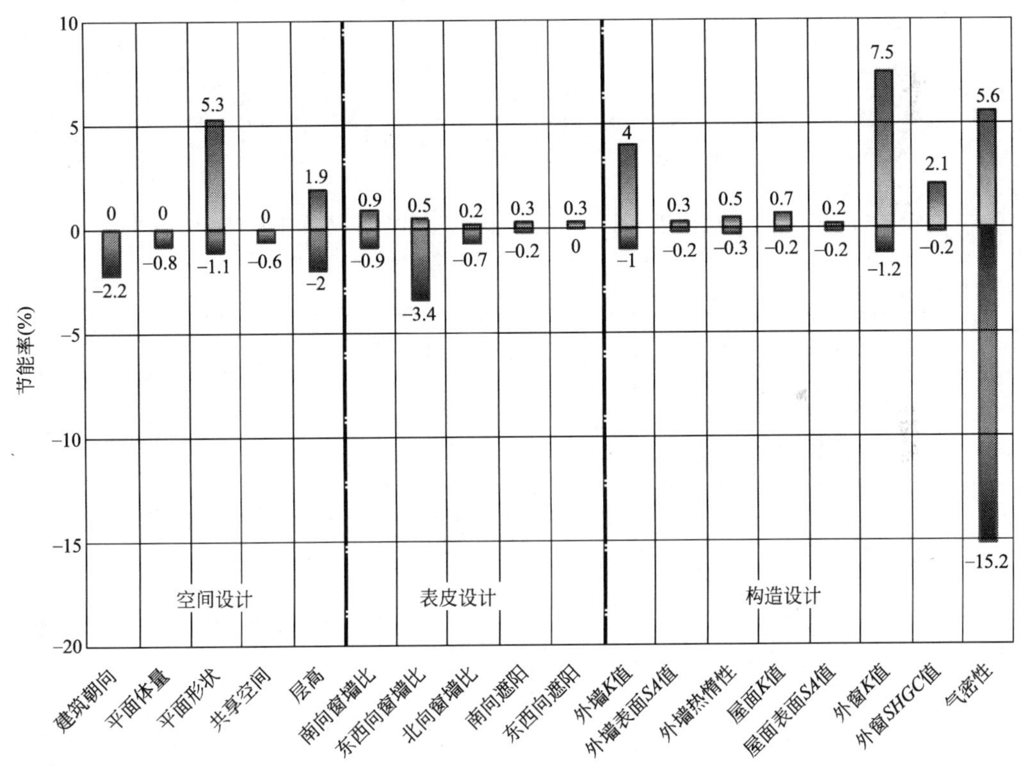

图 4-31　天津点式典型模型设计策略的节能率分析图——按要素分类

（资料来源：在 DesignBuilder 软件模拟结果的基础上自绘）

从节能理论研究的层面出发，总结上述成果得到：

（1）空间及表皮设计具备节能潜力，节能效果还很明显：以天津为例，保证平面体量不变，调整平面形状可带来与典型模型相比最高 5.3％的节能率。

（2）将空间、表皮与构造设计要素对比，对典型模型能耗影响更大的仍然属于构造设计要素的范畴，其中外墙 K 值、外窗 K 值、气密性三个变量对建筑总能耗的影响尤其突

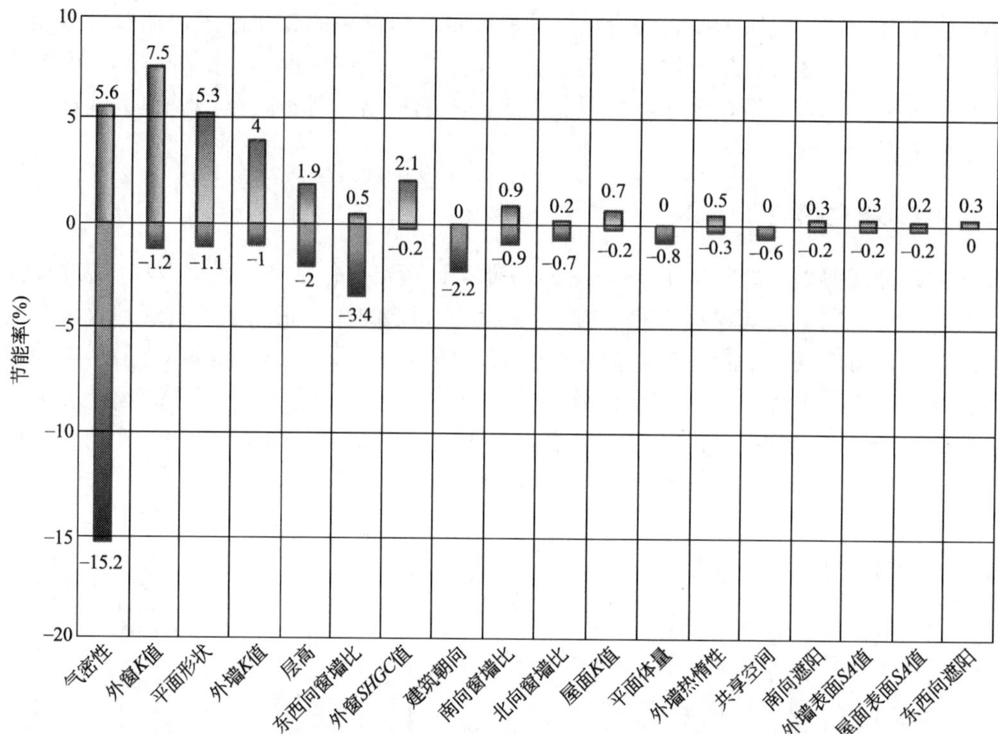

图 4-32 天津点式典型模型设计策略的节能率分析图——按节能率区间大小排序

（资料来源：在 DesignBuilder 软件模拟结果的基础上自绘）

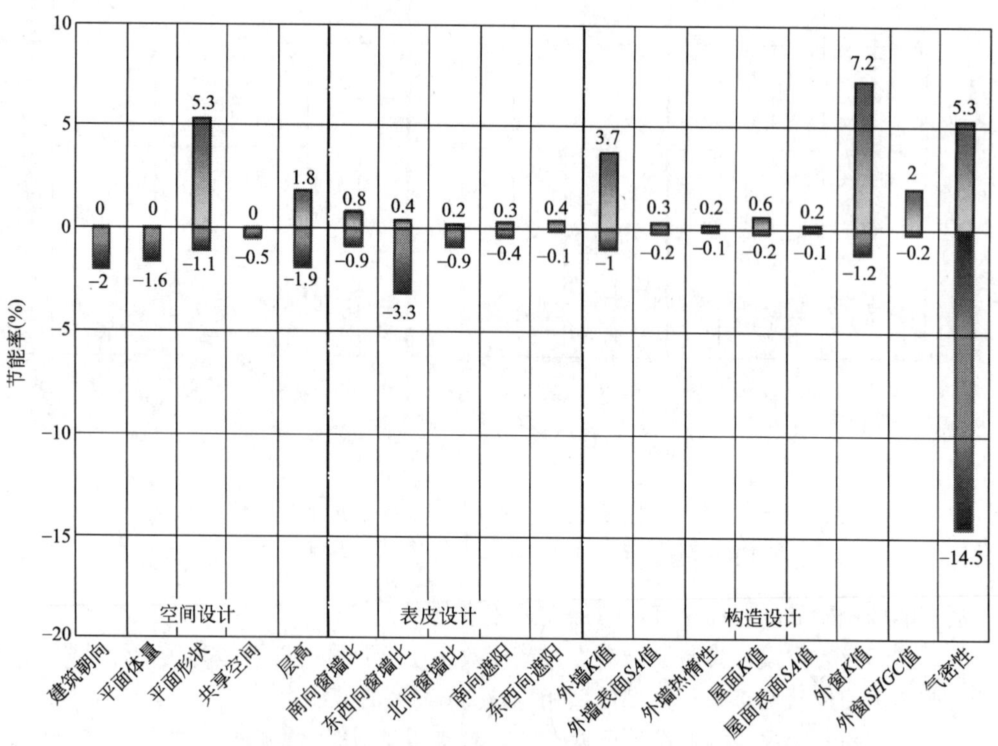

图 4-33 济南点式典型模型设计策略的节能率分析图——按要素分类

（资料来源：在 DesignBuilder 软件模拟结果的基础上自绘）

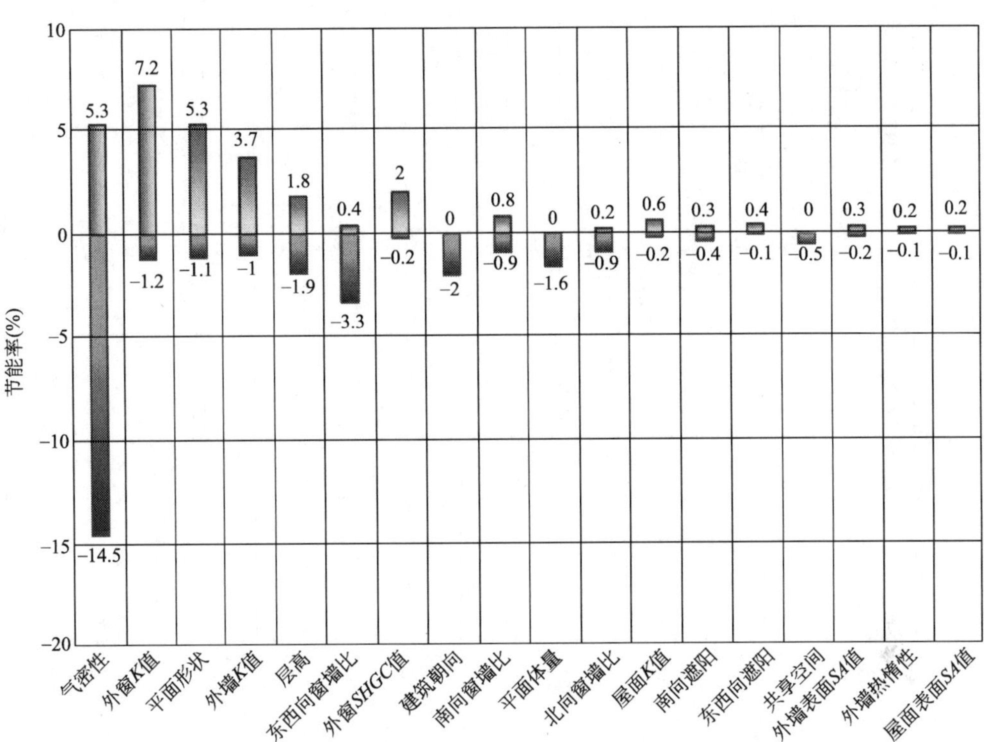

图 4-34　济南点式典型模型设计策略的节能率分析图——按节能率区间大小排序
（资料来源：在 DesignBuilder 软件模拟结果的基础上自绘）

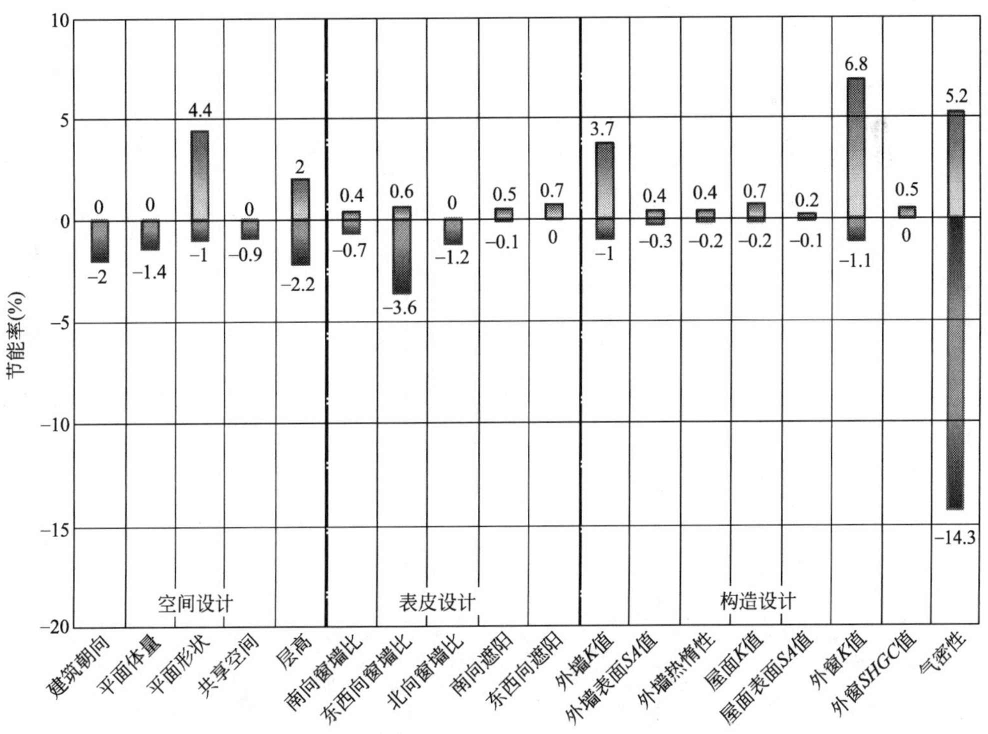

图 4-35　郑州点式典型模型设计策略的节能率分析图——按要素分类
（资料来源：在 DesignBuilder 软件模拟结果的基础上自绘）

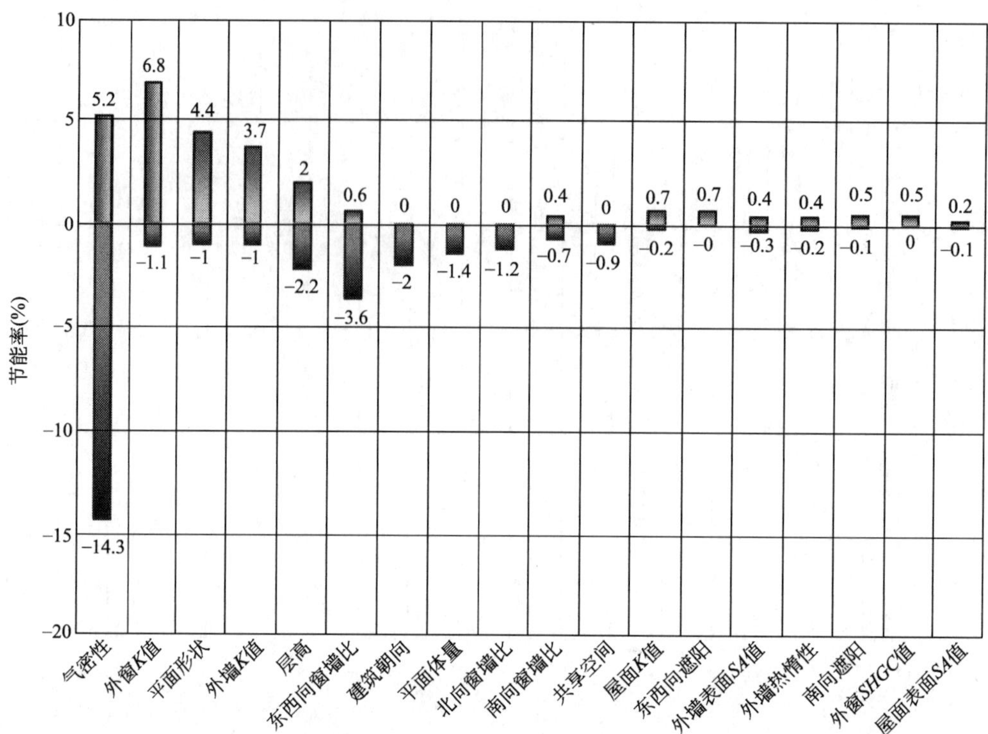

图 4-36 郑州点式典型模型设计策略的节能率分析图——按节能率区间大小排序

（资料来源：在 DesignBuilder 软件模拟结果的基础上自绘）

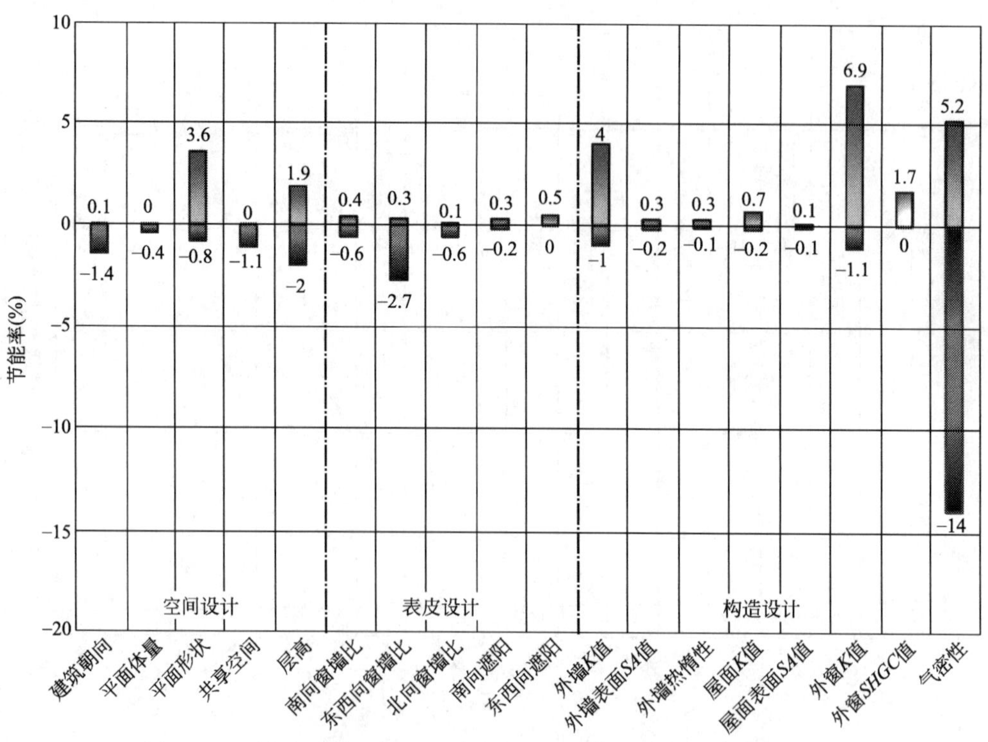

图 4-37 西安点式典型模型设计策略的节能率分析图——按要素分类

（资料来源：在 DesignBuilder 软件模拟结果的基础上自绘）

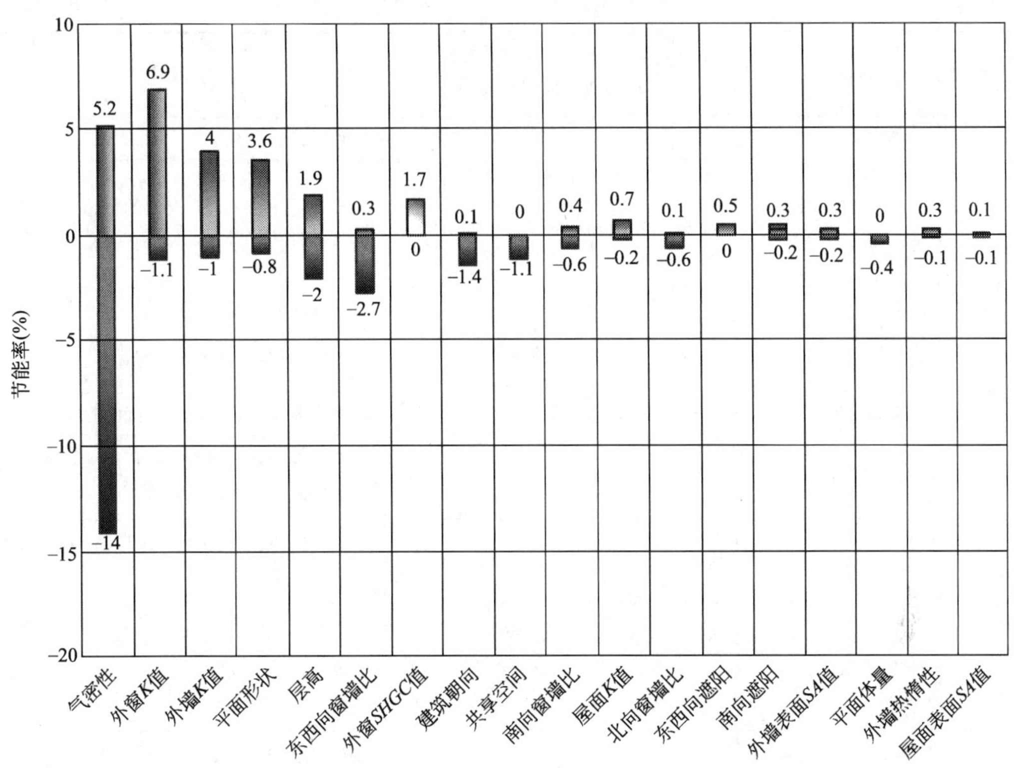

图 4-38　西安点式典型模型设计策略的节能率分析图——按节能率区间大小排序

（资料来源：在 DesignBuilder 软件模拟结果的基础上自绘）

出，也最容易从中获取明显的节能效果。

（3）点式典型模型在寒冷地区四个不同城市的气候条件下，设计要素引起总能耗变化的趋势是一致的，只有部分对应的节能率变化区间存在差异。在几个城市中，天津属于冬季最冷的，外窗 K 值和气密性指标主要与建筑冬季的采暖能耗有关，因此对于天津而言，这两项对应的节能率变化区间更大。郑州属于几个城市中夏季较热的，制冷负荷变化对于总能耗的影响更大，于是，对于郑州而言，北向窗墙比增加将导致明显过多的制冷负荷，而外窗 $SHGC$ 值的增加并不能够带来明显的节能效果。济南具备与天津或郑州相似的特征，节能率特征介于两者之间。对于西安而言，全年太阳辐射强度较低，大体上来说，所有要素引起能耗的变化区间在西安都比其他城市更小，尤其是建筑朝向、平面长宽比、东西向窗墙比，这三项对能耗的影响主要在于通过建筑立面外窗获得的太阳辐射量的变化。

4.5.2　条式典型模型

典型模型分为点式和条式两种基本的类型，两者在空间布局和外部形象上均存在着显著差异，于是，结合条式高层办公建筑的具体特征，同样进行单一节能设计策略的解析与敏感度分析，并将具体的每一项节能设计策略总结在表 4-3 中。

条式典型模型一共分析了 16 项建筑节能设计策略，其中包括空间设计 5 项、表皮设计 3 项、构造设计 8 项，各要素对节能率的贡献区间及单一要素影响大小的排序见图 4-39～图 4-42。

条式高层办公建筑节能设计策略总结列表 **表 4-3**

类型	序号	要素名称	取值范围(带"下划线"的数为典型模型取值)	节能设计策略
空间设计	1	建筑朝向	0°/15°/30°/45°/60°/75°/90°	应优选南向或接近南向
	2	平面长度	50m/55m/60m/65m/70m/75m	合理调整平面尺度:较长的薄形平面具备综合的性能优势
	3	平面宽度	17m/18m/19m/20m/22m/24m/26m/28m	
	4	共享空间	无/位于南向/位于北向	优选北向采光的共享空间
	5	层高	3.6m/3.7m/3.8m/3.9m/4m/4.1m/4.2m	尽量降低层高,减少房间体积
表皮设计	6	南向窗墙比	0.3/0.4/0.5/0.6/0.7	优选大窗,有利于天然采光和冬季得热
	7	北向窗墙比	0.3/0.4/0.5/0.6/0.7	适合中等大小的开窗,在利用天然采光与冬季热量散失之间取得平衡
	8	南向遮阳	0/0.1/0.2/0.3/0.4/0.5	水平遮阳比在区间中值或低值,产生微弱的节能效果
构造设计	9	外墙 K 值	0.15W/(m^2·K)/0.2W/(m^2·K)/0.3W/(m^2·K)/0.4W/(m^2·K)/0.5W/(m^2·K)/0.6W/(m^2·K)	尽量提高围护结构的保温性能
	10	外墙表面太阳辐射吸收率	0.2/0.3/0.4/0.5/0.6/0.7/0.8/0.9	外墙外表面选择浅色,产生微弱的节能效果
	11	外墙热惰性	轻质/普通/重质	优选轻质外墙
	12	屋面 K 值	0.15W/(m^2·K)/0.2W/(m^2·K)/0.3W/(m^2·K)/0.4W/(m^2·K)/0.45W/(m^2·K)/0.5W/(m^2·K)/0.55W/(m^2·K)	尽量提高围护结构的保温性能
	13	屋面表面太阳辐射吸收率	0.2/0.3/0.4/0.5/0.6/0.7/0.8/0.9	屋面外表面浅色材料,产生微弱的节能效果
	14	外窗 K 值	1W/(m^2·K)/1.5W/(m^2·K)/2W/(m^2·K)/2.4W/(m^2·K)/2.7W/(m^2·K)	尽量提高外窗的保温性能
	15	外窗 *SHGC* 值	0.3/0.4/0.5/0.6	提高外窗透过性,节省照明、采暖和总能耗
	16	气密性	0.1ACH/0.2ACH/0.3ACH/0.4ACH/0.5ACH	提高气密性能,可以大幅改善综合能耗表现

资料来源:在 DesignBuilder 软件模拟结果的基础上自绘。

就不同种类设计要素之间来作对比，与点式相似的结果也同样适用于条式典型模型，对典型模型能耗影响更大的仍然属于构造设计要素的范畴，其中外墙 K 值、外窗 K 值、气密性三个变量对建筑总能耗的影响尤其突出，也最容易从中获取明显的节能效果。对于条式典型模型而言，空间设计要素的影响更加明显，节能设计中需要十分关注优选南向或接近南向的建筑朝向，以及适当控制平面宽度。

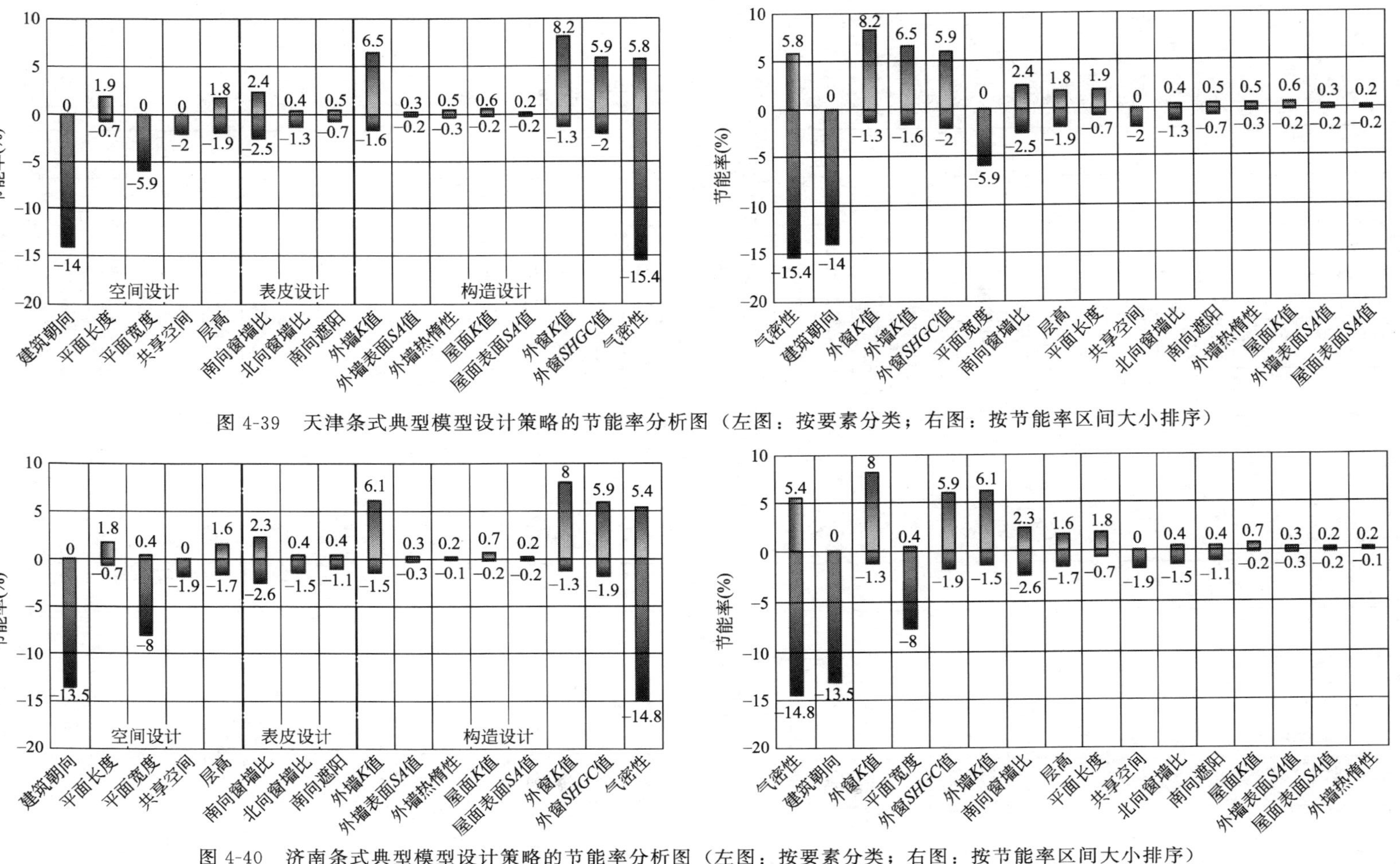

图 4-39　天津条式典型模型设计策略的节能率分析图（左图：按要素分类；右图：按节能率区间大小排序）

图 4-40　济南条式典型模型设计策略的节能率分析图（左图：按要素分类；右图：按节能率区间大小排序）

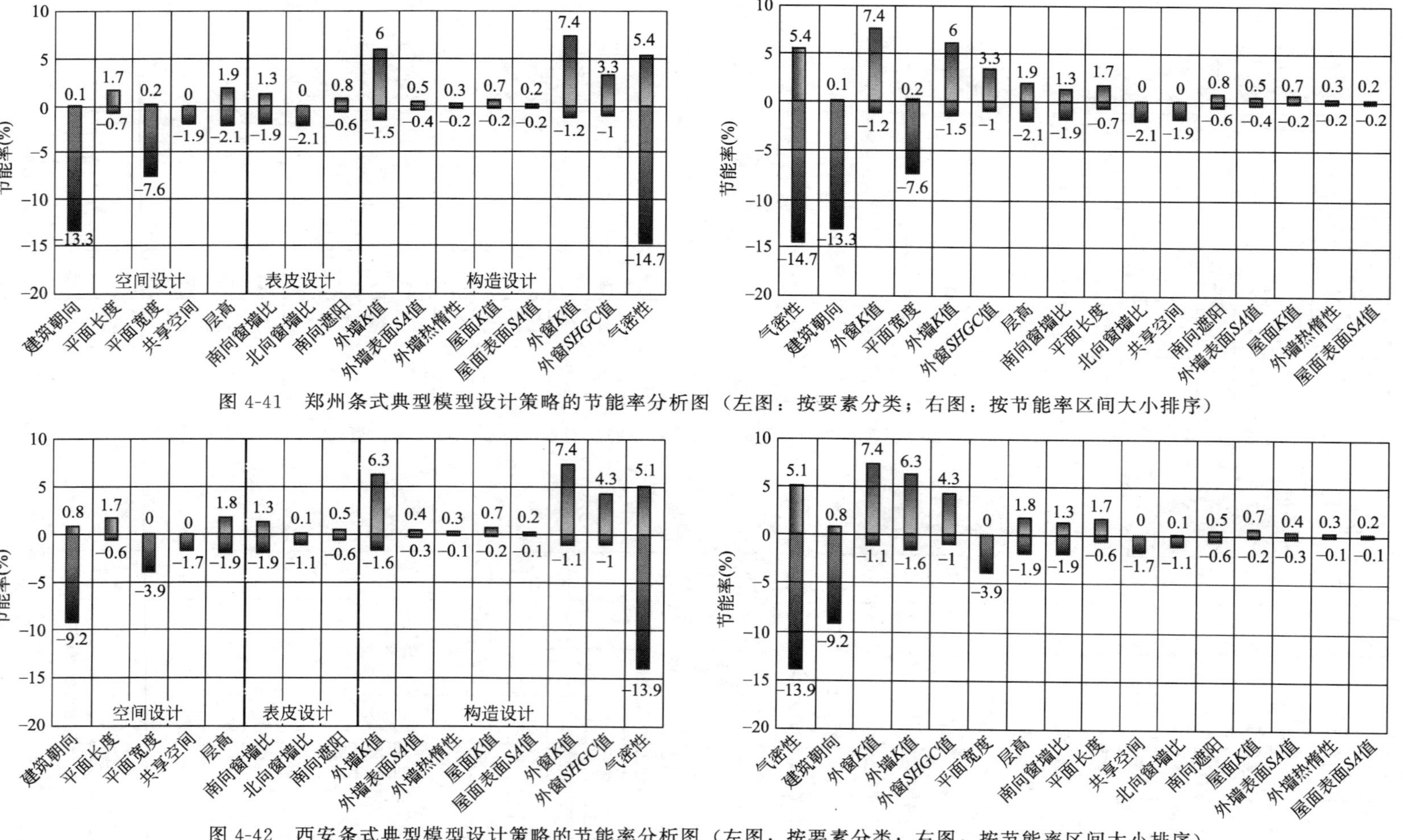

图 4-41 郑州条式典型模型设计策略的节能率分析图（左图：按要素分类；右图：按节能率区间大小排序）

图 4-42 西安条式典型模型设计策略的节能率分析图（左图：按要素分类；右图：按节能率区间大小排序）

条式典型模型在寒冷地区四个不同城市的气候条件下，设计要素引起总能耗变化的趋势是一致的，只有少数要素对应的节能率变化区间存在差异，由于具体发生变化的原因与点式类似，于是就不再展开分析。

4.5.3　针对我国公共建筑节能设计标准的建议

基于上述大量的分析，对以点式或条式典型模型为代表的我国寒冷地区高层办公建筑的能耗影响要素有了一个基本的把握，将模拟结果与我国公共建筑节能设计标准[6] 进行比对，同时，横向对比德国被动房研究所（PHI）标准[138] 及设计导则[109] 中涉及空间、表皮和构造的指标，认为有以下问题值得讨论：

（1）首先，我国标准中体形系数与建筑能耗之间的关系值得进一步推敲；

（2）其次，模拟结果肯定了标准中未涵盖的空间和表皮设计变量同样具备节能潜力；

（3）最后，在天然采光与人工照明耦合的模拟条件下，模拟结果表明标准中提出最大限值的外窗太阳得热系数（*SHGC*）继续增加仍将带来明显的节能效果。

表 4-4 将我国公共建筑节能设计标准中针对寒冷地区甲类公共建筑的设计指标进行了归纳和整理。甲类公共建筑即单栋建筑面积大于 300m^2 的公共建筑，高层办公建筑属于甲类公共建筑。为了区别对待标准中的用词，将指标分为三种类型：引导性指标、约束性指标和强制性指标，引导性指标对应标准用词正面词为“可”、“宜”；约束性指标对应标准用词正面词为“应”；强制性指标对应标准中的黑体字强制性条文。

我国公共建筑节能设计标准中空间、表皮和构造的指标　　　　表 4-4

变量类型	变量名称		引导性指标	约束性指标	强制性指标
空间设计	建筑朝向		选择最佳朝向或适宜朝向	—	—
	体形系数		—	—	≤0.40
表皮设计	各立面窗墙比		≤0.70	—	—
	外窗遮阳		宜采取遮阳	—	—
构造设计	外墙传热系数		—	≤0.50W/(m^2·K)	≤0.60W/(m^2·K)
	屋面传热系数		—	≤0.45W/(m^2·K)	≤0.55W/(m^2·K)
	地面保温材料层热阻		—	≥0.60(m^2·K)/W	—
	外窗	传热系数	—	≤2.4W/(m^2·K)	≤2.7W/(m^2·K)
		太阳得热系数（*SHGC*）（东、南、西向/北向）	—	≤0.48/—	—
		可见光透射比（*VLT*）	—	≥0.40	—
		气密性	—	不应低于七级	—

注：构造设计变量是体形系数≤0.30，窗墙比为 0.4，建筑层数在 10 层及以上情况下的限值。

资料来源：文献 [6]。

从表中可以看出，标准多以引导性的方式来对待建筑空间和表皮设计变量，包括选择最佳朝向、各立面窗墙比的最大限值以及外窗设置遮阳。但有一项是例外，标准采取强制性条文的形式控制了建筑体形系数，而对于高层建筑而言，体形系数一般不会大于 0.25，所以体形系数控制指标的实际操作价值不大。

相比之下，构造设计变量是标准实施控制的重点，标准对围护结构的各个主要界面均有约束性和强制性指标，包括外墙、屋面、地面以及外窗。控制内容包括围护结构传热系数及外窗太阳得热系数（*SHGC*）的最大限值、外窗可见光透射比（*VLT*）的最小限值以及外窗的气密性等级。

PHI 建筑节能设计标准本身侧重于对建筑实际能耗表现的控制，比如控制采暖或制冷负荷值以及一次能源消耗量。与标准配套的设计导则文件中包含与节能设计策略相关的引导性指标，比如在空间和表皮设计方面，强调主立面尽量朝南向、控制体形系数的最大限值、立面避免太大的窗户以及设置外窗遮阳；同时，在构造设计方面，提出了比我国标准明显更为严格的保温和气密性要求（表 4-5）。

PHI 标准及设计导则中空间、表皮和构造的指标　　表 4-5

变量类型	变量名称		引导性指标	强制性指标
空间设计	建筑朝向		主立面尽量朝南	—
	体形系数		争取体形系数<0.7	—
表皮设计	各立面窗墙比		避免太大的窗户：外窗占立面面积的 25%～30%，尤其是东西向	—
	外窗遮阳		如果窗户面积很大，就要考虑外遮阳	—
构造设计	外墙传热系数		0.1～0.15W/(m^2·K)	—
	屋面传热系数		0.1～0.15W/(m^2·K)	—
	外窗	传热系数	0.5～0.80W/(m^2·K)	—
		太阳得热系数(*SHGC*)	0.4～0.6	—
		气密性	—	换气次数 n_{50}≤0.6　1/h

注：外窗传热系数参考目前在德国三层保温玻璃可以做到的数据；气密性指标 n_{50} 为 50Pa 压力条件下的现场压力测试结果。

资料来源：文献［109］、［138］。

将 PHI 标准及导则与我国标准相比，在空间和表皮设计方面的引导性一致，包括对于建筑朝向、体形系数的引导，以及立面窗墙比、外窗遮阳的设置。最显著的差异在于构造设计变量，PHI 标准需要围护结构满足更严格的保温和气密性要求才有可能达标，且不允许单纯为了传热系数，而把 *SHGC* 值降得太低，这一点与我国标准中控制外窗太阳得热系数 *SHGC* 最大限值的做法存在差异。

1. 体形系数与建筑能耗之间的关系值得进一步推敲

体形系数是我国标准用于衡量建筑能耗的一项指标，尤其在冬季室内外温差大、采暖能耗高的严寒和寒冷地区。标准对体形系数的定义为：建筑物与室外空气直接接触的外表面积与其所包围的体积的比值，寒冷地区公共建筑形体宜规整、紧凑，单栋建筑面积大于 800m^2 时，体形系数应小于等于 0.4。在层高一定的前提下，体形系数越小，单位建筑面积对应的外表面积越小，冬季通过围护结构的传热量越小[139]。但问题在于，体形系数无法解释相同体积内可以容纳不同的建筑面积这一情况。其次，体形系数未反映室内通过太阳辐射得热因素。而且，虽然松散的形体易受外界气温波动的干扰，但天然采光的潜力提升。综合考虑建筑全年的运行，以及天然采光与能耗的耦合，体形系数与能耗的关系受到质疑。

于是，抽取天津市的模拟结果，在保持立面窗墙比为 0.4、构造设计变量为典型值的条件下，就两者的关系进行讨论。针对条式和点式典型模型的模拟得到下列相互对应的数据。

从图 4-43 可以看出，体形系数与总能耗之间并不存在明显的相关关系（$R^2=0.09$）。就分项能耗来具体分析的话，采暖能耗随体形系数的增加而增加这一趋势较为明显（$R^2=0.62$），而照明和制冷能耗与体形系数之间并不存在准确的预测关系。就上述模拟数据而言，当建筑体形系数在 0.10～0.17 的范围内变化时，体形系数与建筑能耗之间的关系值得进一步推敲。

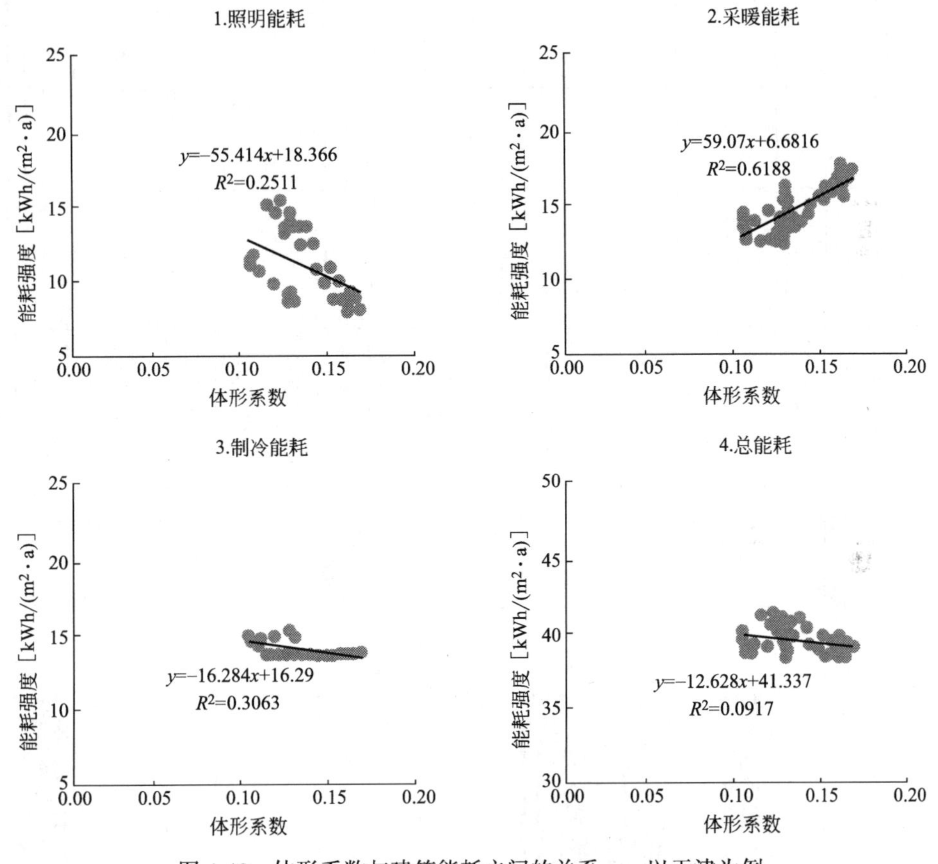

图 4-43　体形系数与建筑能耗之间的关系——以天津为例

以天津点式和条式典型模型为例，将设计变量的节能率分布图与标准中的指标作对比，对三类指标“标准中已涵盖的指标”、“已部分涵盖的指标”和“未涵盖或存在分歧的指标”展开论述（图 4-44、图 4-45）。

2. 标准已涵盖的指标

建筑朝向、外墙 K 值、屋面 K 值、外窗 K 值均为标准中已经涵盖的指标，本章的模拟结果进一步证实了这些指标存在的节能意义。选择合理的最佳朝向对于点式和条式典型模型而言均能够带来节能效果，且对于条式模型而言尤其关键。标准对于围护结构保温性能的约束性指标：外墙、屋面、外窗 K 值所对应的节能率区间较大，就目前的标准版本

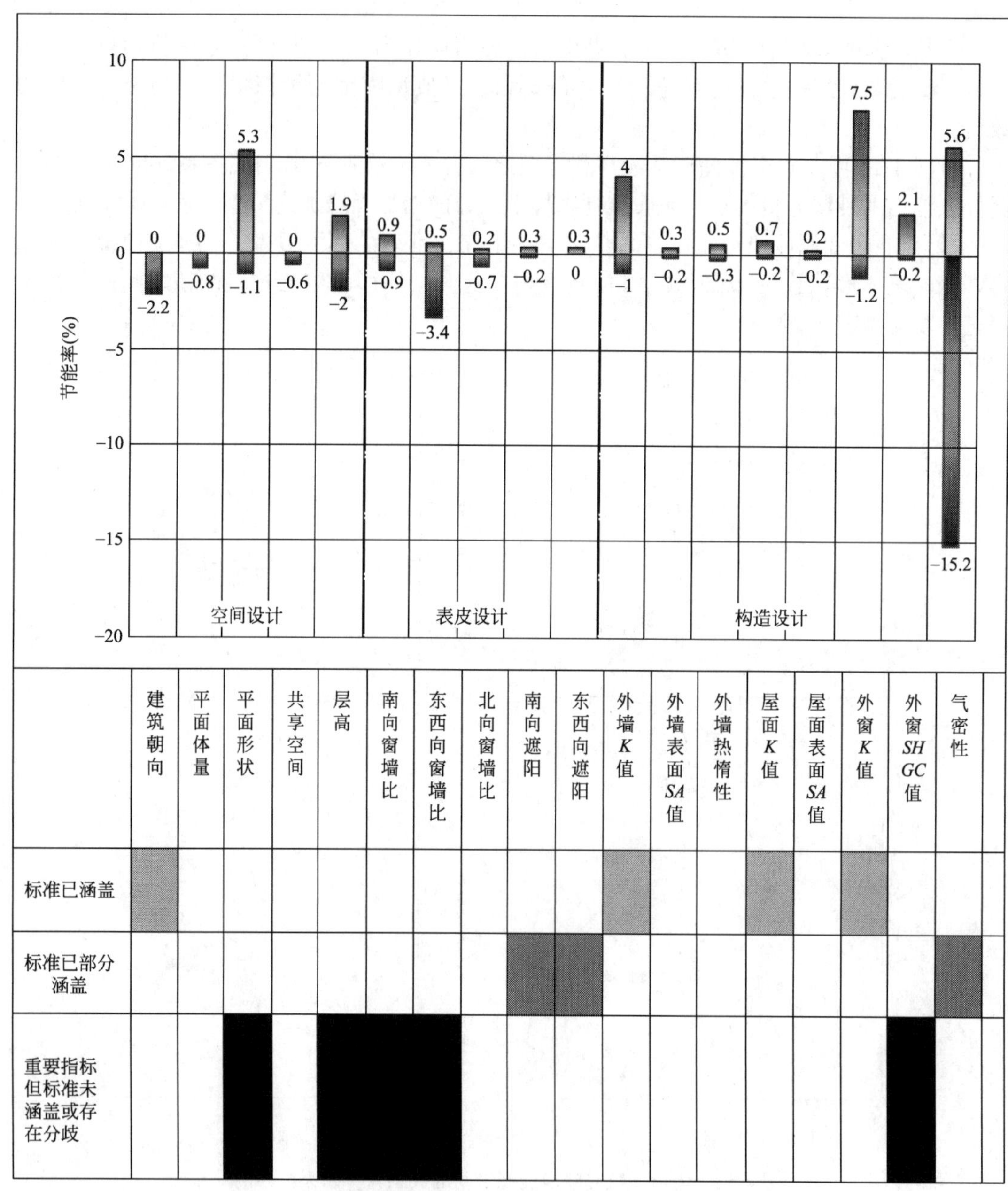

图 4-44　天津点式典型模型设计变量的节能率分析及与标准的对比

（资料来源：在 DesignBuilder 软件模拟结果的基础上自绘）

而言，还存在较大的优化以实现进一步节能的余地。

3. 标准已部分涵盖的指标

标准以引导性方式提出寒冷地区建筑南向宜设水平外遮阳，本文将其节能效果加以定量地模拟和计算。结果表明，南向水平遮阳带来的节能效果相对有限，根据不同的地区以及典型模型的类型，节能率最多达到0.5%～0.8%左右。此外，以垂直遮阳为例针对东西向遮阳的研究也得到了类似的结果。

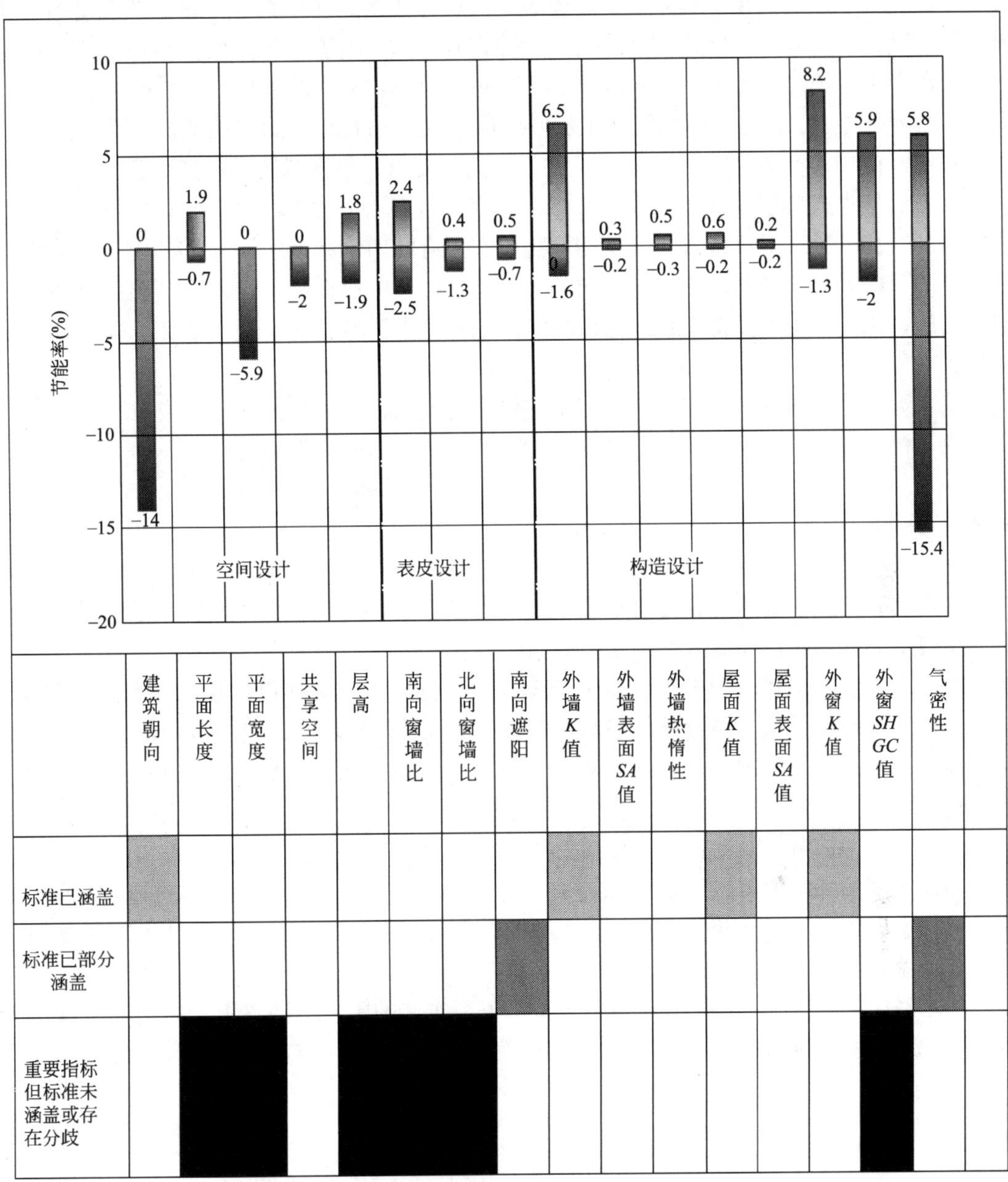

图 4-45 天津条式典型模型设计变量的节能率分析及与标准的对比

（资料来源：在 DesignBuilder 软件模拟结果的基础上自绘）

在所有分析的变量中，气密性指标引起的节能率变化区间最大，尤其在于气密性指标偏大（ACH＝0.5）将导致建筑产生极为突出的过多能源消耗。然而，标准并未涉及建筑物整体的气密性指标，而仅以约束性指标的方式规定建筑外门、窗的气密性等级。气密性指标作为一项更为全面的建筑围护结构节能指标，有必要在今后的节能标准中加以考量。

4. 标准未涵盖或存在分歧的重要指标

标准多以引导性指标的方式对待建筑空间和表皮设计变量，且所涉及的变量还有进一步细分的必要。本章针对点式典型模型的平面长宽比、层高，以及条式典型模型的平面长度、平面宽度、层高的模拟结果表明，建筑空间设计变量的优化具备明显的节能潜力。此外，针对建筑各个立面窗墙比的细致研究则挖掘到点式典型模型的南向窗墙比、东西向窗墙比，以及条式典型模型的南向窗墙比、北向窗墙比都值得在节能设计中引起注意。

标准对于寒冷地区公共建筑外窗太阳得热系数（*SHGC*）的限值为：窗墙比为 0.4 时，东向、南向、西向外窗 *SHGC*≤0.48，北向无要求。但本章通过模拟得到了与之矛盾的结论：对于点式典型模型而言，在天津、济南、西安三个城市，*SHGC* 值的增加能够带来明显的节能效果；对于条式典型模型而言，在所有的四个城市中，*SHGC* 值的增加均带来明显的节能效果。推断产生上述分歧的原因在于，文中典型模型均采用了照明自动控制节能措施，因此外窗太阳得热系数的改变会影响到室内天然采光、照明能耗、采暖和制冷能耗。

基于天然采光与人工照明耦合的建筑整体能耗模拟将产生与常规能耗模拟不一致的研究结论，模拟结果更能够反映出建筑综合能耗表现中的细微变化。

4.6 本章小结

本章首先阐述了敏感度分析的基础原理和操作方法，提出运用局部敏感度分析法来探索典型模型的能耗随设计要素发生变化的思路。

其次，从空间设计、表皮设计和构造设计三个方面，分解和提取建筑节能设计策略，逐一模拟和分析了单项节能设计策略对典型模型能耗的影响，筛选出寒冷地区点式高层和条式高层办公建筑的关键节能设计要素，便于把节能设计的精力集中在那些为数更少的、更加重要的变量之上，从而提高节能设计的效率。

最后，将关键节能设计要素与我国公共建筑节能设计标准进行比对，提出体形系数与建筑能耗之间的关系值得进一步推敲，并着重分析了标准中未涵盖或存在分歧的重要指标，包括空间和表皮设计变量以及外窗太阳得热系数（*SHGC* 值），研究结果对标准的修订具有借鉴作用。

在本章中强化空间设计和表皮设计节能策略是本文的重点关注对象，并论证了这些要素对于能耗的影响的确存在。本章中的要素筛选将构成下文中节能整合设计方法和工具的铺垫。

第 5 章　建筑节能整合设计方法和应用

从考虑要素的数量上来说，节能设计研究通常表现为单项策略和多项策略组合的研究[93]。第 4 章按照高层办公建筑节能设计要素的分类，分析了单一要素影响下建筑能耗变化特征，相应获得适合寒冷地区四个城市气候特点的建筑空间、表皮和构造节能设计策略，属于单项策略敏感度的研究。单项策略敏感度的研究偏重于基础的节能经验和原理分析，而设计方法研究的目的在于寻找生成设计的内在逻辑，指挥一套设计方案从无到有的完整过程。对于建筑节能整合设计方法而言，多项要素的有机组合才能构成一个完整的设计过程，达到显著提升建筑综合能耗表现的目标。

不同要素的系统性思考是建筑节能整合设计方法的重点和难点所在。在寒冷地区复杂的气候条件下，冬夏季采暖和制冷需求之间的矛盾、建筑采光和遮阳之间的矛盾均比较突出，多变量同时变化情况下的节能最优解往往并非单项策略的机械拼贴，还需要关注不同要素之间可能存在的矛盾和冲突。在经过第 4 章建筑节能设计要素的初步筛选，了解到节能设计的重点要素之后，以单项策略敏感度研究为基础，多项策略组合研究为目标，本章将探讨多变量同时变化下的建筑节能整合设计方法和应用。

5.1　建筑节能整合设计流程

5.1.1　多变量试验设计方法分析

试验设计方法以概率论和数理统计为理论基础，是有关经济地、科学地制订试验方案并对试验数据进行统计分析的数学理论和方法。假如试验方案设计得好，就可以利用次数较少的试验达到预期目标。常用的多变量试验设计方法包括三种，分别是次比法、全面试验法和正交试验法[140]。下面就以一个三变量三水平❶的试验设计为例，来详细阐述这三种方法，三个变量以 A、B、C 来表示，三水平以 1、2、3 来表示。

1. 次比法

第一步，固定 B 和 C 为 B1 和 C1，变化 A，试验方案为：

A1B1C1

A2B1C1

A3B1C1

假定 A2 最好。

第二步，固定 A 为 A2，C 为 C1，变化 B，试验方案为：

A2B1C1

A2B2C1

❶ 在统计学上，变量的不同位级称作水平。

A2B3C1

假定 B3 最好。

第三步，固定 A 为 A2，B 为 B3，变化 C，试验方案为：

A2B3C1

A2B3C2

A2B3C3

假定结果是 C2 最好，于是认为 A2B3C2 为最优解。

次比法采用单向线性的思路来安排试验，试验效率高，对于使用者的数理技能和知识要求低，是一种便于迅速上手的方法。然而，单向线性的思路同时伴随着一些明显的问题，尤其在于，分析过程中一旦中间任何一个环节出现错误的判断，将会导致后续所有试验结果出现严重的偏差，因此，次比法对使用者在操作中的专注度要求最高。此外，对于次比法而言，变量模拟分析的次序会直接影响到最终的设计结果，因此，模拟分析的内在逻辑性显得非常重要。并且，值得注意的是，单向线性的试验设计思路仅适用于变量之间的相互作用并不明显的情况。

2. 全面试验法

全面试验法即把三变量三水平的所有排列组合方式都一一试验，试验方案如下：

A1B1C1　　A2B1C1　　A3B1C1
A1B1C2　　A2B1C2　　A3B1C2
A1B1C3　　A2B1C3　　A3B1C3
A1B2C1　　A2B2C1　　A3B2C1
A1B2C2　　A2B2C2　　A3B2C2
A1B2C3　　A2B2C3　　A3B2C3
A1B3C1　　A2B3C1　　A3B3C1
A1B3C2　　A2B3C2　　A3B3C2
A1B3C3　　A2B3C3　　A3B3C3

对于本次试验而言，利用全面试验方法需要作 $3^3=27$ 次试验才能确定最优解。全面试验法能够寻找真实的最优试验方案，但同时也消耗大量的资源和时间，实际过程中可操作性不强。

3. 正交试验法

相对于全面试验，正交试验是一种合理、有效地减少试验次数的方法。正交表是一整套规则的表格，日本学者田口玄一将正交试验应用于产品质量控制领域，并绘制了多种类型的正交表。根据正交表来安排试验，能够从全面试验中挑出代表点，这些点具备“均匀分散，整齐可比”的特点，通过分析这些试验结果可以了解全面试验的情况，从而很快找出最优解，提高试验效率。

对于一个三变量三水平的试验而言，全面试验需要 27 次，而利用正交表 L9（3^4）来安排，仅需要作 9 次试验，试验方案如图 5-1 所示。试验点具备“均匀分散”的特点，在立方体的每个面上都有且只有 3 个试验点，在立方体的每条边线上都有且只有 1 个试验点，也就是说 9 个试验点均匀分布在立方体内，因此试验具有很强的代表性，借助这 9 次试验能够了解全面试验的基本情况。通过试验分析得到的结果即便不是真实最优解，也往

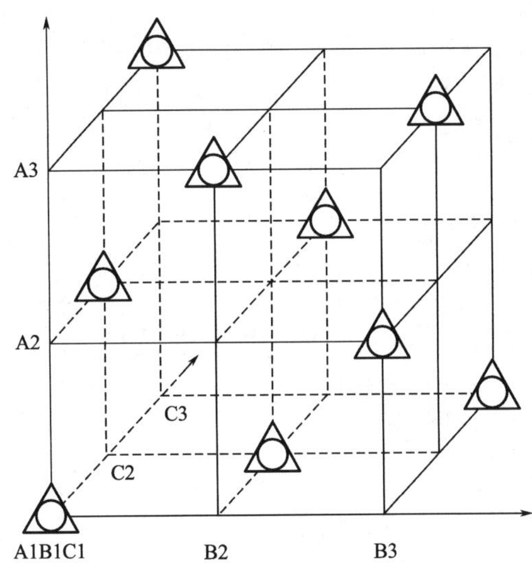

图 5-1 三变量三水平试验点的均衡分布图

注：试验方案如下：

(1) A1B1C1 (2) A1B2C2 (3) A1B3C3
(4) A2B1C2 (5) A2B2C3 (6) A2B3C1
(7) A3B1C3 (8) A3B2C1 (9) A3B3C2

往已经是相当不错的解。所谓“整齐可比”的特点，以变量A为例，在包含A1的(1)、(2)、(3)试验中，B和C的三个水平均出现并且出现的频率相同，同样的规律也存在于包含A2和A3的试验中，如果将包含A1的三个试验结果的平均值与包含A2和A3的试验结果平均值相对比，则变量B和C的作用相互抵消，因此能够确定变量A的较优水平。

基于正交试验法开展多变量节能整合设计，可以通过较少的试验次数来把握全面试验的情况：

(1) 从建筑师所具备的专业背景而言，正交试验法需要附加了解正交试验的工作流程以及相关的基本数学知识就可以应用；

(2) 正交试验法可以通过设定交互作用的方式来处理数量较少、相对简单的变量之间的相互作用；

(3) 在正交试验中，不同试验序号之间并不存在相互依赖或继承的关系，试验灵活性更强，试验顺序可以不分先后或者同步进行，有利于提高试验效率，并为试验结果的局部纠错提供了更大的可行性。

基于上述分析，在变量之间相互作用小的条件下，次比法能够利用较少的试验次数和简单的流程获得优化结果；而全面试验法由于消耗过多的时间，在实践中并不常用；正交试验法的优点在于能够利用合理的试验次数来处理变量及其相互作用，在节能整合设计中可行性更强。

5.1.2 多变量试验设计方法的优化应用

在了解到建筑能耗随设计要素变化的机理之后，方案设计阶段空间设计和表皮设计构成了不可或缺的建筑节能影响要素。于是，如何选取节能策略、如何实现优化组合是方案设计阶段应该解决的问题。常规建筑节能设计方法存在方案设计与节能目标之间的脱节，而建筑节能整合设计方法借助能耗模拟软件和多变量试验设计方法，以建筑节能为导向，寻找多变量同时变化下能耗表现最佳的组合方案，在寻优的过程中就已经完成了对关键设计要素的配置，实现了从无到有的方案生成过程。结合建筑方案设计阶段时间周期较短的特征、考虑这一阶段可控可调设计要素的类型，提出以下建筑节能整合设计流程（图5-2）。

1. 设计要素的分解和筛选

通过建筑师对于场地环境、设计任务书等的全面把控，将研究对象进行设计要素的分解和筛选，经过判定的设计约束条件应该首先被排除在外。依据空间设计、表皮设计和构造设计进行基本的设计要素的划分，大类又进一步分解为若干个子要素，多个设计要素的

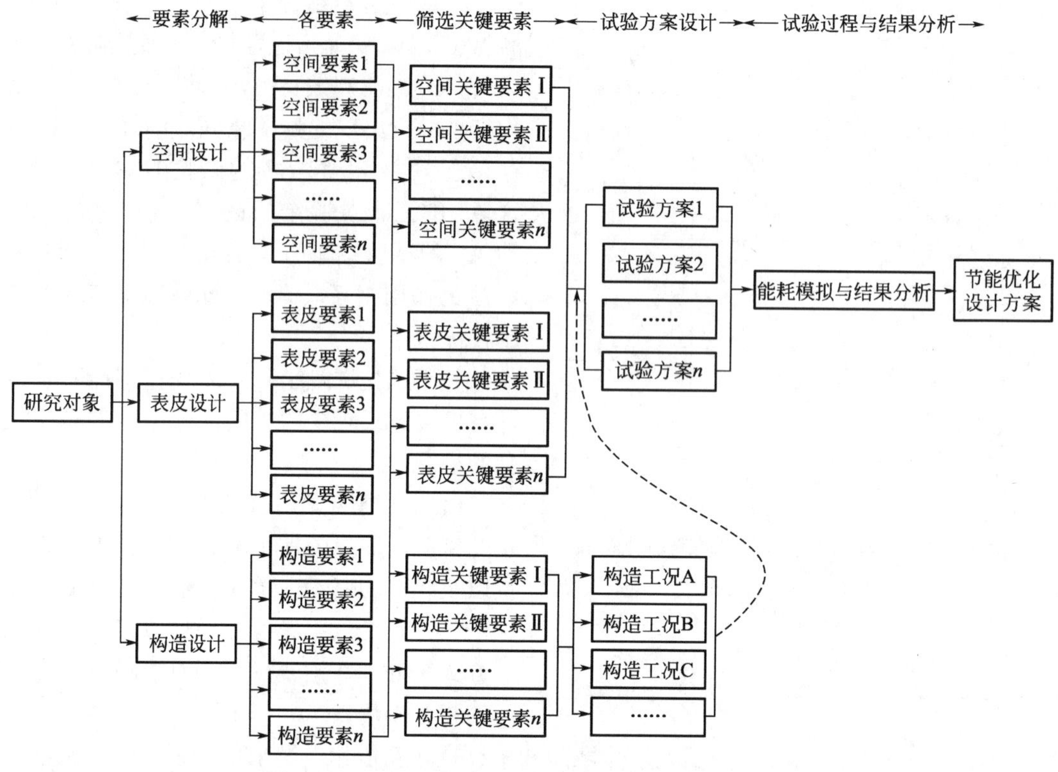

图 5-2　基于试验设计方法的建筑节能整合设计流程图

筛选则是依据单一变量下建筑能耗的敏感度分析来展开，经过认定的关键设计要素将进入下一层级的多变量试验方案设计过程。

2. 多变量试验方案的设计

以单一变量敏感度分析为基础，多变量组合试验仅针对关键节能设计要素展开。对于多变量试验设计方法而言，变量的个数和水平越多，试验的复杂程度就越高，但复杂和耗时从来都不符合建筑方案设计阶段的特征，于是，如何对变量进行简化处理是需要解决的问题。在一般情况下，对于建筑方案设计阶段而言，围护结构构造的信息尚不详细、建筑师难以进行具体把控，所以，将构造设计要素统一为几种典型的构造工况可以减少试验次数，在提高试验效率的同时保证结果的准确性。

3. 多变量试验的结果分析

多变量试验的具体过程体现为借助建筑能耗模拟软件来计算多组试验方案的能耗结果，而不同的试验设计方法则对应着不同的试验操作逻辑。以正交试验法为例，多组试验方案的结果完全可以同步计算，试验结果的分析则可以借助方差分析方法（Analysis of Variance，简称 ANOVA）来进行，方差分析方法由 R. A. Fisher 发明，又称 *F* 值检验，是用于两个及两个以上样本均数差别的显著性检验[141]。方差分析的基本思想是：通过分析研究不同来源的变异对总变异的贡献大小，从而确定可控因素对研究结果影响力的大小。由于正交表具备的“均匀分布、整齐可比”的特性，所以可以借助方差分析方法排出各要素对目标值的影响序列。在此基础上，计算各要素或要素之间的交互作用各水平对应的平均能耗，以平均能耗较低值对应的变量水平作为优化设计方案的取值。

4. 确定节能优化设计方案

在设定的多种典型构造工况下，分别获得节能优化设计方案，以实施可行性为前提，以达到目标节能效率为目标，经过多个优化设计方案之间的比对，提出最终的节能优化设计方案。

5.2　天津地区点式高层办公建筑的优化设计

下面以天津地区点式高层办公建筑的优化设计为例说明建筑节能整合设计流程的应用和方案分析过程（图 5-3）。基于上文的分析，点式高层办公建筑由三个大类的设计要素：空间设计、表皮设计和构造设计组合而成，大类要素分解为子要素，子要素共计 18 项，通过单一变量下建筑能耗的敏感度分析，筛选出关键影响要素，关键要素对应的节能率区间大于 1%，共计 9 项。

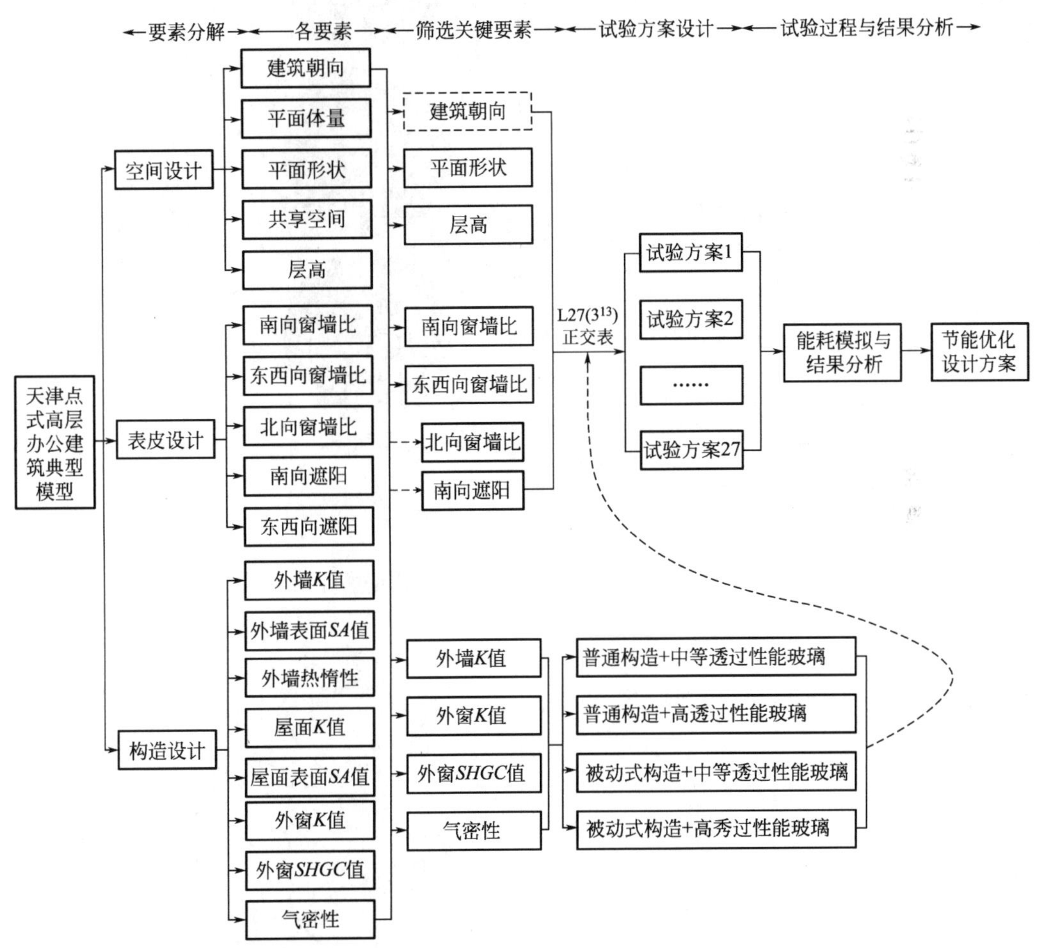

图 5-3　天津地区点式高层办公建筑的节能整合设计流程

5.2.1　设计要素的分解和筛选

天津地区点式高层办公建筑的节能整合设计，考虑的变量包含 9 项关键要素中的 8

项，保持关键要素中的建筑朝向为最佳的南向不改变，此外，还附加了两项，分别是北向窗墙比和南向遮阳比，变量列表见表 5-1。

天津地区点式高层办公建筑的节能整合设计变量列表　　表 5-1

变量类型	变量名称	变量取值
空间设计	A 层高(m)	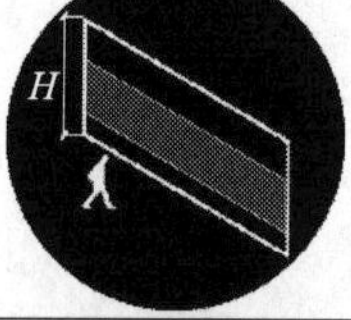 3.6/3.9/4.2
	B 平面长宽比	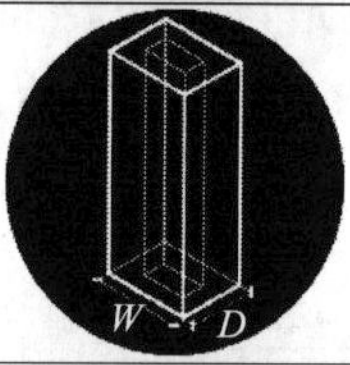 1/1.3/1.5
表皮设计	C 南向窗墙比	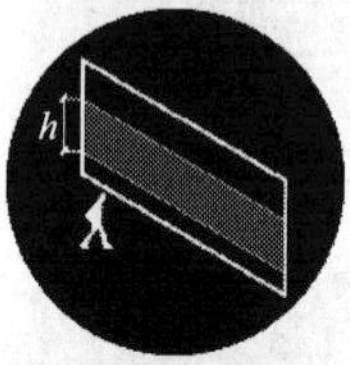 0.3/0.5/0.7
	D 东西向窗墙比	0.3/0.5/0.7
	E 北向窗墙比	0.3/0.5/0.7
	F 南向遮阳比	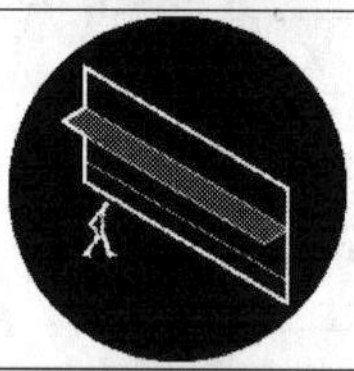 0/0.3/0.5
构造设计	G 外墙 *K* 值[W/(m² · K)]	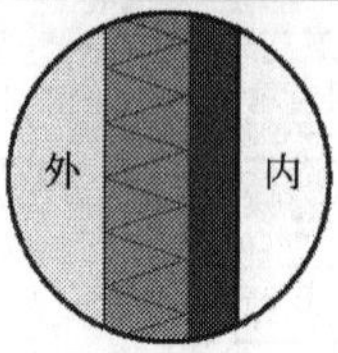 0.15/0.5
	H 外窗 *K* 值[W/(m² · K)]	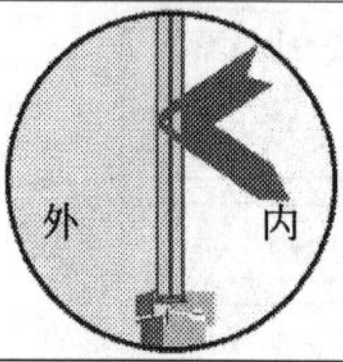 1/2.4
	I 外窗 *SHGC* 值	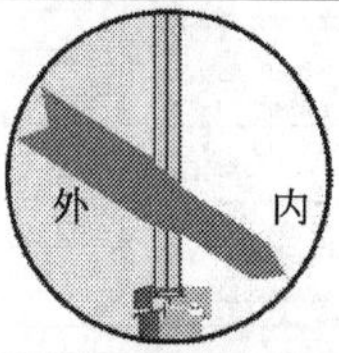 0.4/0.6
	J 气密性(ACH)	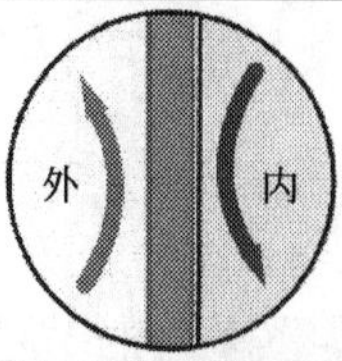 0.1/0.2

根据第 3 章的案例调研数据，点式高层办公建筑常见的平面形式还是属于矩形或者方形形态，调研案例占比为 76%，于是，节能设计仅在矩形平面的范畴内展开，将平面形状要素转译为矩形平面的平面长宽比。将空间和表皮设计变量统一为三水平，分别对应较小值、中值和较大值。

对于构造设计变量而言，外墙 K 值、外窗 K 值和气密性这三项变量代表围护结构的保温和气密性能，这三项变量对于建筑能耗影响的机理相似，变量取值增加均引起采暖能耗增加、制冷能耗降低、总能耗增加，于是将这三项变量归为一组，统一设定两个情景：普通构造和被动式构造，分别以我国公共建筑节能设计标准[6] 的最低要求和被动房设计标准[110] 的最低要求为赋值依据。

外窗 $SHGC$ 值反映外窗的太阳辐射透过性能，$SHGC$ 值的变化影响可见光透过性能，单独设定两个情景：$SHGC=0.4$（$VT=0.45$）和 $SHGC=0.6$（$VT=0.75$），分别对应中等透过性能的玻璃和高透过性能的玻璃。在此基础上，设置四种围护结构构造设计的工况，分别是普通构造＋中等透过性能玻璃（工况 1，即典型模型的工况）、普通构造＋高透过性能玻璃（工况 2）、被动式构造＋中等透过性能玻璃（工况 3）和被动式构造＋高透过性能玻璃（工况 4）（表 5-2）。

天津地区点式高层办公建筑的节能整合设计考虑的四种构造工况　　表 5-2

序号	描　　述	外墙 K 值 $[W/(m^2 \cdot K)]$	外窗 K 值 $[W/(m^2 \cdot K)]$	气密性 (ACH)	外窗 $SHGC$
工况 1	普通构造＋中等透过性能玻璃	0.5	2.4	0.2	0.4
工况 2	普通构造＋高透过性能玻璃	0.5	2.4	0.2	0.6
工况 3	被动式构造＋中等透过性能玻璃	0.15	1.0	0.1	0.4
工况 4	被动式构造＋高透过性能玻璃	0.15	1.0	0.1	0.6

于是，天津地区点式高层办公建筑的节能整合设计便是在预设的四种典型构造工况下，分别针对六项空间设计和表皮设计变量进行能耗模拟试验，具体包含三个步骤：

（1）多变量试验方案的设计，采用正交试验法来安排试验方案，选择合适的正交表来安排这六变量三水平的试验，还考虑变量之间的交互作用；

（2）试验结果的方差分析和显著性检验，利用方差分析方法对变量和交互作用的影响程度作出依次的大小排序，更为重要的变量或交互作用接下来需要主要对待；

（3）确定节能优化设计方案，计算主要影响变量各水平对应的平均能耗，分别在四个工况下得到优化设计结果；对比不同构造工况下的设计结果，获得最终的优化设计方案。

5.2.2　多变量试验方案的设计

在明确了节能整合设计考虑的变量之后，进而利用多变量试验设计方法中的正交试验法来安排试验方案，试验结果是基于 DesignBuilder 软件逐一模拟计算获得的。

天津地区点式高层办公建筑的节能整合设计包含六项空间和表皮设计变量，变量均为三水平，还包括两个交互作用，分别为平面长宽比与东西向窗墙比（$B \times D$）、层高与平面长宽比（$A \times B$）。于是，试验需要的最小自由度为 $1 \times 6 + 2 \times 2 = 10$，选择 L27（$3^{13}$）正交表就满足要求，具体构造见表 5-3。

L27（3^{13}）正交表的构造 **表 5-3**

序号	1	2	3	4	5	6	7	8	9	10	11	12	13
1	1	1	1	1	1	1	1	1	1	1	1	1	1
2	1	1	1	1	2	2	2	2	2	2	2	2	2
3	1	1	1	1	3	3	3	3	3	3	3	3	3
4	1	2	2	2	1	1	1	2	2	2	3	3	3
5	1	2	2	2	2	2	2	3	3	3	1	1	1
6	1	2	2	2	3	3	3	1	1	1	2	2	2
7	1	3	3	3	1	1	1	3	3	3	2	2	2
8	1	3	3	3	2	2	2	1	1	1	3	3	3
9	1	3	3	3	3	3	3	2	2	2	1	1	1
10	2	1	2	3	1	2	3	1	2	3	1	2	3
11	2	1	2	3	2	3	1	2	3	1	2	3	1
12	2	1	2	3	3	1	2	3	1	2	3	1	2
13	2	2	3	1	1	2	3	2	3	1	3	1	2
14	2	2	3	1	2	3	1	3	1	2	1	2	3
15	2	2	3	1	3	1	2	1	2	3	2	3	1
16	2	3	1	2	1	2	3	3	1	2	2	3	1
17	2	3	1	2	2	3	1	1	2	3	3	1	2
18	2	3	1	2	3	1	2	2	3	1	1	2	3
19	3	1	3	2	1	3	2	1	3	2	1	3	2
20	3	1	3	2	2	1	3	2	1	3	2	1	3
21	3	1	3	2	3	2	1	3	2	1	3	2	1
22	3	2	1	3	1	3	2	2	1	3	3	2	1
23	3	2	1	3	2	1	3	3	2	1	1	3	2
24	3	2	1	3	3	2	1	1	3	2	2	1	3
25	3	3	2	1	1	3	2	3	2	1	2	1	3
26	3	3	2	1	2	1	3	1	3	2	3	2	1
27	3	3	2	1	3	2	1	2	1	3	1	3	2

资料来源：根据正交表排布自绘。

L27（3^{13}）正交表包括 27 个行，13 个列，正交表由数字 1、2、3 组成。27 行代表一共需要进行 27 次试验，13 列代表最多容纳 13 个变量或交互作用，正交表中的数字 1、2、3 代表的是变量的三个水平。它有两个特点：每一列均有 9 个“1”、9 个“2”和 9 个“3”，意味着变量的各个水平在试验中出现的概率相等；任意两相邻的列中，横向的 9 个数字对各出现 3 次，即数字之间的搭配是均等的。

试验的具体安排如表 5-4 所示，第 1、3、5、6、7、8 列放置六项变量，查找 L27（3^{13}）正交表的交互作用表，确定 2、4、10、11 列放置两项交互作用，对于三水平正交表来说，每个交互作用要占用两列，9、12、13 列为空。

正交试验设计与能耗模拟结果　　　　**表 5-4**

试验序号	1	2	3	4	5	6	7	8	9	10	11	12	13	总能耗[kWh/(m^2·a)]			
	A	$A\times B$	B	$A\times B$	C	D	E	F	空	$B\times D$	$B\times D$	空	空	工况 1	工况 2	工况 3	工况 4
1	3.6	1	1	1	0.3	0.3	0.3	0	1	1	1	1	1	39.29	37.49	32.83	31.39
2	3.6	1	1	1	0.5	0.5	0.5	0.3	2	2	2	2	2	38.73	38.37	31.94	32.49
3	3.6	1	1	1	0.7	0.7	0.7	0.5	3	3	3	3	3	39.89	40.40	32.95	34.72
4	3.6	2	1.3	2	0.3	0.3	0.3	0.3	2	2	3	3	3	38.98	36.76	32.43	30.54
5	3.6	2	1.3	2	0.5	0.5	0.5	0.5	3	3	1	1	1	38.40	37.80	31.49	31.62
6	3.6	2	1.3	2	0.7	0.7	0.7	0	1	1	2	2	2	39.19	39.82	32.38	35.14
7	3.6	3	1.5	3	0.3	0.3	0.3	0.5	3	3	2	2	2	38.95	**36.52**	32.33	**30.15**
8	3.6	3	1.5	3	0.5	0.5	0.5	0	1	1	3	3	3	**38.03**	37.60	31.17	31.93
9	3.6	3	1.5	3	0.7	0.7	0.7	0.3	2	2	1	1	1	38.64	38.81	31.59	33.48
10	3.9	1	1.3	3	0.3	0.5	0.7	0	2	3	1	2	3	40.03	40.10	32.89	33.65
11	3.9	1	1.3	3	0.5	0.7	0.3	0.3	3	1	2	3	1	40.47	40.07	33.35	34.15
12	3.9	1	1.3	3	0.7	0.3	0.5	0.5	1	2	3	1	2	38.65	37.38	31.14	30.80
13	3.9	2	1.5	1	0.3	0.5	0.7	0.3	3	1	3	1	2	39.70	39.43	32.45	32.79
14	3.9	2	1.5	1	0.5	0.7	0.3	0.5	1	2	1	2	3	40.29	39.63	33.06	33.32
15	3.9	2	1.5	1	0.7	0.3	0.5	0	2	3	2	3	1	38.17	37.35	**30.86**	32.02
16	3.9	3	1	2	0.3	0.5	0.7	0.5	1	2	2	3	1	40.49	40.51	33.38	33.96
17	3.9	3	1	2	0.5	0.7	0.3	0	2	3	3	1	2	41.11	41.43	34.15	35.86
18	3.9	3	1	2	0.7	0.3	0.5	0.3	3	1	1	2	3	38.89	37.79	31.59	31.67
19	4.2	1	1.5	2	0.3	0.7	0.5	0	3	2	1	3	2	41.38	41.72	33.92	35.20
20	4.2	1	1.5	2	0.5	0.3	0.7	0.3	1	3	2	1	3	39.37	38.69	31.44	31.65
21	4.2	1	1.5	2	0.7	0.5	0.3	0.5	2	1	3	2	1	40.18	39.05	32.30	32.33
22	4.2	2	1	3	0.3	0.7	0.5	0.3	1	3	3	2	1	42.31	42.97	34.94	36.55
23	4.2	2	1	3	0.5	0.3	0.7	0.5	2	1	1	3	2	40.28	39.62	32.59	32.47
24	4.2	2	1	3	0.7	0.5	0.3	0	3	2	2	1	3	40.79	40.63	33.35	35.19
25	4.2	3	1.3	1	0.3	0.7	0.5	0.5	2	1	2	1	3	41.87	42.12	34.42	35.45
26	4.2	3	1.3	1	0.5	0.3	0.7	0	3	2	3	2	1	39.79	39.42	32.07	32.81
27	4.2	3	1.3	1	0.7	0.5	0.3	0.3	1	3	1	3	2	40.20	39.36	32.51	33.24

注：1. A 为层高，B 为平面长宽比，C 为南向窗墙比，D 为东西向窗墙比，E 为北向窗墙比，F 为南向遮阳比；
2. 工况 1 为普通构造＋中等透过性能玻璃，工况 2 为普通构造＋高透过性能玻璃，工况 3 为被动式构造＋中等透过性能玻璃，工况 4 为被动式构造＋高透过性能玻璃。

依据正交表的安排，作 27 次能耗模拟试验，并将能耗模拟结果放置在表格的最右侧，分别对应上述四种构造工况。比如，试验序号 1 的六项变量均取较小值，于是分别在四种构造工况的条件下模拟能耗值，将结果放置在最右侧，总能耗为 39.29kWh/(m^2·a)（工况 1），37.49kWh/(m^2·a)（工况 2），32.83kWh/(m^2·a)（工况 3），31.39kWh/(m^2·a)（工况 4）。交互作用列代表两列之间的相互作用，空列用于计算试验误差。交互作用列和空列并非具体的变量，也并未参与试验的安排当中，这些列中的 1、2 或 3 并不代表任何水平，只是用于后续结果的分析。

对比上述结果，可找到能耗较低方案，如上表中的黑字体所示；对比不同工况下的能耗较低方案，可找到所有试验中能耗最低的方案，即第 7 号方案，在构造工况 4 下取得能耗最低值，但还有没有优化的余地，需要深入的分析来判断。

5.2.3 多变量试验的结果分析

正交试验结果分析的思路为利用方差分析法对变量的影响程度作进一步的筛选。借助SPSS 软件，在 95%的置信区间下，依据显著性<0.05 的原则筛选影响力较大变量，根据方差比（*F* 值）判定影响程度，*F* 值越大，则影响程度越高。

构造工况 1 下，六项变量的影响均通过显著性检验，主要影响变量及影响程度为：层高、东西向窗墙比>南向窗墙比>平面长宽比>北向窗墙比、南向遮阳比。层高、东西向窗墙比的贡献率较高，分别为 44.81%和 29.45%（表 5-5）。

构造工况 1 下正交试验结果的方差分析 **表 5-5**

变量	Ⅲ类平方和	自由度	均方	*F*	显著性	贡献率(%)
层高	14.355	2	7.178	987.244	0.000	44.81
平面长宽比	2.810	2	1.405	193.229	0.000	8.77
南 WWR	4.322	2	2.161	297.244	0.000	13.49
东西 WWR	9.436	2	4.718	648.907	0.000	29.45
北 WWR	0.884	2	0.442	60.789	0.000	2.76
南向遮阳比	0.172	2	0.086	11.851	0.008	0.54
层高与平面长宽比	0.004	4	0.001	0.143	0.960	0.01
平面长宽比与东西 WWR	0.114	4	0.029	3.934	0.067	0.18
误差	0.044	6	0.007	—	—	—

注：工况 1 为普通构造+中等透过性能玻璃。

构造工况 2 下，六项变量以及一项交互作用通过显著性检验，主要影响变量及影响程度为：东西向窗墙比、层高>平面长宽比、南向窗墙比、北向窗墙比、南向遮阳比、平面长宽比与东西 WWR。东西向窗墙比、层高的贡献率较高，分别为 52.35%和 31.05%（表 5-6）。

构造工况 2 下正交试验结果的方差分析 **表 5-6**

变量	Ⅲ类平方和	自由度	均方	*F*	显著性	贡献率(%)
层高	22.245	2	11.123	3562.435	0.000	31.05
平面长宽比	6.123	2	3.061	980.507	0.000	8.55
南 WWR	2.907	2	1.453	465.496	0.000	4.06
东西 WWR	37.508	2	18.754	6006.677	0.000	52.35
北 WWR	1.952	2	0.976	312.546	0.000	2.72
南向遮阳比	0.665	2	0.333	106.556	0.000	0.93
层高与平面长宽比	0.032	4	0.008	2.574	0.145	0.02
平面长宽比与东西 WWR	0.458	4	0.115	36.679	0.000	0.32
误差	0.019	6	0.003	—	—	—

注：工况 2 为普通构造+高透过性能玻璃。

构造工况 3 下，六项变量通过显著性检验，主要影响变量及影响程度为：东西向窗墙比、南向窗墙比＞平面长宽比、层高＞北向窗墙比＞南向遮阳比。东西向窗墙比、南向窗墙比的贡献率高出其他，分别为 38.05%和 26.04%（表 5-7）。

构造工况 3 下正交试验结果的方差分析　　表 5-7

变量	Ⅲ类平方和	自由度	均方	F	显著性	贡献率(%)
层高	3.963	2	1.982	172.488	0.000	14.26
平面长宽比	4.149	2	2.075	180.585	0.000	14.93
南 WWR	7.235	2	3.617	314.867	0.000	26.04
东西 WWR	10.573	2	5.286	460.137	0.000	38.05
北 WWR	1.644	2	0.822	71.540	0.000	5.92
南向遮阳比	0.145	2	0.073	6.322	0.033	0.52
层高与平面长宽比	0.040	4	0.010	0.873	0.531	0.07
平面长宽比与东西 WWR	0.111	4	0.028	2.412	0.161	0.20
误差	0.069	6	0.011	—	—	—

注：工况 3 为被动式构造＋中等透过性能玻璃。

构造工况 4 下，六项变量以及两项交互作用通过显著性检验，主要影响变量及影响程度为：东西向窗墙比＞层高＞平面长宽比、南向遮阳比＞北向窗墙比、南向窗墙比、平面长宽比与东西向窗墙比、层高与平面长宽比。东西向窗墙比的贡献率较高，达到 67.75%（表 5-8）。

构造工况 4 下正交试验结果的方差分析　　表 5-8

变量	Ⅲ类平方和	自由度	均方	F	显著性	贡献率(%)
层高	10.020	2	5.010	2772.043	0.000	13.21
平面长宽比	7.362	2	3.681	2036.637	0.000	9.70
南 WWR	0.661	2	0.331	182.957	0.000	0.87
东西 WWR	51.404	2	25.702	14220.449	0.000	67.75
北 WWR	1.160	2	0.580	320.975	0.000	1.53
南向遮阳比	4.335	2	2.167	1199.195	0.000	5.71
层高与平面长宽比	0.621	4	0.155	85.921	0.000	0.41
平面长宽比与东西 WWR	1.246	4	0.311	172.316	0.000	0.82
误差	0.011	6	0.002	—	—	—

注：工况 4 为被动式构造＋高透过性能玻璃。

对比上述结果，表 5-9、图 5-4 对变量的贡献率作出大小排序：

（1）在所有的构造工况下，东西向窗墙比、层高、平面长宽比的贡献率都较高：东西向窗墙比贡献率均＞20%，尤其对于使用高透过性能玻璃的工况 2 和工况 4 而言，东西向窗墙比的贡献率＞50%，对于能耗的影响明显高于其他变量；层高的贡献率＞10%，尤其对于使用普通构造的工况 1 和工况 2 而言，层高的贡献率＞20%；平面长宽比的贡献率在 10%左右，贡献率在不同工况下差别不大。

四种构造工况下变量按照贡献率大小排序 **表 5-9**

工况类型	贡献率＞20％	20％＞贡献率＞10％	10％＞贡献率＞3％	贡献率＜3％
1	层高(44.81％)、东西向窗墙比(29.45％)	南向窗墙比(13.49％)	平面长宽比(8.77％)	北向窗墙比(2.76％)、南向遮阳比(0.54％)
2	东西向窗墙比(52.35％)、层高(31.05％)	—	平面长宽比(8.55％)、南向窗墙比(4.06％)	北向窗墙比(2.72％)、南向遮阳比(0.93％)、平面长宽比与东西向窗墙比(0.32％)
3	东西向窗墙比(38.05％)、南向窗墙比(26.04)	平面长宽比(14.93％)、层高(14.26％)	北向窗墙比(5.92％)	南向遮阳比(0.52％)
4	东西向窗墙比(67.75％)	层高(13.2％)	平面长宽比(9.7％)、南向遮阳比(5.71％)	北向窗墙比(1.53％)、南向窗墙比(0.87％)、平面长宽比与东西向窗墙比(0.82％)、层高与平面长宽比(0.41％)

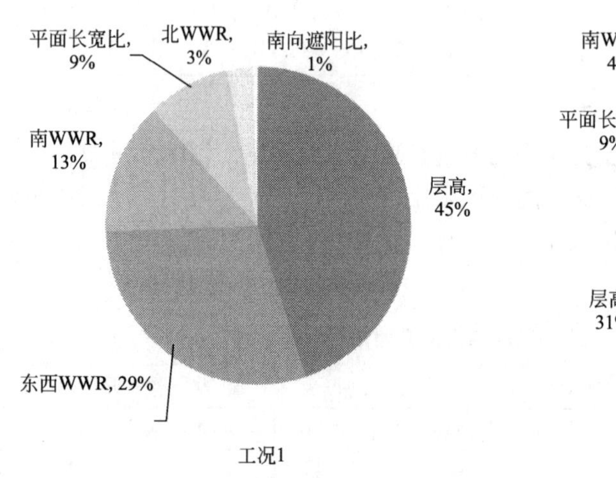

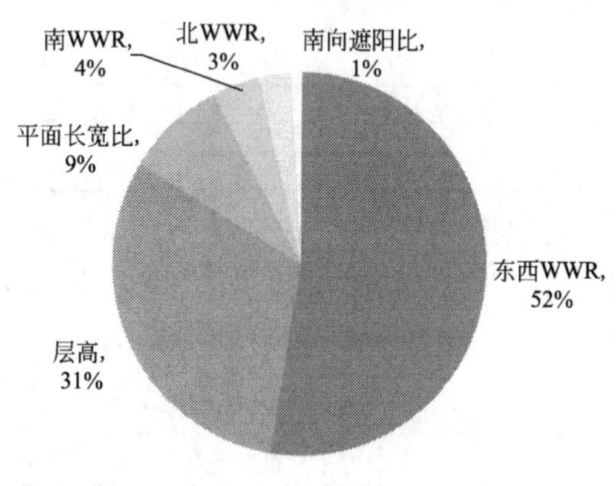

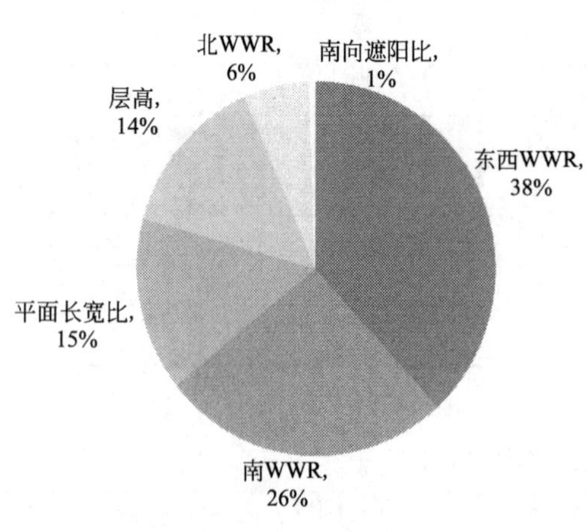

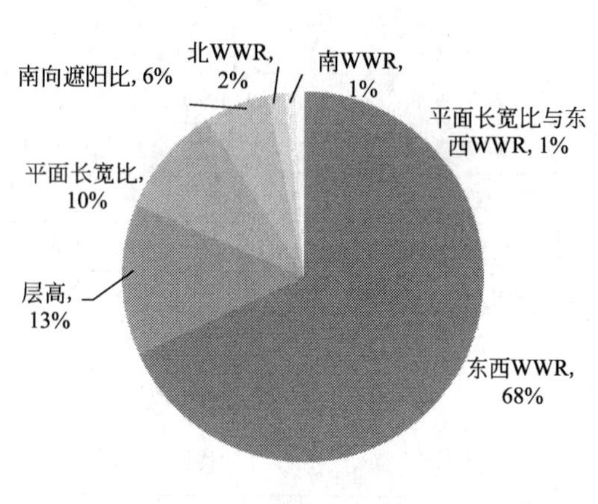

图 5-4　四种构造工况下变量的贡献率饼图

注：工况 1 为普通构造＋中等透过性能玻璃，工况 2 为普通构造＋高透过性能玻璃，工况 3 为被动式构造＋中等透过性能玻璃，工况 4 为被动式构造＋高透过性能玻璃。

(2) 南向窗墙比、北向窗墙比、南向遮阳比对于总能耗的影响程度根据不同的构造工况而呈现出较为明显的变化，需要区别对待。

5.2.4　确定节能优化设计方案

在前面筛选出正交试验的主要影响变量之后，本节将计算主要影响变量或交互作用各水平的平均能耗，以平均能耗较低值对应的变量水平作为优化设计方案的取值，经组合进而获得优化设计方案。

举个例子，在构造工况 1 下，层高水平 1 对应的平均能耗为

(39.29+38.73+39.89+38.98+38.40+39.19+38.95+38.03+38.64)/9=38.90

对于构造工况 1 而言，优化方案中各变量的水平分别为：层高、东西向窗墙比取水平 1，北向窗墙比、南向遮阳比取水平 2，平面长宽比、南向窗墙比取水平 3，具体计算过程见表 5-10，优化设计方案见表 5-11。

构造工况 1 下主要影响变量各水平的平均能耗 [kWh/(m^2·a)]　　表 5-10

主要影响变量	水平 1	水平 2	水平 3
层高	**38.90**	39.76	40.69
平面长宽比	40.20	39.73	**39.41**
南 WWR	40.33	39.61	**39.40**
东西 WWR	**39.15**	39.62	40.57
北 WWR	40.03	**39.60**	39.71
南向遮阳比	39.75	**39.70**	39.89

注：1. 工况 1 为普通构造+中等透过性能玻璃；
2. 表中的黑体字即变量各水平平均能耗的较低值。

构造工况 1 下节能优化方案　　表 5-11

层高(m)	平面长宽比(m)	南向窗墙比	东西向窗墙比	北向窗墙比	南向遮阳比	总能耗[kWh/(m^2·a)]
3.6	1.5	0.7	0.3	0.5	0.3	37.20

注：工况 1 为普通构造+中等透过性能玻璃。

对于构造工况 2 而言，优化方案中各变量的水平分别为：层高、东西向窗墙比、北向窗墙比取水平 1，南向遮阳比取水平 2，平面长宽比、南向窗墙比取水平 3，交互作用平均能耗的计算维持原结果，具体计算过程见表 5-12，优化设计方案见表 5-13。

构造工况 2 下主要影响变量各水平的平均能耗 [kWh/(m^2·a)]　　表 5-12

(1)六个变量各水平的平均能耗

变量	水平 1	水平 2	水平 3
层高	**38.17**	39.30	40.40
平面长宽比	39.91	39.20	**38.76**
南 WWR	39.74	39.18	**38.95**
东西 WWR	**37.89**	39.21	40.77
北 WWR	**38.99**	39.23	39.64
南向遮阳比	39.51	**39.14**	39.23

续表

(2)平面长宽比与东西向窗墙比交互作用各水平的平均能耗				
	平面长宽比			
东西 WWR	—	水平 1	水平 2	水平 3
	水平 1	38.30	37.85	37.52
	水平 2	39.84	39.09	38.69
	水平 3	41.60	40.67	40.05

注：1. 工况 2 为普通构造+高透过性能玻璃；
2. 表中的黑体字即变量各水平平均能耗的较低值。

构造工况 2 下节能优化方案 **表 5-13**

层高(m)	平面长宽比(m)	南向窗墙比	东西向窗墙比	北向窗墙比	南向遮阳比	总能耗[kWh/(m^2·a)]
3.6	1.5	0.7	0.3	0.3	0.3	35.68

注：工况 2 为普通构造+高透过性能玻璃。

对于构造工况 3 而言，优化方案中各变量的水平分别为：层高、东西向窗墙比取水平 1，北向窗墙比、南向遮阳比取水平 2，平面长宽比、南向窗墙比取水平 3，具体计算过程见表 5-14，优化设计方案见表 5-15。

构造工况 3 下主要影响变量各水平的平均能耗 [kWh/(m^2·a)] **表 5-14**

主要影响变量	水平 1	水平 2	水平 3
层高	**32.12**	32.54	33.06
平面长宽比	33.08	32.52	**32.12**
南 WWR	33.29	32.36	**32.07**
东西 WWR	**31.92**	32.39	33.42
北 WWR	32.92	**32.39**	32.42
南向遮阳比	32.62	**32.47**	32.63

注：1. 工况 3 为被动式构造+中等透过性能玻璃；
2. 表中的黑体字即变量各水平平均能耗的较低值。

构造工况 3 下节能优化方案 **表 5-15**

层高(m)	平面长宽比(m)	南向窗墙比	东西向窗墙比	北向窗墙比	南向遮阳比	总能耗[kWh/(m^2·a)]
3.6	1.5	0.7	0.3	0.5	0.3	30.13

注：工况 3 为被动式构造+中等透过性能玻璃。

对于构造工况 4 而言，优化方案中各变量的水平分别为：层高、东西向窗墙比、北向窗墙比取水平 1，南向窗墙比取水平 2，平面长宽比、南向遮阳比取水平 3，交互作用平均能耗的计算维持原结果，具体计算过程见表 5-16，优化设计方案见表 5-17。

构造工况4下主要影响变量各水平的平均能耗[kWh/(m²·a)] 表5-16

(1)六个变量各水平的平均能耗

变量	水平1	水平2	水平3
层高	**32.38**	33.14	33.88
平面长宽比	33.81	33.04	**32.54**
南WWR	33.30	**32.92**	33.18
东西WWR	**31.50**	33.02	34.87
北WWR	**32.91**	33.08	33.41
南向遮阳比	33.69	32.95	**32.76**

(2)层高与平面长宽比交互作用各水平的平均能耗

		平面长宽比		
	—	水平1	水平2	水平3
层高	水平1	32.87	32.43	31.85
	水平2	33.83	32.87	32.71
	水平3	34.74	33.83	33.06

(3)平面长宽比与东西向窗墙比交互作用各水平的平均能耗

		平面长宽比		
		水平1	水平2	水平3
东西WWR	水平1	31.84	31.38	31.27
	水平2	33.88	32.84	32.35
	水平3	35.71	34.91	34.00

注：1.工况4为被动式构造+高透过性能玻璃；
2.表中的黑体字即变量各水平平均能耗的较低值。

构造工况4下节能优化方案 表5-17

层高(m)	平面长宽比(m)	南向窗墙比	东西向窗墙比	北向窗墙比	南向遮阳比	总能耗[kWh/(m²·a)]
3.6	1.5	0.5	0.3	0.3	0.5	29.67

注：工况4为被动式构造+高透过性能玻璃。

以上针对天津点式高层办公建筑的节能整合设计，在四种构造工况下，通过六项空间设计和表皮设计要素的分析，分别获得节能优化方案。与点式典型模型相比，四种构造工况下优化方案的节能率分别达到5.0%、8.9%、23.0%和24.2%，工况4下优化方案的节能率最高（图5-5）。

对比优化方案的分项能耗结果，工况1下优化方案的结果与典型模型相似；工况2更换了高透过性能玻璃，优化方案的照明和采暖能耗降低，而制冷能耗增加，总能耗之中制冷能耗的占比增大。工况3和工况4的分项能耗占比相似。工况4在工况1基础上改动最大，围护结构保温性能和外窗透过性能的同步提升，带来采暖能耗大幅降低，同时照明能耗降低，而制冷能耗增加，总能耗中制冷能耗占到了绝对的优势，照明、采暖、制冷能耗占总能耗的比例分别为24.1%、13.8%、62.1%。此时，夏季制冷能耗过高已经构成了建筑节能当中的主要矛盾，这点与工况1下的特征存在较大的差异。

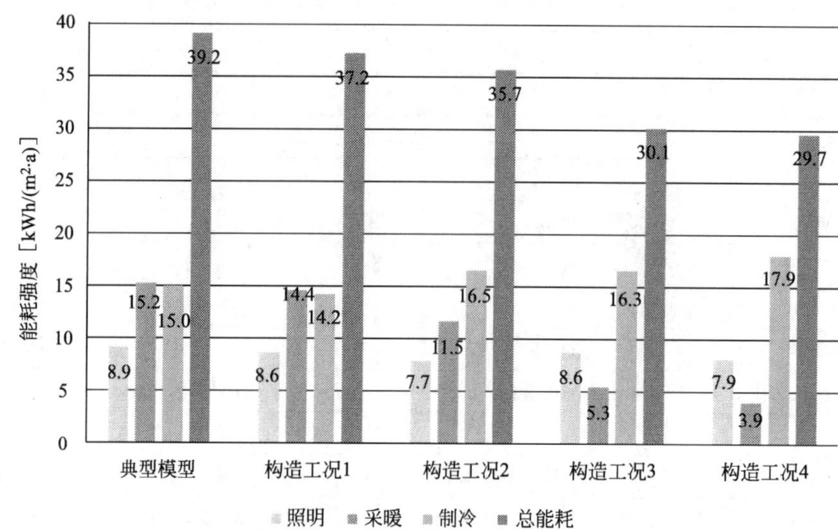

图 5-5 天津地区点式高层办公建筑在四种构造工况下节能优化方案的能耗对比

从表 5-18 可以看出，在不同的构造工况下，优化方案的取值有很大的相似性。

四种构造工况下节能优化方案的对比 **表 5-18**

序号	层高 (m)	平面长宽比 (m)	南向窗墙比	东西向窗墙比	北向窗墙比	南向遮阳比	总能耗 [kWh/(m^2·a)]
工况 1	3.6	1.5	0.7	0.3	0.5	0.3	37.20
工况 2	3.6	1.5	0.7	0.3	0.3	0.3	35.68
工况 3	3.6	1.5	0.7	0.3	0.5	0.3	30.13
工况 4	3.6	1.5	0.5	0.3	0.3	0.5	29.67

注：工况 1 为普通构造＋中等透过性能玻璃，工况 2 为普通构造＋高透过性能玻璃，工况 3 为被动式构造＋中等透过性能玻璃，工况 4 为被动式构造＋高透过性能玻璃。

（1）根据上文中方差分析可知，东西向窗墙比、层高、平面长宽比这三项变量对于总能耗的影响都较大，四种构造工况下优化方案这三项变量的取值是相同的：层高与东西向窗墙比均取较小值、平面长宽比均取较大值。

（2）对于南向窗墙比、北向窗墙比、南向遮阳比而言，工况 3 下优化方案取值与工况 1 完全相同，南向窗墙比取较大值、北向窗墙比取中值、南向遮阳比取中值；在工况 2 下，与前两者的区别在于北向窗墙比取较小值；在工况 4 下，区别在于南向窗墙比取中值、北向窗墙比取较小值、南向遮阳比取较大值。

从变量对能耗影响的角度对试验结果展开分析（图 5-6），将各变量三个水平对应的平均能耗绘制成趋势图，结果表明：

（1）适当降低建筑层高、选择较大的平面长宽比和减少东西向窗墙比这三项节能设计策略在所有的四种构造工况下均能够带来较为明显的节能效果。

（2）南向窗墙比对于能耗的影响需要区分不同的构造工况来对待，一般而言，南向窗墙比增加则总能耗降低；但在工况 4 的情况下，南向窗墙比对能耗的影响并不明显，过大或者过小均不利于节能。

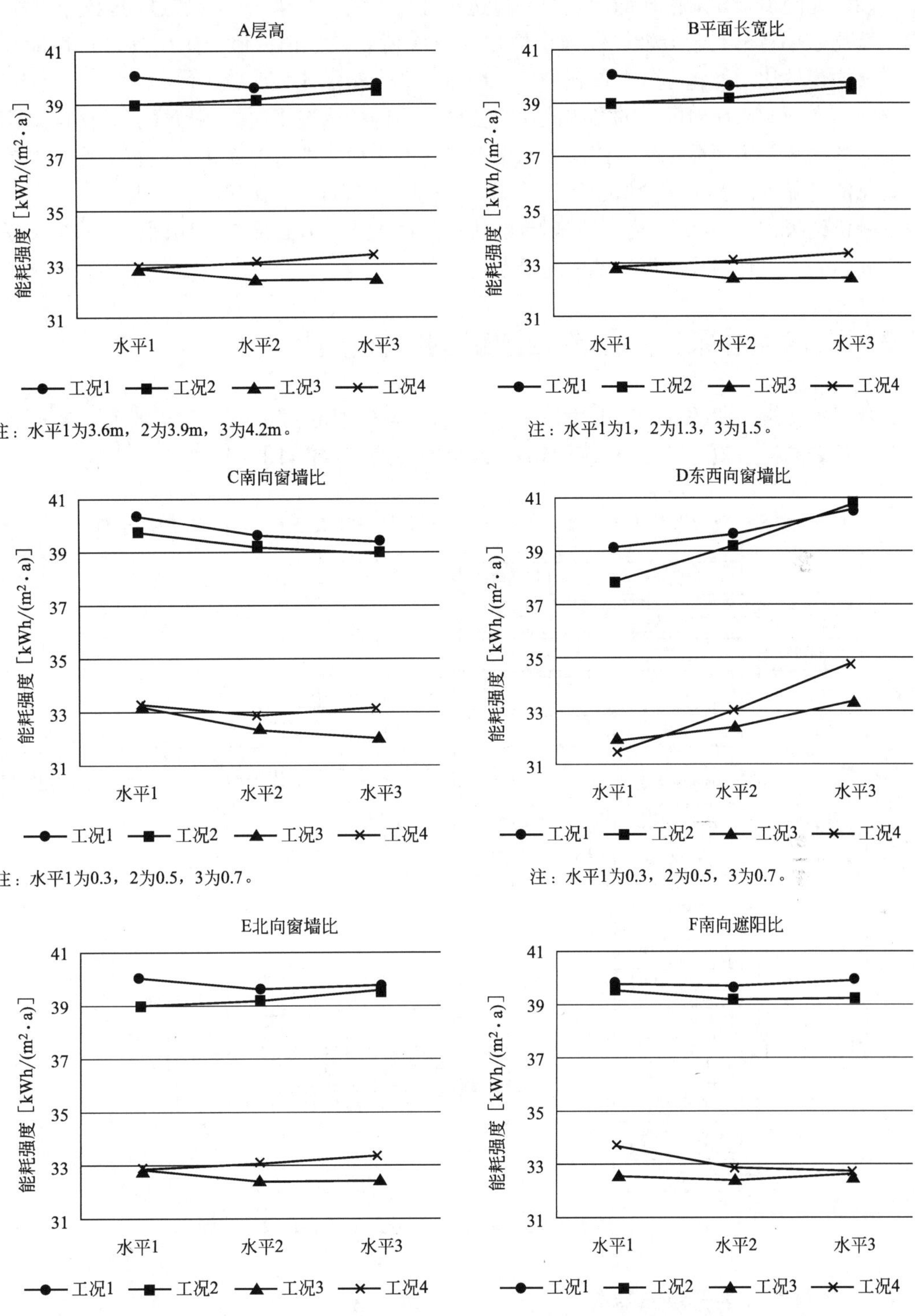

图 5-6　不同构造工况下变量对应的能耗变化趋势图

注：工况 1 为普通构造＋中等透过性能玻璃，工况 2 为普通构造＋高透过性能玻璃，工况 3 为被动式构造＋中等透过性能玻璃，工况 4 为被动式构造＋高透过性能玻璃。

(3) 北向窗墙比对能耗的影响与外窗透过性能有关，当采用中等透过性能外窗时，北向窗墙比过小将不利于节能，北向窗墙比宜取中值或较大值；但当采用高透过性能外窗时，北向窗墙比增加将导致总能耗增加，因此，北向窗墙比宜取较小值。

(4) 南向遮阳比对能耗的影响同样需要区分不同的构造工况，一般而言，南向遮阳比对能耗的影响并不明显，南向遮阳比取中值时能产生微弱的节能效果，但在工况 4 的情况下，总能耗随南向遮阳比的增加而显著降低，此时，南向遮阳比宜取较大值。

分析结果进一步证明，为了实现节能效果的最大化，有必要在节能设计中综合考虑建筑空间、表皮设计与构造设计方面的要素。

5.3 天津地区条式高层办公建筑的优化设计

基于本文第 4 章的分析，天津地区条式高层办公建筑分解为 16 项子要素，通过单一变量下建筑能耗的敏感度分析，筛选出关键影响要素 12 项（图 5-7）。

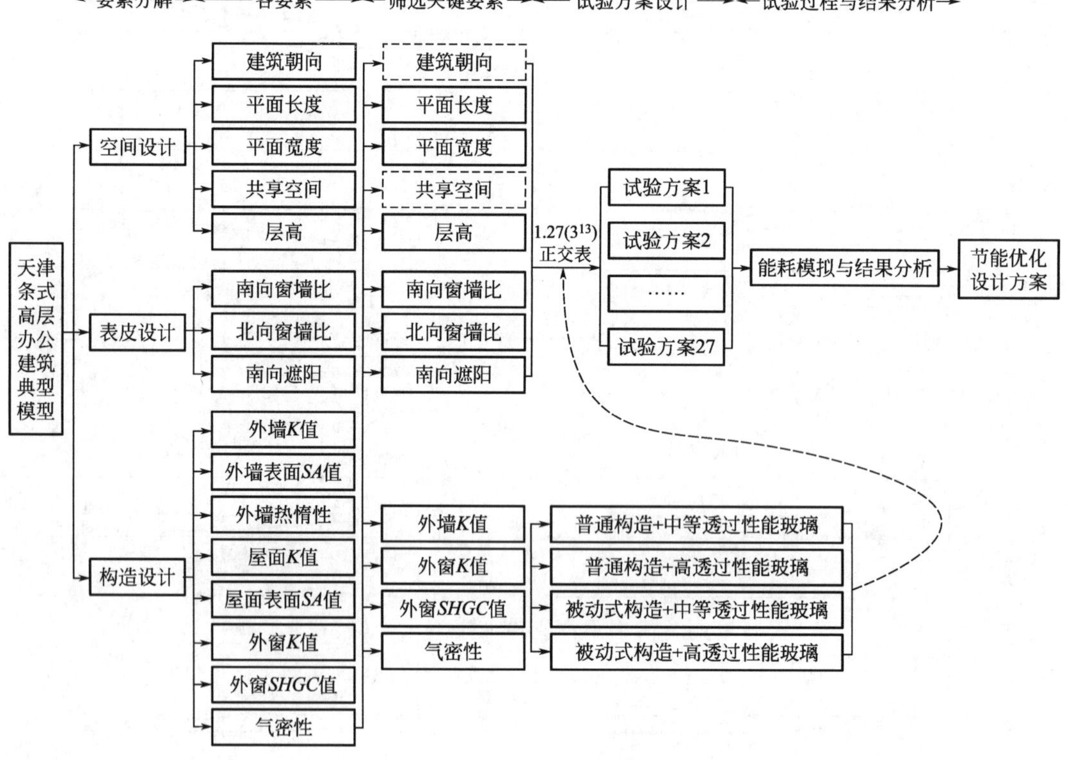

图 5-7 天津地区条式高层办公建筑的节能整合设计流程

5.3.1 设计要素的分解和筛选

天津地区条式高层办公建筑的优化设计，考虑的变量包含 12 项关键变量中的 10 项，保持关键变量中的建筑朝向为常见的最佳朝向——南向不改变，设计过程中未考虑平面内部增设共享空间的情况（表 5-19）。

天津地区条式高层办公建筑的节能整合设计变量列表 **表 5-19**

变量类型	变量名称	变量取值
空间设计	A 平面长度(m)	50/60/75
	B 平面宽度(m)	18/22/28
	C 层高(m)	3.6/3.9/4.2
表皮设计	D 南向窗墙比	0.3/0.5/0.7
	E 北向窗墙比	0.3/0.5/0.7
	F 南向遮阳比	0/0.3/0.5
构造设计	G 外墙 K 值[W/(m^2·K)]	0.15/0.5
	H 外窗 K 值[W/(m^2·K)]	1/2.4
	I 外窗 *SHGC* 值	0.4/0.6
	J 气密性(ACH)	0.1/0.2

将构造设计变量统一设定为四种构造设计的工况（表 5-20），同时，六项空间和表皮设计变量统一为三个取值，分别是较小值、中值和较大值。

天津地区条式高层办公建筑的节能整合设计考虑的四种构造工况 **表 5-20**

序号	描　述	外墙 K 值 [W/(m^2·K)]	外窗 K 值 [W/(m^2·K)]	气密性 (ACH)	外窗 *SHGC*
工况 1	普通构造＋中等透过性能玻璃	0.5	2.4	0.2	0.4
工况 2	普通构造＋高透过性能玻璃	0.5	2.4	0.2	0.6
工况 3	被动式构造＋中等透过性能玻璃	0.15	1.0	0.1	0.4
工况 4	被动式构造＋高透过性能玻璃	0.15	1.0	0.1	0.6

5.3.2 多变量试验方案的设计

本次考虑的变量为六项空间和表皮设计变量，均为三水平，还包括两个交互作用，分别为平面长度与平面宽度（$A\times B$）、平面宽度与南向窗墙比（$B\times D$）。选择 L27（3^{13}）正交表来安排试验，能够满足试验变量个数以及正交试验自由度的要求，正交试验安排与能耗模拟结果见表 5-21。

天津地区条式高层办公建筑的正交试验与能耗模拟结果 **表 5-21**

试验序号	1	2	3	4	5	6	7	8	9	10	11	12	13	总能耗[kWh/(m^2·a)]			
	A	$A\times B$	B	$A\times B$	C	D	E	F	空	$B\times D$	$B\times D$	空	空	工况 1	工况 2	工况 3	工况 4
1	50	1	18	1	3.6	0.3	0.3	0	1	1	1	1	1	40.29	36.94	32.39	29.39
2	50	1	18	1	3.9	0.5	0.5	0.3	2	2	2	2	2	38.58	36.42	29.53	28.29
3	50	1	18	1	4.2	0.7	0.7	0.5	3	3	3	3	3	40.13	38.66	30.19	29.96
4	50	2	22	2	3.6	0.3	0.3	0.3	2	2	3	3	3	41.46	38.37	34.66	31.80
5	50	2	22	2	3.9	0.5	0.5	0.5	3	3	1	1	1	40.23	38.37	32.53	31.07

续表

试验序号	1	2	3	4	5	6	7	8	9	10	11	12	13	总能耗[kWh/(m^2·a)]			
	A	*A*×*B*	*B*	*A*×*B*	*C*	*D*	*E*	*F*	空	*B*×*D*	*B*×*D*	空	空	工况 1	工况 2	工况 3	工况 4
6	50	2	22	2	4.2	0.7	0.7	0	1	1	2	2	2	40.80	40.23	32.62	33.98
7	50	3	28	3	3.6	0.3	0.3	0.5	3	3	2	2	2	42.43	40.08	36.60	34.42
8	50	3	28	3	3.9	0.5	0.5	0	1	1	3	3	3	41.08	40.03	34.67	34.04
9	50	3	28	3	4.2	0.7	0.7	0.3	2	2	1	1	1	41.57	40.65	34.39	34.19
10	60	1	22	3	3.6	0.5	0.7	0	2	3	1	2	3	39.11	38.16	32.18	32.05
11	60	1	22	3	3.9	0.7	0.3	0.3	3	1	2	3	1	39.49	37.03	31.89	30.55
12	60	1	22	3	4.2	0.3	0.5	0.5	1	2	3	1	2	42.03	39.90	34.36	32.51
13	60	2	28	1	3.6	0.5	0.7	0.3	3	1	3	1	2	40.19	39.03	34.26	33.45
14	60	2	28	1	3.9	0.7	0.3	0.5	1	2	1	2	3	40.98	38.98	34.47	32.88
15	60	2	28	1	4.2	0.3	0.5	0	2	3	2	3	1	42.51	41.17	36.02	34.97
16	60	3	18	2	3.6	0.5	0.7	0.5	1	2	2	3	1	37.94	36.25	29.55	28.50
17	60	3	18	2	3.9	0.7	0.3	0	2	3	3	1	2	38.50	36.15	29.88	30.52
18	60	3	18	2	4.2	0.3	0.5	0.3	3	1	1	2	3	40.53	38.06	31.45	29.39
19	75	1	28	2	3.6	0.7	0.5	0	3	2	1	3	2	39.29	38.34	33.53	33.53
20	75	1	28	2	3.9	0.3	0.7	0.3	1	3	2	1	3	41.81	40.48	35.84	34.82
21	75	1	28	2	4.2	0.5	0.3	0.5	2	1	3	2	1	41.38	39.44	34.81	33.14
22	75	2	18	3	3.6	0.7	0.5	0.3	1	3	3	2	1	36.27	34.19	28.00	27.71
23	75	2	18	3	3.9	0.3	0.7	0.5	2	1	1	3	2	40.09	37.97	31.79	30.00
24	75	2	18	3	4.2	0.5	0.3	0	3	2	2	1	3	39.12	36.60	30.23	29.21
25	75	3	22	1	3.6	0.7	0.5	0.5	2	1	2	1	3	38.41	36.58	31.34	30.16
26	75	3	22	1	3.9	0.3	0.7	0	3	2	3	2	1	40.93	39.58	33.99	32.99
27	75	3	22	1	4.2	0.5	0.3	0.3	1	3	1	3	2	40.13	37.68	32.43	30.56

注：1. *A* 为平面长度，*B* 为平面宽度，*C* 为层高，*D* 为南向窗墙比，*E* 为北向窗墙比，*F* 为南向遮阳比；
2. 工况 1 为普通构造＋中等透过性能玻璃，工况 2 为普通构造＋高透过性能玻璃，工况 3 为被动式构造＋中等透过性能玻璃，工况 4 为被动式构造＋高透过性能玻璃。

5.3.3 多变量试验的结果分析

借助 SPSS 软件，在 95%的置信区间下，依据显著性<0.05 的原则筛选出主要影响变量。根据 *F* 值的大小来判定影响程度的高低，*F* 值越大，则代表影响程度越高。

构造工况 1，所有的六项变量对总能耗的影响均明显，主要影响变量及影响程度为：平面宽度、南向窗墙比>层高>平面长度>北向窗墙比、南向遮阳比。平面宽度、南向窗墙比的贡献率高出其他，分别为 39.08%和 32.25%（表 5-22）。

条式高层办公建筑在构造工况 1 下正交试验结果的方差分析　　表 5-22

变量	Ⅲ类平方和	自由度	均方	F	显著性	贡献率(%)
平面长度	4.679	2	2.340	35.633	0.000	8.36
平面宽度	21.873	2	10.936	166.554	0.000	39.08
层高	9.117	2	4.559	69.425	0.000	16.29
南 WWR	18.049	2	9.025	137.440	0.000	32.25
北 WWR	1.416	2	0.708	10.784	0.010	2.53
南向遮阳比	0.719	2	0.359	5.474	0.044	1.28
平面长度与平面宽度	0.078	4	0.019	0.297	0.870	0.07
平面宽度与南 WWR	0.154	4	0.038	0.585	0.686	0.14
误差	0.394	6	0.066	—	—	—

注：工况 1 为普通构造＋中等透过性能玻璃。

构造工况 2 下，所有的六项变量对总能耗的影响均明显，主要影响变量及影响程度为：平面宽度＞层高、南向窗墙比＞北向窗墙比、平面长度＞南向遮阳比。平面宽度的贡献率明显高出其他，达到 55.02%（表 5-23）。

条式高层办公建筑在构造工况 2 下正交试验结果的方差分析　　表 5-23

变量	Ⅲ类平方和	自由度	均方	F	显著性	贡献率(%)
平面长度	4.415	2	2.208	27.673	0.001	6.00
平面宽度	40.483	2	20.242	253.737	0.000	55.02
层高	11.602	2	5.801	72.717	0.000	15.77
南 WWR	9.293	2	4.647	58.248	0.000	12.63
北 WWR	5.973	2	2.987	37.438	0.000	8.12
南向遮阳比	1.762	2	0.881	11.047	0.010	2.40
平面长度与平面宽度	0.078	4	0.019	0.244	0.903	0.05
平面宽度与南 WWR	0.022	4	0.006	0.070	0.989	0.02
误差	0.479	6	0.080	—	—	—

注：工况 2 为普通构造＋高透过性能玻璃。

构造工况 3 下，所有的六项变量对总能耗的影响均明显，主要影响变量及影响程度为：平面宽度、南向窗墙比＞北向窗墙比、平面长度、层高、南向遮阳比。平面宽度的贡献率明显高出其他，其次是南向窗墙比（表 5-24）。

条式高层办公建筑在构造工况 3 下正交试验结果的方差分析　　表 5-24

变量	Ⅲ类平方和	自由度	均方	F	显著性	贡献率(%)
平面长度	1.792	2	0.896	17.611	0.003	1.39
平面宽度	96.408	2	48.204	947.450	0.000	74.68
层高	0.885	2	0.442	8.697	0.017	0.69
南 WWR	27.157	2	13.578	266.880	0.000	21.04
北 WWR	1.966	2	0.983	19.324	0.002	1.52

续表

变量	Ⅲ类平方和	自由度	均方	F	显著性	贡献率(%)
南向遮阳比	0.724	2	0.362	7.118	0.026	0.56
平面长度与平面宽度	0.044	4	0.011	0.214	0.921	0.02
平面宽度与南 WWR	0.284	4	0.071	1.396	0.340	0.11
误差	0.305	6	0.051	—	—	—

注：工况 3 为被动式构造＋中等透过性能玻璃。

构造工况 4 下，五项变量对总能耗的影响明显，主要影响变量及影响程度依次为：平面宽度＞南向遮阳比、南向窗墙比、北向窗墙比＞层高。平面宽度的贡献率明显高出其他，达到 82.31%（表 5-25）。

条式高层办公建筑在构造工况 4 下正交试验结果的方差分析　　表 5-25

变量	Ⅲ类平方和	自由度	均方	F	显著性	贡献率(%)
平面长度	1.403	2	0.701	2.954	0.128	1.15
平面宽度	100.365	2	50.182	211.347	0.000	82.31
层高	2.681	2	1.341	5.646	0.042	2.20
南 WWR	5.779	2	2.889	12.169	0.008	4.74
北 WWR	4.623	2	2.312	9.736	0.013	3.79
南向遮阳比	6.170	2	3.085	12.992	0.007	5.06
平面长度与平面宽度	0.973	4	0.243	1.025	0.465	0.40
平面宽度与南 WWR	0.850	4	0.213	0.895	0.521	0.35
误差	1.425	6	0.237	—	—	—

注：工况 4 为被动式构造＋高透过性能玻璃。

对比四种构造工况下方差分析结果，表 5-26、图 5-8 是对变量的贡献率排序。

条式高层办公建筑在四种构造工况下变量按照贡献率大小排序　　表 5-26

工况类型	贡献率＞20%	20%＞贡献率＞10%	10%＞贡献率＞3%	贡献率＜3%
1	平面宽度(39.08%)、南向窗墙比(32.25%)	层高(16.29%)	平面长度(8.36%)	北向窗墙比(2.53%)、南向遮阳比(1.28%)
2	平面宽度(55.02%)	层高(15.77%)、南向窗墙比(12.63%)	北向窗墙比(8.12%)、平面长度(6%)	南向遮阳比(2.4%)
3	平面宽度(74.68%)、南向窗墙比(21.04%)	—	—	北向窗墙比(1.52%)、平面长度(1.39%)、层高(0.69%)、南向遮阳比(0.56%)
4	平面宽度(82.31%)	—	南向遮阳比(5.06%)、南向窗墙比(4.74%)、北向窗墙比(3.79%)	层高(2.20%)

（1）在所有的构造工况下，六项变量中平面宽度对于能耗的影响均最高，平面宽度的贡献率＞20%；尤其是采用被动式构造的工况 3 和工况 4 条件下，平面宽度的影响程度明

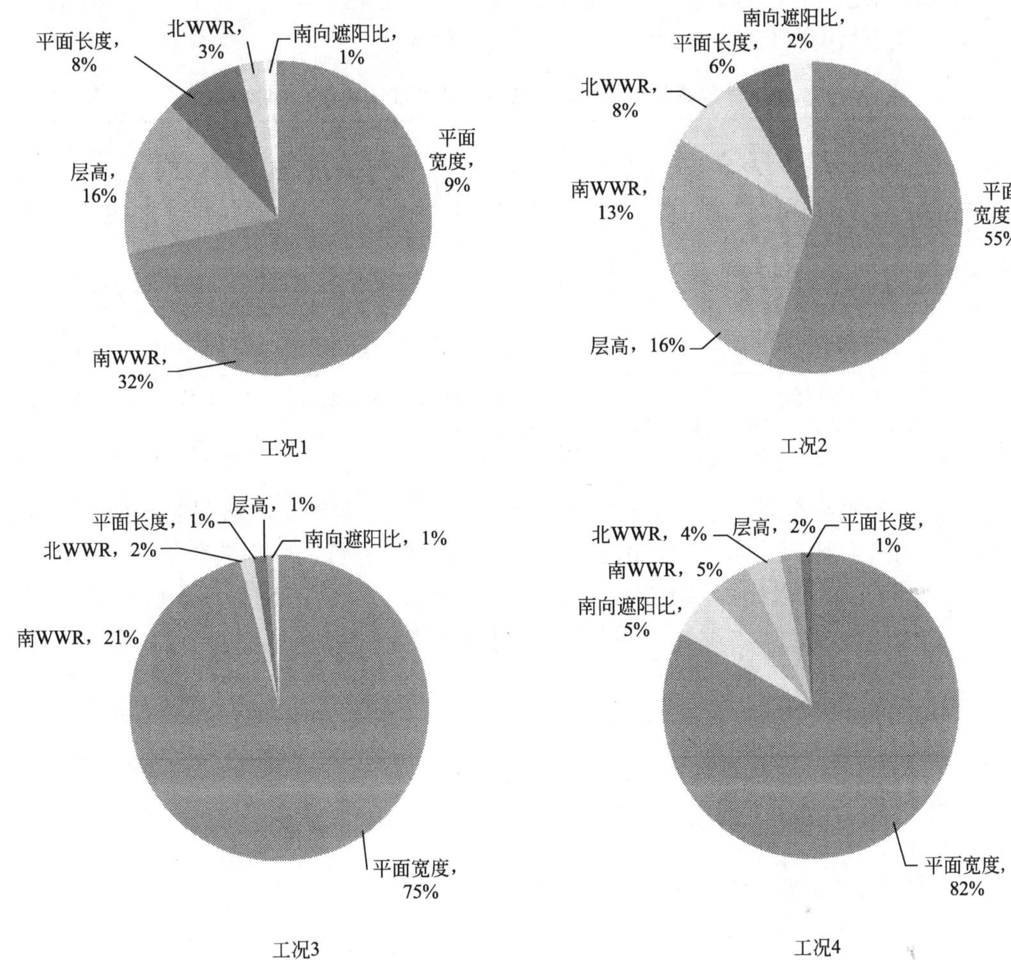

图 5-8　条式高层办公建筑在四种构造工况下变量的贡献率饼图

注：工况 1 为普通构造＋中等透过性能玻璃，工况 2 为普通构造＋高透过性能玻璃，工况 3 为被动式构造＋中等透过性能玻璃，工况 4 为被动式构造＋高透过性能玻璃。

显高于其他变量，贡献率＞70％，构成能耗的决定性影响因素。

（2）其他的五项空间和表皮设计变量对于总能耗的影响根据不同的构造工况而呈现十分明显的变化，所以需要加以区别对待。

5.3.4　确定节能优化设计方案

计算主要影响变量各水平对应的平均能耗值，以平均能耗较低值对应的变量水平作为优化方案的取值。在四种构造工况下，分别获得的优化设计结果见表 5-27。

在不同的构造工况下，优化设计方案的变量取值有很大的相似性：

（1）平面宽度、层高、南向遮阳比这三项变量的取值为：平面宽度与层高均取较小值、南向遮阳比均取中值；

（2）对于平面长度、南向窗墙比、北向窗墙比这三项变量而言，工况 3 下优化设计方案与工况 1 取值完全相同，平面长度和南向窗墙比取较大值、北向窗墙比取中值；在工况

2 下，与前两者之间的区别在于北向窗墙比取较小值；在工况 4 下，区别在于平面长度对能耗的影响变小且南向窗墙比取中值。

条式高层办公建筑分别在四种构造工况下的节能优化设计方案　　表 5-27

	平面长度（m）	平面宽度（m）	层高（m）	南向窗墙比	北向窗墙比	南向遮阳比	总能耗［kWh/(m^2·a)］
工况 1	75	18	3.6	0.7	0.5	0.3	36.27
工况 2	75	18	3.6	0.7	0.3	0.3	33.93
工况 3	75	18	3.6	0.7	0.5	0.3	28.00
工况 4	—	18	3.6	0.5	0.5	0.3	27.42

注：1. 工况 1 为普通构造＋中等透过性能玻璃，工况 2 为普通构造＋高透过性能玻璃，工况 3 为被动式构造＋中等透过性能玻璃，工况 4 为被动式构造＋高透过性能玻璃；

2. 表中“—”代表变量的影响未通过显著性检验，以典型值代替。

以上针对天津条式高层办公建筑的节能整合设计，借助正交试验法安排能耗模拟试验，在四种构造工况下，通过六项空间和表皮设计变量的分析，分别获得节能优化设计方案。与条式典型模型相比，四种构造工况下优化设计方案的节能率分别达到 7.3%、13.3%、28.5%和 30.0%，工况 4 下优化设计方案的节能率最高（图 5-9）。

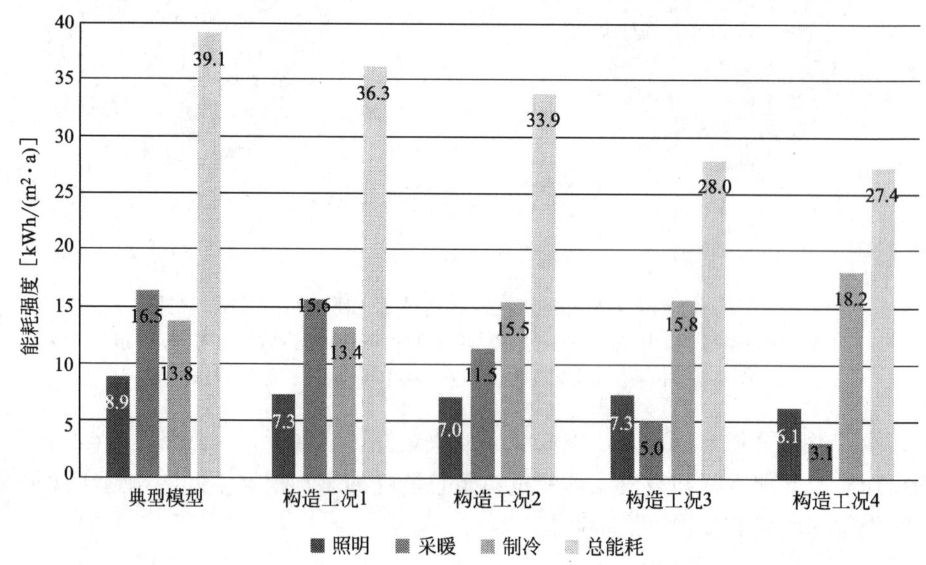

图 5-9　条式高层办公建筑在四种构造工况下节能优化设计方案的能耗对比

是从变量对能耗影响的角度对试验结果展开分析，将各变量三个水平对应的平均能耗绘制成趋势图（图 5-10），结果表明：

（1）采用平面宽度较小的浅近深平面形状，在所有的四种构造工况下均带来突出的节能效果；对于采用被动式构造的工况 3 和工况 4 而言，平面宽度对于建筑总能耗的影响尤其突出。

（2）平面长度增加以及层高降低能够使总能耗降低，但其影响程度需要区分不同的构造工况，对于采用普通构造的工况 1 和工况 2 而言，平面长度和层高对能耗的影响程度较

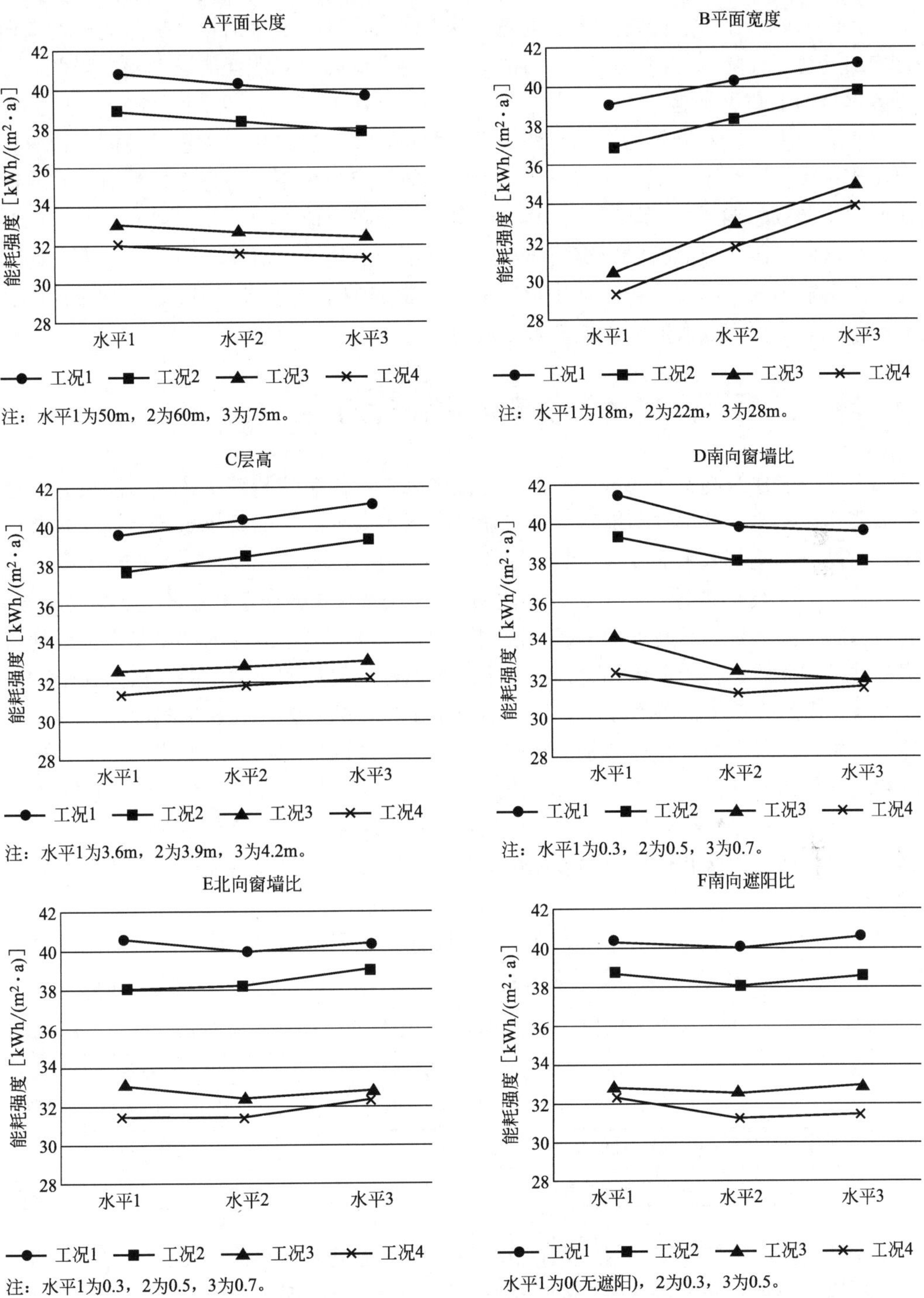

图 5-10　不同构造工况下变量对应的能耗变化趋势图

注：工况 1 为普通构造＋中等透过性能玻璃，工况 2 为普通构造＋高透过性能玻璃，工况 3 为被动式构造＋中等透过性能玻璃，工况 4 为被动式构造＋高透过性能玻璃。

高；而对于采用被动式构造的工况 3 和工况 4 而言，两者变化对能耗的影响并不明显。

（3）南向窗墙比对于能耗的影响需要区分不同的构造工况来对待，一般而言，南向窗墙比增加则总能耗降低；但在工况 4 的情况下，南向窗墙比对能耗的影响程度降低，且过大或者过小均不利于节能。

（4）北向窗墙比对能耗的影响与外窗透过性能有关，当采用中等透过性能外窗时，北向窗墙比过小将不利于节能，北向窗墙比宜取中值；但当采用高透过性能外窗时，北向窗墙比增加将导致总能耗增加，因此，北向窗墙比宜取较小值。

（5）南向遮阳比对能耗的影响同样需要区分不同的构造工况，一般而言，南向遮阳比对能耗的影响不大，南向遮阳比取中值时能产生微弱的节能效果，但在工况 4 的情况下，南向遮阳比取中值或较大值时节能效果更加明显。

5.4 寒冷地区不同城市的点式优化设计方案对比

被动式节能建筑起源于德国，并在世界范围内广泛传播。与满足建筑节能设计标准的普通节能建筑相比，被动式节能建筑的节能潜力更大、技术指标要求更严。被动式节能建筑被认为是节能建筑未来的发展趋势。

在德国的气候条件下，被动式节能建筑的实施途径主要在于几乎不与外界进行热交换，通过高保温隔热和密封性能的建筑围护结构，以及可再生能源的利用实现低能耗。我国寒冷地区的气候条件与德国相比具有一定的相似性，但具体而细微的气候差异仍有待挖掘；并且，两地在施工经验和水平，以及运行中使用者的行为习惯、采暖和制冷的方式以及能源供给方式等方面都存在差别。目前，河北省已经以地方标准的形式颁布了《被动式低能耗居住建筑节能设计标准》，但该标准存在形式与指标与德国标准过于相似的问题。

为了便于因地制宜地开展被动式节能建筑设计，利用济南、郑州、西安三个城市的气象参数，寻找寒冷地区其他城市的节能最优解，探讨被动式节能建筑设计在各不同城市的差异性。

基于本章第 5.2 节的分析结果，推断最优解存在于采用被动式构造的两种工况中（表 5-28），于是，仅针对这两种工况展开分析。

正交试验法进行其他城市节能优化设计考虑的两种构造工况　　表 5-28

序号	描　述	外墙 K 值 [W/(m^2·K)]	外窗 K 值 [W/(m^2·K)]	气密性 (ACH)	外窗 $SHGC$
工况 3	被动式构造＋中等透过性能玻璃	0.15	1.0	0.1	0.4
工况 4	被动式构造＋高透过性能玻璃	0.15	1.0	0.1	0.6

正交试验表的选择和安排与第 5.2 节一致，由于这里包含两种工况、三个城市的分析内容，所以，模拟试验一共进行 27×2×3＝163 次，济南、郑州、西安三个城市的正交试验结果见表 5-29，能耗模拟结果位于表的右侧。

借助 SPSS 软件，对上述结果进行方差分析与显著性检验，筛选出各个城市点式高层办公建筑总能耗的主要影响变量（或交互作用），并按照重要程度（贡献率的大小）将其排序。此外，把第 5.2 节天津的分析结果也放过来，便于进行不同城市之间的对比。

寒冷地区其他城市正交试验的能耗模拟结果　　表 5-29

试验序号	1	2	3	4	5	6	7	8	9	10	11	12	13	总能耗(kWh/m^2. a)					
	A	$A\times B$	B	$A\times B$	C	D	E	F	空	$B\times D$	$B\times D$	空	空	济南		郑州		西安	
														工况 3	工况 4	工况 3	工况 4	工况 3	工况 4
1	3.6	1	1	1	0.3	0.3	0.3	0	1	1	1	1	1	31.44	30.48	30.94	30.56	31.54	30.55
2	3.6	1	1	1	0.5	0.5	0.5	0.3	2	2	2	2	2	30.60	31.96	30.61	32.48	30.87	31.59
3	3.6	1	1	1	0.7	0.7	0.7	0.5	3	3	3	3	3	31.57	34.28	31.88	35.05	31.78	33.56
4	3.6	2	1.3	2	0.3	0.3	0.3	0.3	2	2	3	3	3	31.11	29.71	30.51	29.79	31.27	29.96
5	3.6	2	1.3	2	0.5	0.5	0.5	0.5	3	3	1	1	1	30.15	31.06	30.20	31.66	30.58	31.01
6	3.6	2	1.3	2	0.7	0.7	0.7	0	1	1	2	2	2	31.27	35.03	31.70	36.01	31.40	33.75
7	3.6	3	1.5	3	0.3	0.3	0.3	0.5	3	3	2	2	2	30.97	29.27	30.33	29.39	31.18	29.68
8	3.6	3	1.5	3	0.5	0.5	0.5	0	1	1	3	3	3	29.95	31.63	30.08	32.37	30.38	31.22
9	3.6	3	1.5	3	0.7	0.7	0.7	0.3	2	2	1	1	1	30.44	33.40	30.85	34.34	30.82	32.59
10	3.9	1	1.3	3	0.3	0.5	0.7	0	2	3	1	2	3	31.25	32.70	31.40	33.30	31.60	32.51
11	3.9	1	1.3	3	0.5	0.7	0.3	0.3	3	1	2	3	1	31.97	33.72	31.81	34.15	31.99	33.01
12	3.9	1	1.3	3	0.7	0.3	0.5	0.5	1	2	3	1	2	29.98	30.51	30.11	31.27	30.59	30.57
13	3.9	2	1.5	1	0.3	0.5	0.7	0.3	3	1	3	1	2	30.85	31.88	30.94	32.50	31.29	31.91
14	3.9	2	1.5	1	0.5	0.7	0.3	0.5	1	2	1	2	3	31.64	32.79	31.48	33.24	31.78	32.41
15	3.9	2	1.5	1	0.7	0.3	0.5	0	2	3	2	3	1	29.94	32.02	30.19	32.96	30.36	31.23
16	3.9	3	1	2	0.3	0.5	0.7	0.5	1	2	2	3	1	31.68	32.87	31.73	33.39	31.91	32.70
17	3.9	3	1	2	0.5	0.7	0.3	0	2	3	3	1	2	32.70	35.34	32.62	35.80	32.54	34.23
18	3.9	3	1	2	0.7	0.3	0.5	0.3	3	1	1	2	3	30.43	31.36	30.47	32.00	30.80	31.00
19	4.2	1	1.5	2	0.3	0.7	0.5	0	3	2	1	3	2	32.16	34.25	32.28	34.84	32.39	33.82
20	4.2	1	1.5	2	0.5	0.3	0.7	0.3	1	3	2	1	3	30.05	31.15	30.36	32.02	30.75	31.21
21	4.2	1	1.5	2	0.7	0.5	0.3	0.5	2	1	3	2	1	31.05	32.10	31.01	32.81	31.45	31.81
22	4.2	2	1	3	0.3	0.7	0.5	0.3	1	3	3	2	1	33.09	35.49	33.14	35.95	33.08	34.80
23	4.2	2	1	3	0.5	0.3	0.7	0.5	2	1	1	3	2	31.02	31.63	31.16	32.31	31.49	31.73
24	4.2	2	1	3	0.7	0.5	0.3	0	3	2	2	1	3	32.15	34.91	32.19	35.60	32.11	33.63
25	4.2	3	1.3	1	0.3	0.7	0.5	0.5	2	1	2	1	3	32.60	34.36	32.63	34.91	32.73	34.01
26	4.2	3	1.3	1	0.5	0.3	0.7	0	3	2	3	2	1	30.69	32.30	31.00	33.20	31.22	32.02
27	4.2	3	1.3	1	0.7	0.5	0.3	0.3	1	3	1	3	2	31.32	33.08	31.26	33.75	31.51	32.31

注：1. A 为层高，B 为平面长宽比，C 为南向窗墙比，D 为东西向窗墙比，E 为北向窗墙比，F 为南向遮阳比；
2. 工况 3 为被动式构造＋中等透过性能玻璃，工况 4 为被动式构造＋高透过性能玻璃。

在被动式构造＋中等透过性能玻璃条件下，对于所有的四个城市而言，归纳出以下特征（表 5-30）：

（1）六项空间和表皮设计变量中对总能耗影响最大的都是东西向窗墙比，贡献率区间为 38%～54%；

工况 3 下不同城市设计变量按照贡献率大小排序 **表 5-30**

城市	工况类型	贡献率＞20％	20％＞贡献率＞10％	10％＞贡献率＞3％	贡献率＜3％
天津	3	东西向窗墙比(38.05％)、南向窗墙比(26.04)	平面长宽比(14.93％)、层高(14.26％)	北向窗墙比(5.92％)	南向遮阳比(0.52％)
济南	3	东西向窗墙比(41.6％)	南向窗墙比(16.9％)、平面长宽比(16.4％)、层高(12.4％)、北向窗墙比(11.3％)	—	南向遮阳比(0.8％)
郑州	3	东西向窗墙比(54.1％)	层高(18.5％)、平面长宽比(15.4％)	南向窗墙比(7.6％)	南向遮阳比(1.9％)、北向窗墙比(1.8％)、平面长宽比与东西向窗墙比(0.5％)、层高与平面长宽比(0.2％)
西安	3	东西向窗墙比(39.1％)、层高(20.3％)	南向窗墙比(19.1％)、平面长宽比(14.0％)	北向窗墙比(6.4％)	南向遮阳比(0.7％)

注：工况 3 为被动式构造＋中等透过性能玻璃。

(2) 平面长宽比、层高的影响程度居中，贡献率区间约为 10％～20％；

(3) 南向窗墙比、北向窗墙比对能耗的影响需要区分不同的城市来分别对待，总的来说，这两项变量对能耗的影响程度在天津、济南、西安三个城市会更高一些；

(4) 南向遮阳比对总能耗的影响并不大，贡献率均＜3％。

在被动式构造＋高透过性能玻璃前提下，对于四个城市而言，归纳出以下特征（表 5-31)：

工况 4 下不同城市设计变量按照贡献率大小排序 **表 5-31**

城市	工况类型	贡献率＞20％	20％＞贡献率＞10％	10％＞贡献率＞3％	贡献率＜3％
天津	4	东西向窗墙比(67.75％)	层高(13.2％)	平面长宽比(9.7％)、南向遮阳比(5.71％)	北向窗墙比(1.53％)、南向窗墙比(0.87％)、平面长宽比与东西向窗墙比(0.82％)、层高与平面长宽比(0.41％)
济南	4	东西向窗墙比(68.2％)	层高(11.5％)	南向遮阳比(7.5％)、平面长宽比(7.3％)	南向窗墙比(2.9％)北向窗墙比(1.1％)、平面长宽比与东西向窗墙比(1.0％)、层高与平面长宽比(0.5％)
郑州	4	东西向窗墙比(63.5％)	层高(12.6％)	南向遮阳比(8.0％)、南向窗墙比(6.0％)、平面长宽比(5.1％)、北向窗墙比(3.3％)	平面长宽比与东西向窗墙比(1.0％)、层高与平面长宽比(0.5％)
西安	4	东西向窗墙比(69.4％)	层高(15.4％)	平面长宽比(7.4％)、南向遮阳比(4.0％)	北向窗墙比(2.3％)、平面长宽比与东西向窗墙比(0.7％)、南向窗墙比(0.5％)、层高与平面长宽比(0.2％)

注：工况 4 为被动式构造＋高透过性能玻璃。

（1）六项空间和表皮设计变量中仍属东西向窗墙比对总能耗的影响最为突出，其贡献率均达到 60%以上，明显高出其他；

（2）其次是层高，层高的贡献率区间在 10%～15%之间；

（3）平面长宽比、南向遮阳比这两项变量的影响居中，贡献率区间在 3%～10%之间；

（4）在除了郑州以外的其他三个城市中，南向窗墙比、北向窗墙比这两项变量对能耗的影响都不大，贡献率均<3%。

计算分析获得的主要影响变量或交互作用各个水平对应的平均能耗，确定各个变量的最优水平，组合构成各个城市的节能优化设计方案，具体的计算过程不再展开论述，优化方案是分别在两种构造工况的基础上获得的（表 5-32）。

正交试验法确定不同城市的优化设计方案　　　　**表 5-32**

城市	工况	层高（m）	变量					总能耗[kWh/(m^2·a)]
			平面长宽比	南向窗墙比	东西向窗墙比	北向窗墙比	南向遮阳比	
天津	3	3.6	1.5	0.7	0.3	0.5	0.3	30.13
	4	**3.6**	**1.5**	**0.5**	**0.3**	**0.3**	**0.5**	**29.67**
济南	**3**	**3.6**	**1.5**	**0.7**	**0.3**	**0.7**	**0.3**	**29.20**
	4	3.6	1.5	0.3	0.3	0.3	0.5	29.27
郑州	**3**	**3.6**	**1.5**	**0.5**	**0.3**	**0.5**	**0.3**	**29.30**
	4	3.6	1.5	0.3	0.3	0.3	0.5	29.39
西安	3	3.6	1.5	0.7	0.3	0.5	0.3	29.75
	4	**3.6**	**1.5**	**0.5**	**0.3**	**0.3**	**0.5**	**29.46**

注：1. 工况 3 为被动式构造＋中等透过性能玻璃，工况 4 为被动式构造＋高透过性能玻璃；
2. 表中黑体字代表的是各城市的节能最优解。

在两种被动式构造工况下，寒冷地区四个代表城市的优化方案有很大的相似性：

（1）根据上文的方差分析，东西向窗墙比对于总能耗的影响最大，其次是层高、平面长宽比，这三项变量在所有的优化方案中取值都是相同的：层高与东西向窗墙比取较小值、平面长宽比取较大值；

（2）南向窗墙比、北向窗墙比、南向遮阳比这三项影响较小的变量则呈现出随不同城市而不确定的特征。

以总能耗的最低值来判断节能最优解，天津、西安在被动式构造＋高透过性能玻璃（工况 4）条件下获得最优解，且这两个城市的最优解各项空间设计变量的取值一致；此外，在被动式构造＋中等透过性能玻璃（工况 3）条件下，这两个城市的最优解取值也是一致的。济南、郑州两个城市在构造工况 3 或者 4 的条件下优化方案的总能耗指标其实相差并不大，在被动式构造＋中等透过性能玻璃（工况 3）下的总能耗略微低一些，这两个城市的节能最优解取值相似，仅在影响不是很大的南向窗墙比和北向窗墙比这两项变量上存在差异；此外，在被动式构造＋高透过性能玻璃（工况 4）条件下，这两个城市的最优解取值也是一致的。

本文从建筑方案设计中的节能要素入手，将天然采光分析整合到建筑能耗模拟中，分析建筑节能设计策略，在寒冷地区的四个代表城市分别获得了被动式构造工况下的节能最优解，不仅为被动式节能建筑设计提供另一种思路，还可以为寒冷地区其他城市的节能设计提供有效的参照。因此，提出基于优化设计方案在寒冷地区细化建筑气候区划，进行被动式节能建筑设计分区的观点。

针对天津点式高层办公建筑的节能整合设计（第5.2节）以及针对济南、郑州、西安三个城市设定被动式构造工况下的节能整合设计，获得以下几点结论：

（1）区分普通构造工况或被动式构造工况条件，或不同外窗透过性能的条件下，建筑空间和表皮设计变量对能耗的影响是不同的，建筑空间、表皮设计变量与构造设计变量之间的相互影响与作用确实存在；

（2）在天津所有的四种构造工况，以及其他三个城市的两种被动式构造工况下，空间和表皮设计变量的优化结果具备相似性，东西向窗墙比、层高、平面长宽比这三项对总能耗影响较大的变量在所有的优化方案中取值都是相同的，层高与东西向窗墙比均取较小值、平面长宽比均取较大值；

（3）南向窗墙比、北向窗墙比、南向遮阳比对于总能耗的影响根据不同的构造工况、所处的寒冷地区不同城市而发生较为明显的变化，呈现出不确定性的特征，所以需要区别对待；

（4）对比寒冷地区四个不同的代表城市通过节能整合设计得到的优化方案，天津、西安在被动式构造＋高透过性能玻璃（工况4）条件下获得最优解，且这两个城市的最优解三项不确定性空间设计变量的取值一致；济南、郑州两个城市在被动式构造＋中等透过性能玻璃（工况3）下获得最优解，这两个城市的节能最优解三项不确定性空间设计变量的取值相似。

于是，推断各代表城市与其附近的地区共享相同的综合最优解，并且在一定范围内设计因素对于建筑能耗的影响是一致的。于是，根据节能优化方案的不同进行Ⅱ区分区，实现建筑热工设计分区和光气候分区的结合，帮助建筑师更全面地理解被动式设计措施，以便有效开展节能设计。

本文就按照各代表城市的节能优化方案，将我国建筑气候区中ⅡA区进一步地划分为两个区：以天津、西安为代表的ⅡAa区、和以济南、郑州为代表的ⅡAb区。天津和西安的优化设计结果一致，这点反映了城市所处的光气候环境对建筑天然采光情况以及能耗产生的影响。

5.5 本章小结

在本章中，首先提出一种针对建筑方案设计阶段，基于多变量试验设计方法来制订能耗模拟方案的建筑节能整合设计方法。通过第4章中建筑节能设计要素的筛选、构造设计要素的典型工况组合、试验设计方法，最终得到相对简化的节能设计流程。

其次，通过对具体案例——天津地区点式和条式高层办公建筑进行节能设计，践行提出的节能整合设计方法，分别获得节能优化方案，印证了该方法的可行性。

再次，对比寒冷地区四个不同城市的点式高层办公建筑节能优化方案，提出被动式低能耗建筑设计在寒冷地区不同城市的共性和差异。

对于建筑师而言，每一个建筑都处在一个特定的基地上、面临着特定的矛盾和问题，因此解决方案往往是独特的，很难设想把理想化的最优节能设计方案原样复制过来。本章提出的节能整合设计方法可以为其他项目的节能设计提供借鉴，这应当是一个对特定案例的具体问题、具体分析的过程。

第6章　天津地区高层办公建筑节能整合设计工具

基于能耗模拟的节能设计研究表现为两种不同的思路：一种是利用现有能耗模拟软件开展节能设计的尝试，另一种是尝试开发针对普通建筑师的节能设计辅助工具。前面第4章和第5章按照第一种思路展开，事实上就是基本的能耗模拟操作的大量重复，通过试验设计方法，从多个结果数据中遴选出有利的试验方案；节能设计的时间成本较高，且需要投入足够的耐心，适用于有一定模拟工作经验的专业型节能建筑设计人员。而对于缺乏节能设计素养的普通建筑师而言，前期方案设计阶段直接利用现有的能耗模拟软件开展节能设计，有以下几个主要的障碍因素：

(1) 设计变量的每次变化都需要重复计算，计算过程耗时费力；

(2) 现有的多数能耗模拟软件输入参数数量多、参数定义方式复杂而具体，与普通建筑师的专业背景不吻合；

(3) 软件无法为不同设计策略的选择提供迅速、直接的反馈；

(4) 软件输出结果包含大量冗余信息，充满数字和表格的呈现方式过分呆板。

目前，采用第二种思路开展的研究中，仍然缺乏专门针对建筑方案设计阶段、以空间和表皮设计变量为重点的成果。

因此，本文希望基于上文研究开发一款适用于建筑方案设计阶段，能够预知设计方案的大致能耗结果，据此可以进一步调整优化设计方案节能表现的工具，使建筑师能够快速选取有利的策略组合方式，下面就以天津地区高层办公建筑为例，对节能整合设计辅助工具的开发进行探讨。

6.1　工具开发的思路和原则

6.1.1　工具开发的思路

根据研究的侧重点不同，已有的节能设计辅助工具可以分为三类：

(1) 基于优化算法的寻优工具，比如 GenOpt[78]、BEopt[80]、AEDPM[81]、MOBO[86]、DesignBuilder Optimazation、jEPlus[83]；

(2) 关注于不同方案性能表现之间对比的可视化分析工具，比如 Building Design Advisor[76]、MIT Design Advisor[77]、iDbuild[82]、炎热地区零能耗建筑方案设计前期的辅助工具[84]；

(3) 直观地呈现变量对建筑性能影响趋势与程度的敏感度分析工具，比如建筑热工节能设计辅助工具[79]、居住建筑节能体形优化设计系统[85]、建筑节能整合设计灵敏度分析工具[24]、既有建筑绿色改造“多目标优化”敏感度预测模型[88]、SAP sensitivity tool[142]。

天津地区高层办公建筑节能整合设计工具属于一款敏感度分析工具。工具开发的具体思路为：基于前面第4章的研究成果，已经按照空间、表皮和构造设计要素的分类，制订了适应当地气候特点的单项节能设计策略，并筛选了建筑能耗影响比较大的关键变量。进而，结合 DesignBuilder 遗传算法模块和手动建模工作计算关键变量所有组合方式的能耗模拟结果数据。最后，设计和完成工具界面。

6.1.2　工具开发的原则

节能整合设计工具需要契合普通建筑师这一目标群体的特征，考虑其处于建筑方案设计阶段所面临的具体问题，总结出以下原则：

（1）设计工具具备界面友好的特征，便于普通建筑师或者从业的初学者使用。

（2）设计工具的输入界面不应当是繁杂的，尽量少地涉及可能引发使用者困惑的围护结构材料信息或构造参数。

（3）设计工具必须能够快速地得到分析的结果，所谓的“快速”指的是以数“分钟”来计量而非几“小时”来计量的时间成本；事实上，对于建筑方案设计阶段前期而言，较少的时间成本相对于分析结果的准确性而言显得更加重要。

（4）设计工具应当能够方便地解决“如果设计方案稍微作出改变的话，会不会让结果变得更为有利”这一方案设计阶段常见的问题，给不同的对比方案有一个快速的反馈。

此外，设计工具的社会性是以往研究中常常被忽视的一个方面，一个新的工具的出现往往面临质疑，使用者常见的保守和抵触心理会阻碍其推广过程。因此，还需注意两个方面的内容：首先，设计工具应当让使用者能够十分简便地获取和安装、使用；其次，必须让使用者清晰地了解到工具的适用范围，以及计算结果的有效性，以便在使用群体中逐步建立起认同感。

6.2　变量的筛选与组合

设计工具仅录入对目标值（建筑能耗强度）影响较大的变量，以缺省值来代替剩余的所有变量。前面第 3 章和第 4 章提供了基础：第 3 章建立了寒冷地区高层办公建筑能耗模拟典型模型，第 4 章针对典型模型，按照单一变量的方法进行能耗模拟分析，得到寒冷地区四个代表城市、点式和条式典型模型的设计变量节能率区间分布图，筛选出对建筑能耗影响比较大的变量。

就本文关注的变量类型而言，空间、表皮设计变量与建筑形态密切相关，在设计初期易于更改，这些变量构成该设计工具所重点关注的变量类型。

就天津地区点式典型模型而言，第 4 章筛选得到的影响较大的变量包括建筑朝向、平面长宽比、层高、南向窗墙比、东西向窗墙比、外墙 *K* 值、外窗 *K* 值、外窗 *SHGC* 值、气密性，小计九个（图 6-1）。设计工具的输入窗口包含了所有的九项变量，并增加了一项空间设计变量，即北向窗墙比，使空间设计变量能够完整地涵盖建筑四个朝向的立面。对于四项构造设计变量，这里仍然参照第 5.2 节的简化处理方式，将其分类成组，统一以两个变量来表示，分别是保温性能和外窗透过性能。最终，设计工具中一共包含八项变量，分别是：建筑朝向（0°、30°、60°、90°）、平面长宽比（1、1.3、1.5）、层高（3.6m、3.9m、4.2m）、南向窗墙比（0.3、0.5、0.7）、东西向窗墙比（0.3、0.5、0.7）、北向窗墙比（0.3、0.5、0.7）、保温性能（普通构造、被动式构造）和外窗透过性能（中等、较高）（图 6-2）。

节能率(%)
10
5
0
-5
-10
-15
-20
5.6
-15.2
7.5
-1.2
5.3
-1.1
4
-1
1.9
-2
0.5
-3.4
2.1
-0.2
0
-2.2
0.9
-0.9
0.2
-0.7
0.7
-0.2
0
-0.8
0.5
-0.3
0
-0.6
0.3
-0.2
0.3
-0.2
0.2
-0.2
0.3
0
气密性
外窗K值
平面形状
外墙K值
层高
东西向窗墙比
外窗SHGC值
建筑朝向
南向窗墙比
北向窗墙比
屋面K值
平面体量
外墙热惰性
共享空间
南向遮阳
外墙表面SA值
屋面表面SA值
东西向遮阳

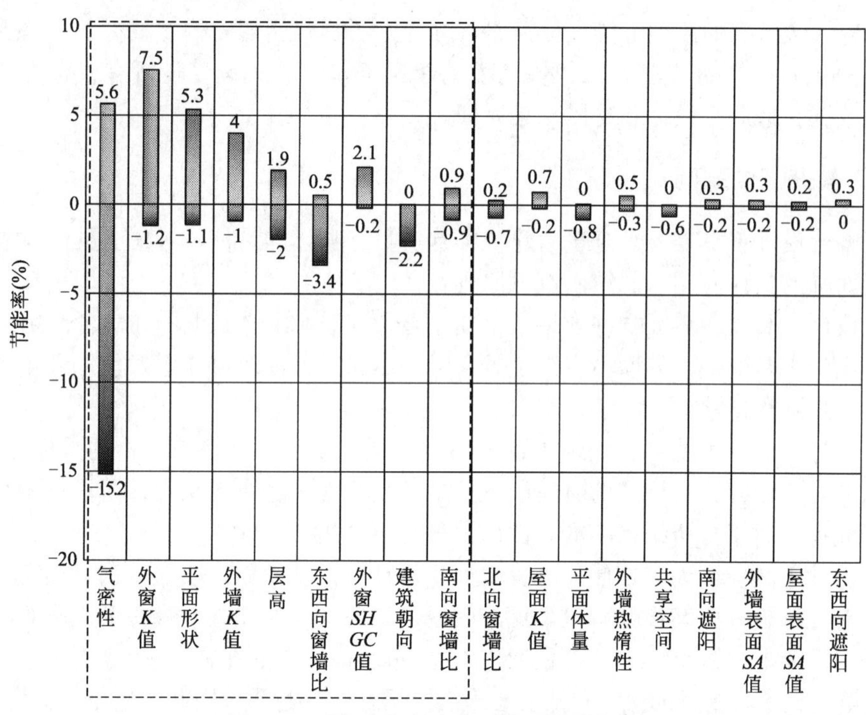

图 6-1 天津地区点式典型模型设计变量
的节能率区间分析

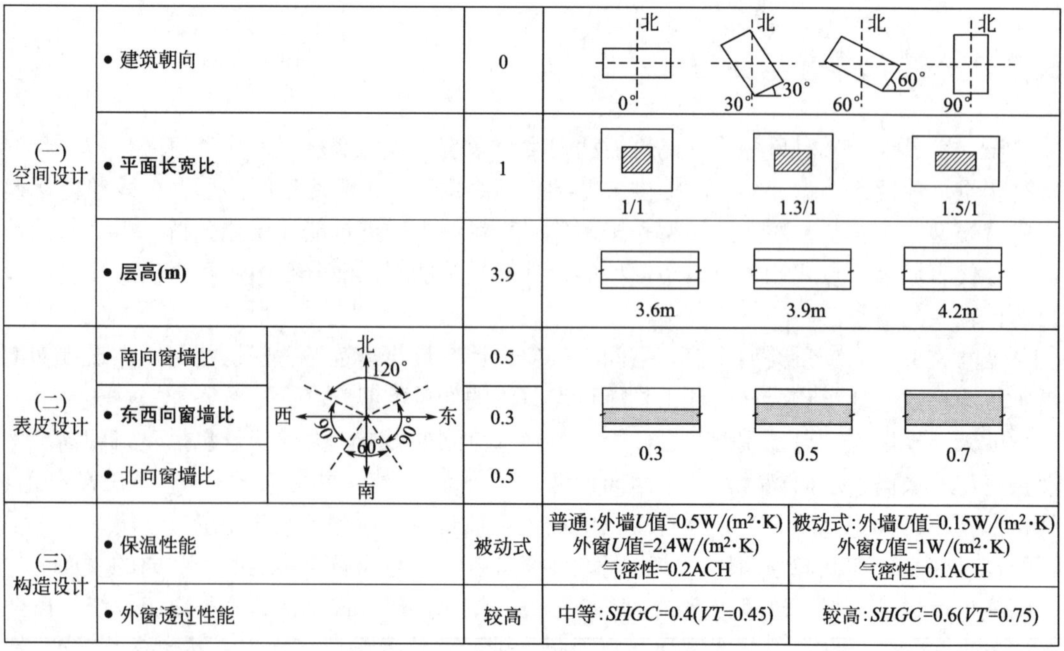

(一)
空间设计
• 建筑朝向
0
北
0°
30°
30°
60°
60°
90°
• 平面长宽比
1
1/1
1.3/1
1.5/1
• 层高(m)
3.9
3.6m
3.9m
4.2m
(二)
表皮设计
• 南向窗墙比
0.5
• 东西向窗墙比
0.3
• 北向窗墙比
0.5
北
120°
西
东
90°
90°
60°
南
0.3
0.5
0.7
(三)
构造设计
• 保温性能
被动式
普通:外墙U值=0.5W/(m2·K)
外窗U值=2.4W/(m2·K)
气密性=0.2ACH
被动式:外墙U值=0.15W/(m2·K)
外窗U值=1W/(m2·K)
气密性=0.1ACH
• 外窗透过性能
较高
中等:SHGC=0.4(VT=0.45)
较高:SHGC=0.6(VT=0.75)

图 6-2 设计工具的变量输入界面

工具中包含的变量：建筑各朝向立面的窗墙比，涉及立面朝向的定义方式，具体定义为：南向（南偏西 30°～南偏东 30°）、西向（西偏南 60°～西偏北 30°）、东向（东偏南 60°～东偏北 30°）、北向（北偏西 60°～北偏东 60°）。

6.3 能耗数据的计算

利用全面试验的方式计算变量所有组合方式的能耗数据，部分借助 DesignBuilder 遗传算法模块实现了自动运算。目前，这项节能整合设计工具还比较简单，只考虑了寒冷地区天津市的气象参数，在构造工况中只计算了两种情况，普通构造＋中等透过性能玻璃（工况 1，即典型模型的工况），另一种是天津地区优化设计方案所采用的被动式构造＋高透过性能玻璃（工况 4）。全面试验为 4×3×3×3×3×3×2＝1944 次，由于当长宽比取值为 1 时，朝向为 0°和朝向为 90°时的方案是相同的，所以能耗模拟一共进行了 1944—3×3×3×3×2＝1782 次（图 6-3）。

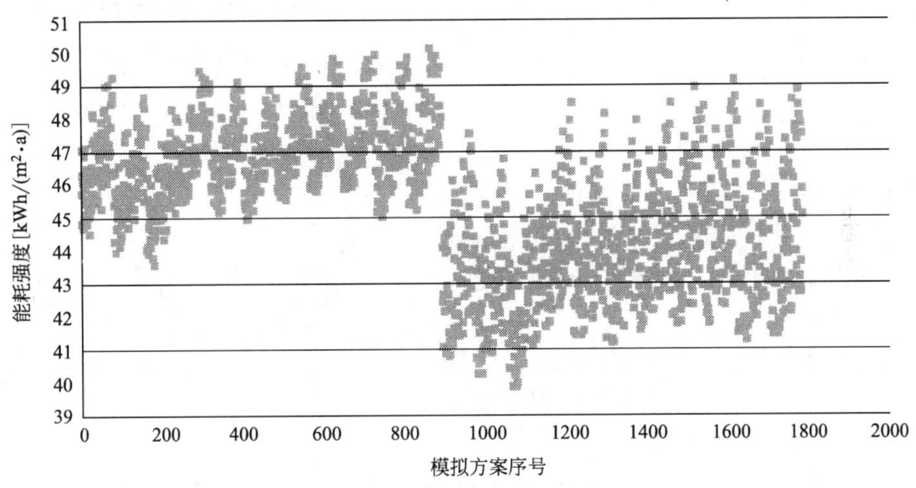

图 6-3　全面试验的能耗强度数据分布图

6.4 工具界面的设计

利用已经得到的能耗模拟数据样本，编制基于 Microsoft Excel 软件平台的节能整合设计工具界面。

6.4.1 标题栏

标题栏包含工具名称、简介、版权所有以及问题联系方式（表 6-1）。

设计工具的标题栏构成　　**表 6-1**

项目	具体内容
工具名称	天津地区高层点式办公楼节能整合设计工具
简介	用于方案设计前期的建筑能耗快速预测工具，帮助建筑师调整和优化设计方案；只需输入几项主要的空间设计和构造设计变量，即可获得实时能耗强度数据，通过分布图评价建筑的能耗表现
版权所有	由天津大学建筑学院开发
问题联系	liuli029@tju. edu. cn

6.4.2 输入窗口

设计工具的输入窗口作为使用者与工具内核之间关键的联系界面，其友好性十分重要。基于我国建筑学领域的具体情况，建筑节能教育并不是常规的建筑学专业课程，从建筑方案设计阶段开始践行节能设计的实践者不多，建筑师群体的节能设计素养有待进一步提升，在这种情况下，设计工具输入窗口界面的友好性尤其值得引起注意。如果输入窗口需要使用者填写过多的参数信息，或者包含专业性太强的参数让使用者难懂，那将不能很好地满足建筑师这一使用群体的要求。

考虑到建筑师对设计图纸的敏感度强、接受度高，所以尽量采用图形化的表达方式来处理该工具的输入变量，让整个用户界面显得更加生动、形象，胜于枯燥的数字表达。设计变量的输入采用下拉列表选项的方式输入。

6.4.3 输出窗口

利用 Microsoft Excel 函数功能，识别使用者通过下拉列表方式输入的建筑设计变量数值，迅速输出此设计方案对应的实时建筑能耗强度数据（图 6-4）。

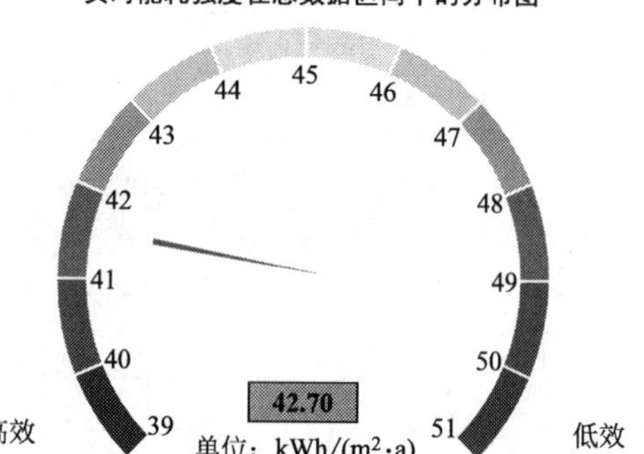

图 6-4 设计工具的输出窗口界面

输出窗口还具备另一个重要的功能，就是通过数据仪表盘的形态展示实时能耗强度数据在模拟数据库的能耗分布区间中所处的位置，进行基于模拟数据库的实时能耗评价，通过指针指向的位置，建筑师可以判断自身设计预测能耗水平在同类建筑中的水平。仪表盘中左侧的绿色高效部分意味着较高的能源利用状况，而右侧的红色低效部分表示可以考虑将设计方案作出适当的改进并发掘降低能耗的潜力。

6.4.4 解释

设计工具的解释窗口包含关键的模拟设定条件和说明，让使用者对模拟结果的成立前提有一个全局性的把握。解释包括以下几点内容：

（1）能耗强度＝照明＋采暖＋制冷；采暖消耗的能源为燃气，采暖能耗采用发电煤耗法转换成为电量，与另外两者相加；采暖系统综合效率＝0.75，制冷系统综合性能系数＝2.5。

（2）能耗数据是用 DesignBuilder 软件在天津地区标准层建筑面积为 1250m^2 的点式高层办公建筑模型基础上计算的，对于我国寒冷地区东部的其他城市而言，东西向窗墙比、层高、平面长宽比这三项对总能耗影响较大的变量变化趋势与天津相同。

（3）采用光控传感器控制室内照明灯具，室内天然采光情况同时影响照明能耗和采暖制冷负荷。

最后完成的设计工具整体界面见图 6-5。标题栏位于页面顶端，输入窗口与输出窗口为左右并列的布局，而解释窗口位于整个页面的右下角。

1.标题栏

由天津大学建筑学院开发
详情请联系：liuli029@tju.edu.cn

天津地区高层点式办公楼节能整合设计工具

用于方案设计前期的建筑能耗快速预测工具，帮助建筑师调整和优化设计方案
只需输入几项主要的空间设计和构造设计变量，即可获得实时能耗强度数据，通过分布图评价建筑的能耗表现

2.输入窗口

类别	变量	输入值	可选项	
(一)空间设计	• 建筑朝向	0	0°　30°　60°　90°	
	• **平面长宽比**	1	1/1　1.3/1　1.5/1	
	• **层高(m)**	3.9	3.6m　3.9m　4.2m	
(二)表皮设计	• 南向窗墙比（北 120°，东 90°，南 60°，西 90°）	0.5	0.3　0.5　0.7	
	• **东西向窗墙比**	0.3		
	• 北向窗墙比	0.5		
(三)构造设计	• 保温性能	被动式	普通：外墙U值=0.5W/(m²·K) 外窗U值=2.4W/(m²·K) 气密性=0.2ACH	被动式：外墙U值=0.15W/(m²·K) 外窗U值=1W/(m²·K) 气密性=0.1ACH
	• 外窗透过性能	较高	中等：$SHGC$=0.4(VT=0.45)	较高：$SHGC$=0.6(VT=0.75)

3.输出窗口

实时能耗强度在总数据区间中的分布图

高效　39　40　41　42　43　44　45　46　47　48　49　50　51　低效

41.49

单位：kWh/(m²·a)

这张图表背后包含的能耗强度数据总个数：1782

4.解释

①总能耗=照明+采暖+制冷；采暖消耗燃气，并采用发电煤耗法转换成为电量(kWh)，与另外两者相加；采暖系统综合效率=0.75，制冷系统综合性能系数=2.5。②能耗数据是用DesignBuilder软件在天津地区标准层建筑面积为1250m²的点式高层办公建筑模型基础上计算的，对于我国寒冷地区东部的其他城市而言，东西向窗墙比、层高、平面长宽比的变量变化趋势与天津相同。③采用光控传感器控制室内照明灯具，室内自然采光情况同时影响照明能耗和采暖制冷负荷。

图 6-5　设计工具整体界面

6.5 案例解析

下面以天津某点式高层办公楼项目为例说明节能整合设计工具在辅助设计决策中的应用和方案分析过程。

6.5.1 项目概况

项目基地位于我国寒冷地区天津市，建设用地是一块南北向狭长的基地，目标建筑是8栋高层塔楼构成的城市综合体中的一栋。为了便于安排东、西两排塔楼，并在基地内部形成商业街道，目标建筑采用南北向长的矩形平面，以西立面朝向西侧的城市中环线。目标建筑在造型处理上对体量进行分解，形成一南一北、一实一虚的两个体块，立面突出竖向挺拔的线条，整体风格简约、现代（图 6-6）。

图 6-6 天津某点式高层办公楼用地范围、透视图和平面图
（资料来源：在百度地图的基础上绘制、作者拍摄及自绘）

项目基本信息如下❶：

建筑层数：地上 23 层

层高：4.2m

窗墙比：南向 0.48/北向 0.48/东向 0.64/西向 0.64

外墙主体传热系数：0.52W/(m^2·K)

屋面主体传热系数：0.36W/(m^2·K)

气密性：外窗气密性等级 6 级，玻璃幕墙气密性等级 3 级

外窗传热系数：2.2W/(m^2·K)

外窗太阳得热系数（*SHGC*）：0.44

外窗可见光透射比：0.55

❶ 在现场调研、节能计算书等基础上整理得到。

6.5.2　设计流程

以特定案例面临的设计条件为出发点，基于节能性能化的目标，运用建筑节能整合设计工具，辅助设计决策过程（图 6-7）：

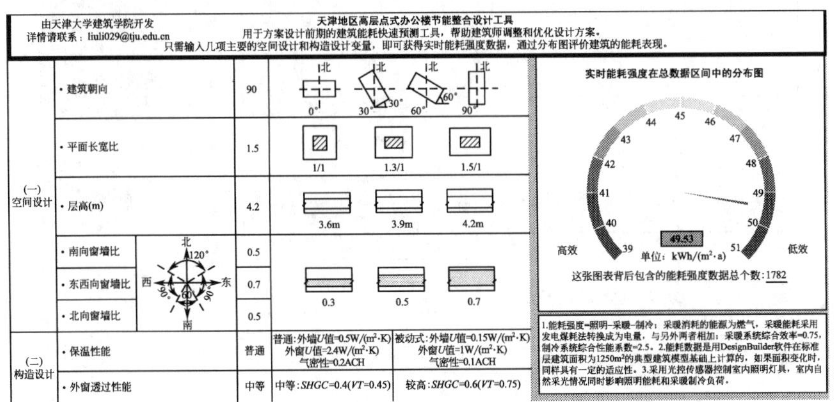

原方案，总能耗强度：49.53kWh/(m²·a)

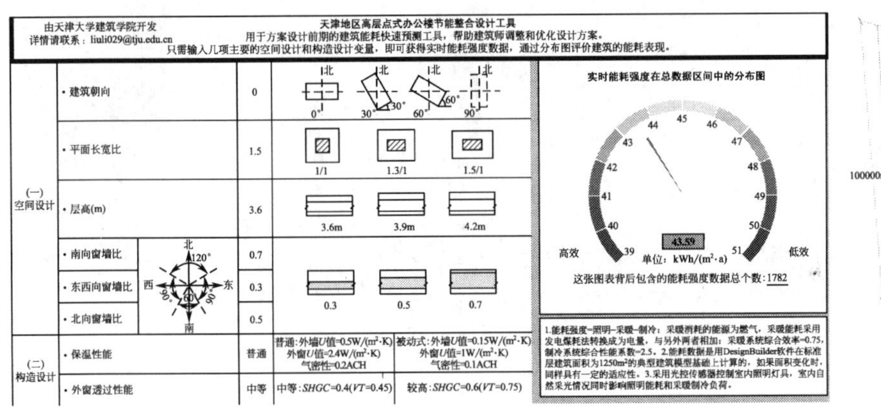

优化方案一

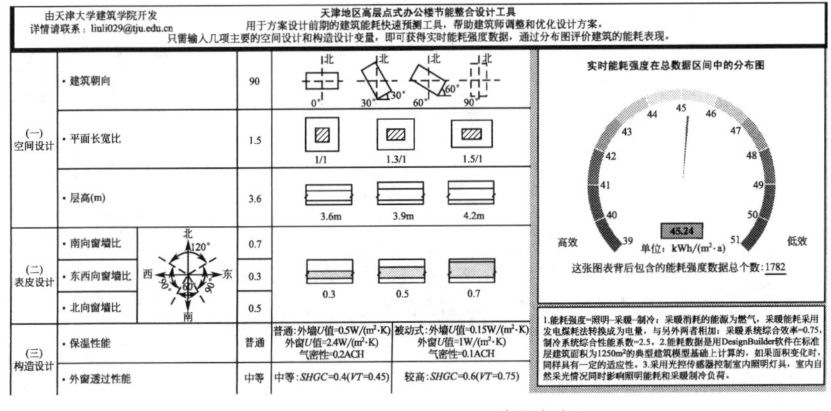

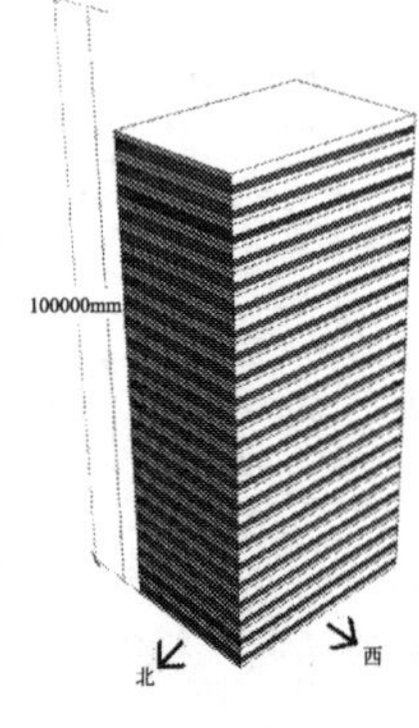

优化方案二

图 6-7　天津某点式高层办公楼的优化设计流程（一）

由天津大学建筑学院开发
详情请联系：liuli029@tju.edu.cn
天津地区高层点式办公楼节能整合设计工具
用于方案设计前期的建筑能耗快速预测工具，帮助建筑师调整和优化设计方案。
只需输入几项主要的空间设计和构造设计变量，即可获得实时能耗强度数据，通过分布图评价建筑的能耗表现。

(一)空间设计	·建筑朝向	0	0° 30° 60° 90°	
	·平面长宽比	1	1/1 1.3/1 1.5/1	
	·层高(m)	3.9	3.6m 3.9m 4.2m	
(二)表皮设计	·南向窗墙比	0.7	0.3 0.5 0.7	
	·东西向窗墙比	0.3		
	·北向窗墙比	0.5		
(三)构造设计	·保温性能	普通	普通：外墙U值=0.5W/(m²·K) 外窗U值=2.4W/(m²·K) 气密性=0.2ACH	被动式：外墙U值=0.15W/(m²·K) 外窗U值=1W/(m²·K) 气密性=0.1ACH
	·外窗透过性能	中等	中等：SHGC=0.4(VT=0.45)	较高：SHGC=0.6(VT=0.75)

实时能耗强度在总数据区间中的分布图
高效 39 40 41 42 43 44 45 46 47 48 49 50 51 低效
45.29
单位：kWh/(m²·a)
这张图表背后包含的能耗强度数据总个数：1782

1.能耗强度=照明-采暖-制冷：采暖消耗的能源为燃气，采暖能耗采用发电煤耗法转换成为电量，与另外两者相加：采暖系统综合效率=0.75，制冷系统综合性能系数=2.5。2.能耗数据是用DesignBuilder软件在标准层建筑面积为1250m²的典型建筑模型基础上计算的，如果面积变化时，同样具有一定的适应性。3.采用光控传感器控制室内照明灯具，室内自然采光情况同时影响照明能耗和采暖制冷负荷。

100000mm 北 西

优化方案三

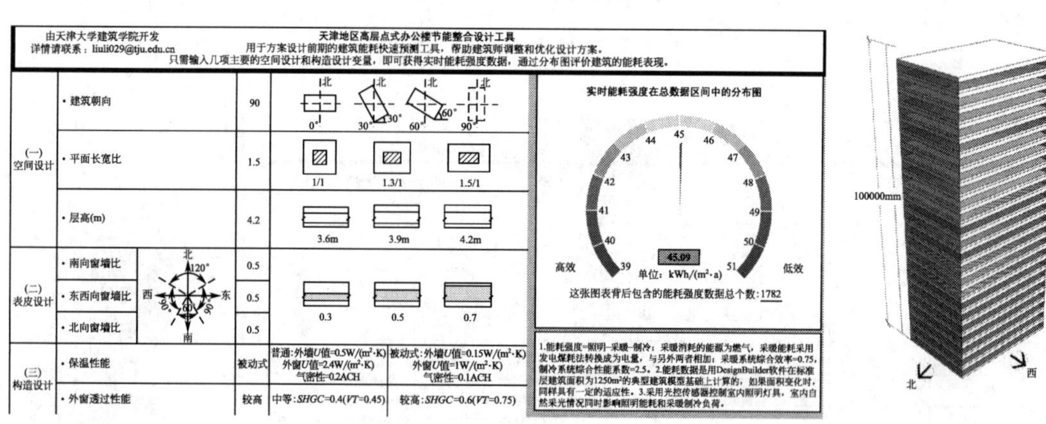
由天津大学建筑学院开发
详情请联系：liuli029@tju.edu.cn
天津地区高层点式办公楼节能整合设计工具
用于方案设计前期的建筑能耗快速预测工具，帮助建筑师调整和优化设计方案。
只需输入几项主要的空间设计和构造设计变量，即可获得实时能耗强度数据，通过分布图评价建筑的能耗表现。

(一)空间设计	·建筑朝向	90	0° 30° 60° 90°	
	·平面长宽比	1.5	1/1 1.3/1 1.5/1	
	·层高(m)	4.2	3.6m 3.9m 4.2m	
(二)表皮设计	·南向窗墙比	0.5	0.3 0.5 0.7	
	·东西向窗墙比	0.5		
	·北向窗墙比	0.5		
(三)构造设计	·保温性能	被动式	普通：外墙U值=0.5W/(m²·K) 外窗U值=2.4W/(m²·K) 气密性=0.2ACH	被动式：外墙U值=0.15W/(m²·K) 外窗U值=1W/(m²·K) 气密性=0.1ACH
	·外窗透过性能	较高	中等：SHGC=0.4(VT=0.45)	较高：SHGC=0.6(VT=0.75)

实时能耗强度在总数据区间中的分布图
高效 39 40 41 42 43 44 45 46 47 48 49 50 51 低效
45.09
单位：kWh/(m²·a)
这张图表背后包含的能耗强度数据总个数：1782

1.能耗强度=照明-采暖-制冷：采暖消耗的能源为燃气，采暖能耗采用发电煤耗法转换成为电量，与另外两者相加：采暖系统综合效率=0.75，制冷系统综合性能系数=2.5。2.能耗数据是用DesignBuilder软件在标准层建筑面积为1250m²的典型建筑模型基础上计算的，如果面积变化时，同样具有一定的适应性。3.采用光控传感器控制室内照明灯具，室内自然采光情况同时影响照明能耗和采暖制冷负荷。

100000mm 北 西

优化方案四

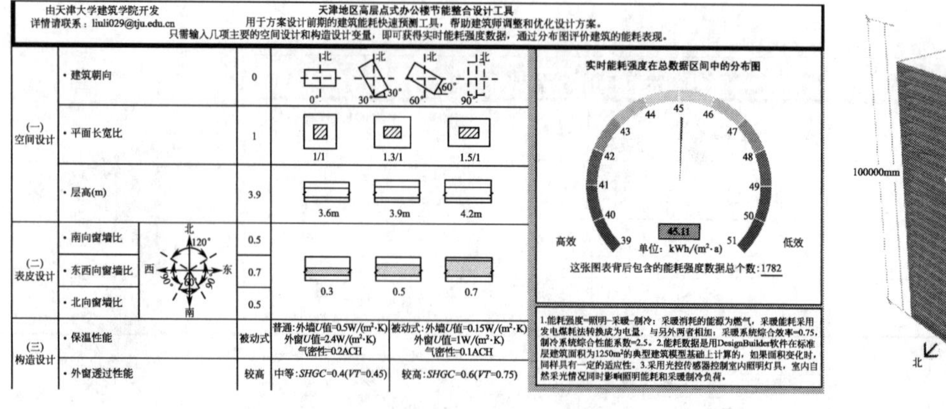
由天津大学建筑学院开发
详情请联系：liuli029@tju.edu.cn
天津地区高层点式办公楼节能整合设计工具
用于方案设计前期的建筑能耗快速预测工具，帮助建筑师调整和优化设计方案。
只需输入几项主要的空间设计和构造设计变量，即可获得实时能耗强度数据，通过分布图评价建筑的能耗表现。

(一)空间设计	·建筑朝向	0	0° 30° 60° 90°	
	·平面长宽比	1	1/1 1.3/1 1.5/1	
	·层高(m)	3.9	3.6m 3.9m 4.2m	
(二)表皮设计	·南向窗墙比	0.5	0.3 0.5 0.7	
	·东西向窗墙比	0.7		
	·北向窗墙比	0.5		
(三)构造设计	·保温性能	被动式	普通：外墙U值=0.5W/(m²·K) 外窗U值=2.4W/(m²·K) 气密性=0.2ACH	被动式：外墙U值=0.15W/(m²·K) 外窗U值=1W/(m²·K) 气密性=0.1ACH
	·外窗透过性能	较高	中等：SHGC=0.4(VT=0.45)	较高：SHGC=0.6(VT=0.75)

实时能耗强度在总数据区间中的分布图
高效 39 40 41 42 43 44 45 46 47 48 49 50 51 低效
45.11
单位：kWh/(m²·a)
这张图表背后包含的能耗强度数据总个数：1782

1.能耗强度=照明-采暖-制冷：采暖消耗的能源为燃气，采暖能耗采用发电煤耗法转换成为电量，与另外两者相加：采暖系统综合效率=0.75，制冷系统综合性能系数=2.5。2.能耗数据是用DesignBuilder软件在标准层建筑面积为1250m²的典型建筑模型基础上计算的，如果面积变化时，同样具有一定的适应性。3.采用光控传感器控制室内照明灯具，室内自然采光情况同时影响照明能耗和采暖制冷负荷。

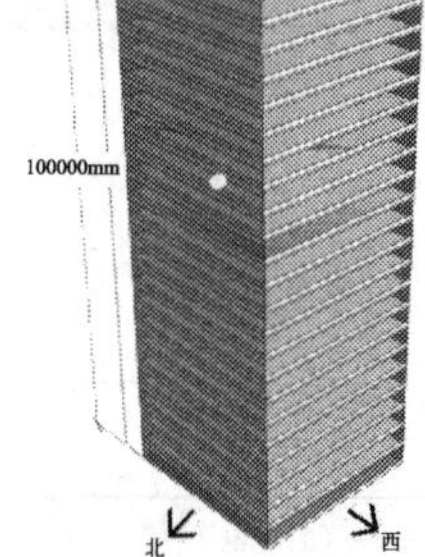

优化方案五

图 6-7　天津某点式高层办公楼的优化设计流程（二）

首先，考虑适合基地的建筑群体布局方式，建筑朝向和平面形态被限定在直角坐标系下有限的几种可能；将原方案的关键设计要素输入工具中，得到总能耗强度为49.53kWh/(m²·a)，通过分布图看出建筑能耗表现有进一步优化的余地；于是，由建筑师权衡空间、形态与建筑整体能耗性能，提出多个优化对比方案。

在不改变构造工况的条件下，利用空间和表皮设计要素的优化，能耗最低方案为优化方案一，总能耗强度为43.59kWh/(m²·a)，但该方案的横长形平面会给内部街道的入口空间带来围合感，不利于商业氛围的营造。

在优化方案一的基础上，方案二和三尝试空间和形态设计的其他可能，总能耗强度约在45kWh/(m²·a)，并没有造成明显的能耗增量。

相比而言，如果将构造工况变为被动式构造+高透过性能玻璃，那么优化方案四和五的分析结果表明，只需配合西向窗墙比或平面形态的调整，即可达到与之相同的能耗水平。

权衡考虑单体建筑与建筑群之间的空间组合效果、实施项目的经济性因素，选择通过建筑平面布局、层高以及立面窗墙比的优化设计，实现对总能耗强度为45.29kWh/(m²·a)的优化方案三进行形象深化（图6-8)。

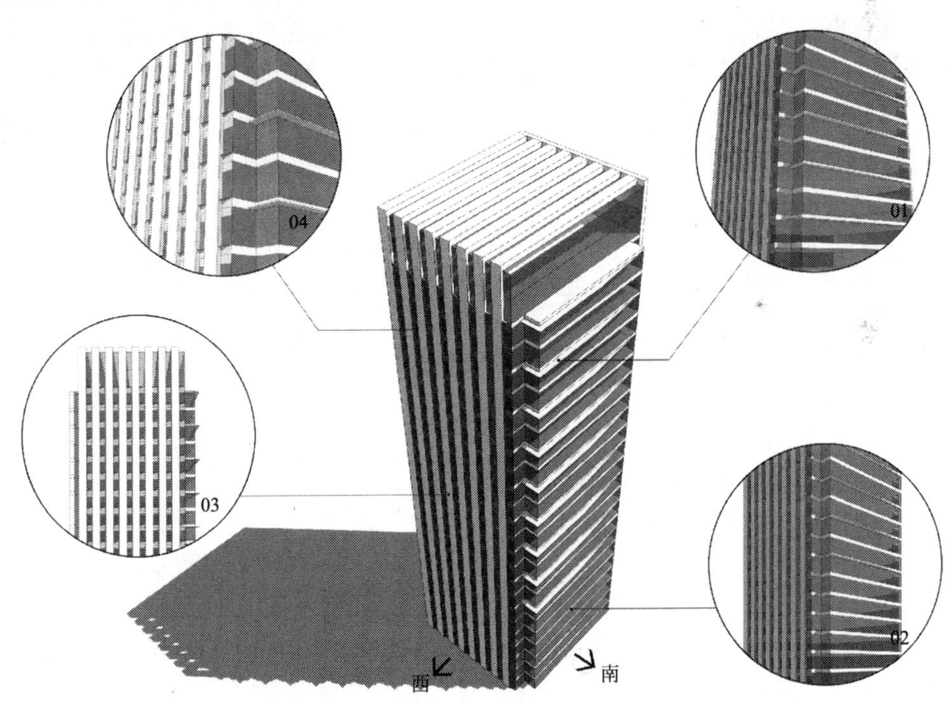

图6-8 最终优化方案的西南向透视图

优化方案采用正南正北的方形平面布局，争取了更大的南向有利面。

在建筑形象上为各朝向的立面区别设计，以南向和西向为例来说明：南向采用较为通透的玻璃幕墙，在图中01部位横向结合立面分层设置遮阳水平板，而图中02部位由于受到附近其他建筑的遮挡而未设遮阳板；西向在图中03部位采用较大比例的竖向外墙板材形成挺拔向上的效果，而开窗面积较小，西向小窗在图中04部位细节设计中还稍微作出了扭转，外窗朝向偏转为西偏南15°左右，构成西立面错动的光影效果。

6.6 本章小结

本章首先从现有能耗模拟软件与建筑设计过程的契合度不够的问题出发，提出开发新的建筑节能整合设计辅助工具的思路，利用该工具，建筑师不需要投入时间作模拟，只需填写输入窗口中的几项变量，就可以迅速获得不同变量组合情况下的建筑方案能耗信息，以便进一步调整和优化方案，有助于性能优化目标的实现。

其次，针对建筑方案设计阶段的设计工具并没有过多地关注于深入的建筑材料和构造的信息，而是侧重于建筑空间和表皮设计变量。以天津地区点式高层办公楼为例，设计工具包含了经过筛选的关键设计要素，有六项空间和表皮设计变量，以及由四项构造设计变量组合而成的典型工况。工具借助 DesignBuilder 软件完成千次以上的能耗模拟，以计算完成的能耗数据结果为工具内核。工具界面基于 Microsoft Excel 来编制，界面友好、简单实用。

最后，以一个天津市某点式高层办公楼为例，展示工具的应用过程、印证工具的效果。

案例解析强化不论建筑节能整合设计理论、方法，还是工具，都不是为了限制建筑师的形式创作自由，而是为建筑形式生成提供新的逻辑，以适应环境和生态危机对设计提出的严峻挑战。不论是设计的过程还是优化的结果，都应融合建筑学的一般原理，经过建筑师的灵活判断来加以确定。

第 7 章　总结与展望

7.1　总结

从 20 世纪 80 年代中期我国的第一个建筑节能设计标准《民用建筑节能设计标准（采暖居住建筑部分）》颁布算起，节能建筑设计并不算一个新的课题。然而，在这 30 年的发展过程中，建筑本体节能设计的作用存在缺失，以“节能”为导向的建筑设计方法和实践探索不足，节能设计和建筑设计无法同步，在很大程度上影响了更高节能目标的实现。

本书是在此背景下，针对寒冷地区进行高层办公建筑节能设计策略、多变量节能整合设计方法和节能整合设计工具的研究。具体研究工作和结论分为以下几个部分：

（1）提取寒冷地区高层办公建筑节能设计要素，提出了相应的节能设计策略和对标准的建议。

本书系统梳理了国内外能耗模拟典型模型的建立方式、参数列表和参数确定方法，指出我国目前还没有可靠的典型模型数据库，模型建立的依据不足，影响到研究成果的可靠性。继而，结合文献研究和案例调研方法，按照“研究范围确定与建筑分类—数据收集—数据分析与参数设定—模拟结果运算与验证”的思路，建立了我国寒冷地区高层办公建筑能耗模拟典型模型。典型模型包含点式和条式两种基本的类型，涵盖了我国寒冷地区的四个大城市——天津、济南、郑州和西安。

进而，从空间设计、表皮设计和构造设计三个方面，分解和提取建筑节能设计策略，逐一模拟和分析了单项节能设计策略对典型模型能耗的影响，于是，提出了相应的节能设计策略和原则。通过模拟印证了空间和表皮设计要素的节能效果，并明确了寒冷地区高层办公建筑的关键节能设计要素。

将关键节能设计要素与我国公共建筑节能设计标准进行比对，提出体形系数与建筑能耗之间的关系值得进一步推敲，并着重分析了标准中未涵盖或存在分歧的重要指标，包括空间和表皮设计变量以及外窗太阳得热系数（*SHGC* 值），对标准的修订具有借鉴作用。

（2）提出了基于多变量试验设计方法来制订能耗模拟方案的建筑节能整合设计方法，并以具体的案例应用来印证。

通过建筑节能设计要素的筛选、构造设计要素的典型工况组合，建立了相对简化的完整节能设计流程。

进而，通过对具体案例——天津地区点式和条式高层办公建筑进行节能设计，践行提出的节能整合设计方法，分别获得节能优化方案，印证了该方法的可行性。对比寒冷地区四个不同城市的点式高层办公建筑节能优化方案，归纳被动式低能耗建筑设计在寒冷地区不同城市的共性和差异。

（3）按照敏感度分析工具的思路，开发了天津地区高层办公建筑节能整合设计工具，辅助性能优化过程的展开。

采用能耗模拟方法和试验设计方法的节能整合设计流程具备一定的复杂性，针对这些问题，本书以天津市为例，按照敏感度分析工具的思路，开发了高层办公建筑节能整合设计工具。基于对于节能设计关键要素的把握，通过多变量全面组合方案能耗数据的计算，开发了以建筑方案设计阶段空间设计和表皮设计要素为重点、以能耗性能优化为目标的天津地区高层办公建筑节能整合设计工具，这一工具是“能耗”因素与传统建筑设计过程相融合的结果，借助此工具，建筑师可以迅速获得不同变量组合情况下的建筑方案能耗，以便调整和优化方案。

7.2 研究局限和后续研究方向

基于建筑设计视角开展办公建筑节能研究是一项复杂的系统工程，本书针对寒冷地区高层办公建筑设计策略、节能整合设计方法和工具的研究，取得了一定的研究成果，但受专业背景、数据来源和研究技术等因素的限制，仍有以下工作需要进一步改进和拓展：

（1）本书建立的寒冷地区高层办公建筑能耗模拟典型模型未考虑建筑所处的城市环境对模拟结果带来的影响，周边建筑因素，比如建筑是处于较为孤立的城镇新区地带还是建设密集的城市中心区，将不可避免地影响目标建筑可获得的日照和采光资源，这些因素需要在今后的研究工作中继续拓展。

（2）为了将问题简化，本书将重点放在建筑空间、表皮和构造设计变量上，这些变量构成最为基础的建筑能耗影响要素，同时也有所局限：建筑平面内部的不同布局、建筑立面的外窗样式以及可再生能源的利用等方面还需要继续扩展分析，以便更为全面地把握建筑能耗的影响要素。此外，设计变量的取值区间对于研究结果而言非常关键，对于那些影响力很强的变量，其取值的分布区间有可能极大地影响研究结论。因此，我们应该对本书的分析过程以及结果有充分的理解，对建筑能耗发生变化的机理有充分的认识。

（3）本书重点研究节能整合设计工具中敏感度分析工具的开发原则、思路和过程，目前，这一工具还比较简单，只考虑了寒冷地区天津市的气象参数，在构造工况中只计算了两种情况。借助计算机语言实现大量能耗模拟数据的自动计算，以充实工具的基础能耗数据库，是需要拓展的研究内容。

附　　录

点式高层办公建筑调研案例信息统计表　　　　**附表 1**

案例序号	所在城市	标准层建筑面积（m^2）	矩形平面的长宽比	平面使用面积率	窗墙比（%）	建筑层数	层高（m）	平面图	区位图
1	北京	1240	—	0.7	0.5	8	3.6	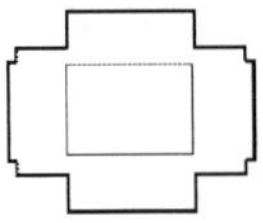	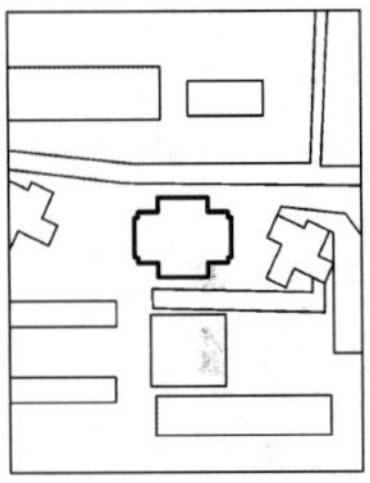
2	济南	1133	1.1	0.8	0.4	20	3.8	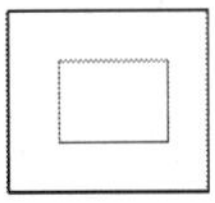	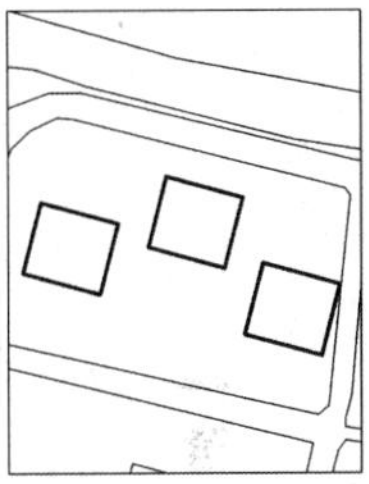
3	北京	1114	1.2	0.7	0.3	23	3.5	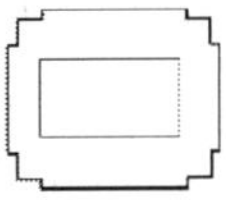	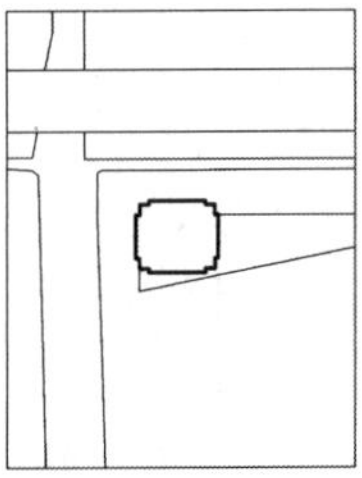
4	天津	1038	1.4	0.7	0.3	23	4.2	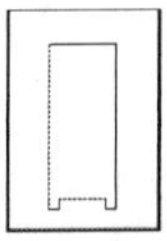	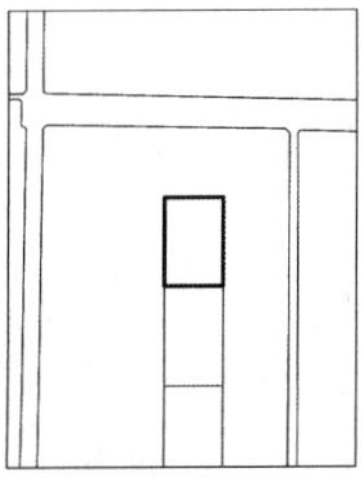

续表

案例序号	所在城市	标准层建筑面积（m^2）	矩形平面的长宽比	平面使用面积率	窗墙比（%）	建筑层数	层高（m）	平面图	区位图
5	北京	924	—	0.6	0.6	24	3.9	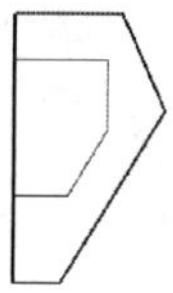	未建成
6	天津	1238	1.3	0.8	0.6	22	3.6	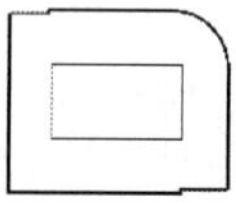	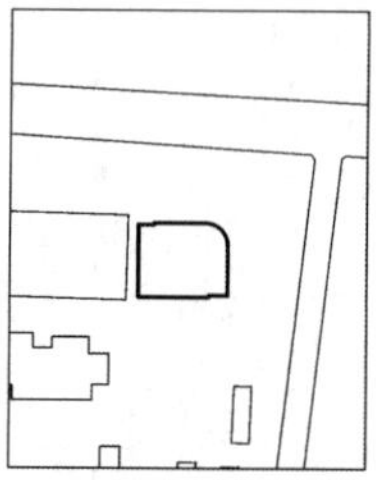
7	天津	1374	1.3	0.8	0.6	26	3.7	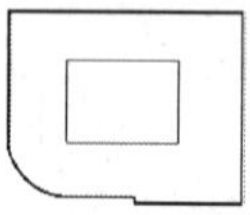	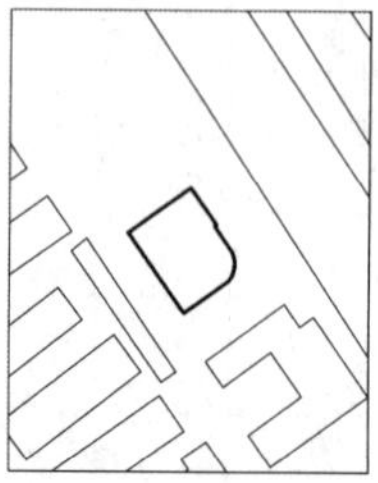
8	天津	1072	1.2	0.8	0.4	22	3.9	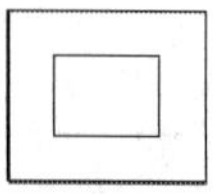	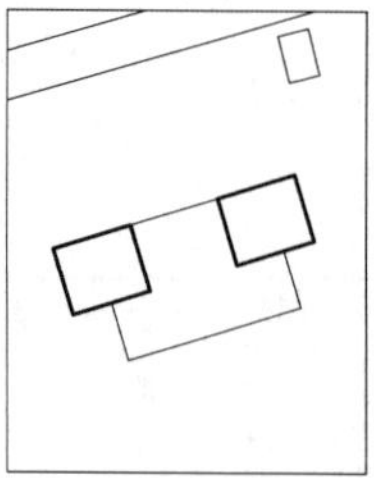

续表

案例序号	所在城市	标准层建筑面积（m^2）	矩形平面的长宽比	平面使用面积率	窗墙比（%）	建筑层数	层高（m）	平面图	区位图
9	天津	1138	1.1	0.7	0.4	25	4.0	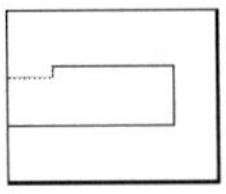	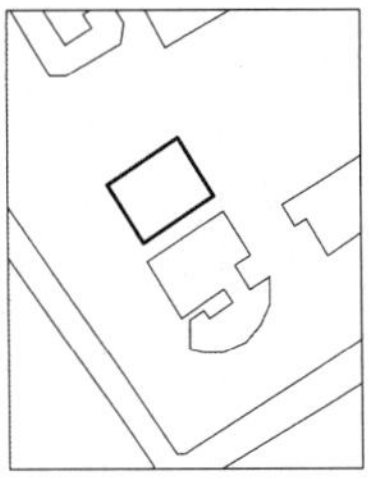
10	天津	1228	1	0.8	0.4	18	3.9	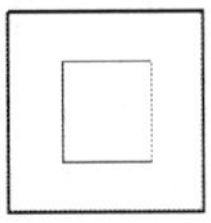	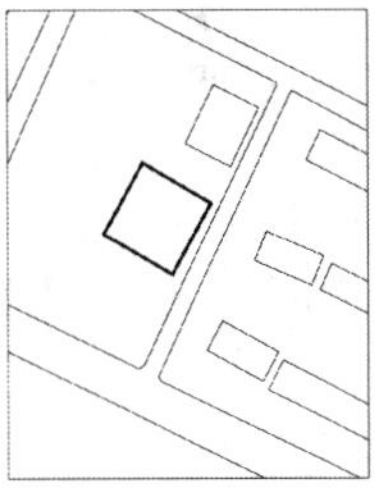
11	天津	1096	1	0.8	0.4	28	4.1	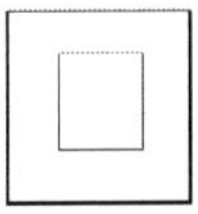	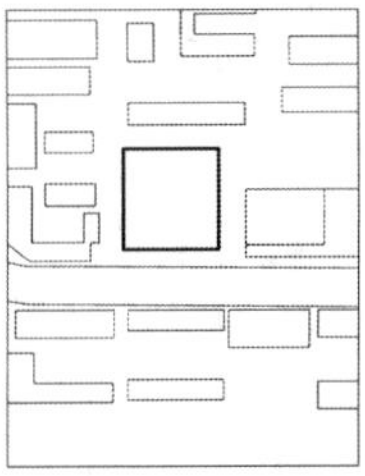
12	北京	1232	1.5	0.8	0.3	11	4.0	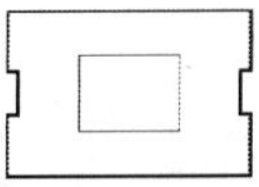	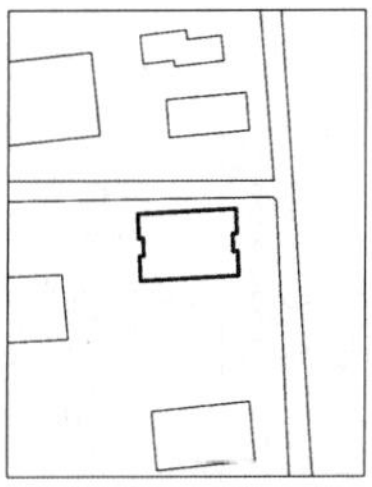

续表

案例序号	所在城市	标准层建筑面积（m^2）	矩形平面的长宽比	平面使用面积率	窗墙比（%）	建筑层数	层高（m）	平面图	区位图
13	济南	1283	—	0.8	0.6	26	4.0	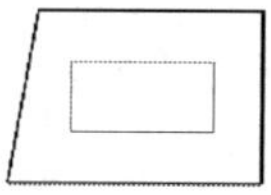	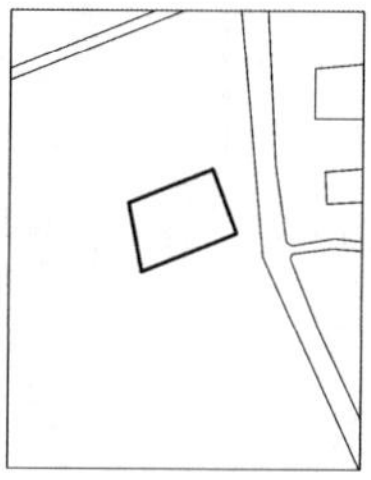
14	北京	892	1.3	0.8	0.5	15	3.8	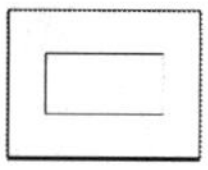	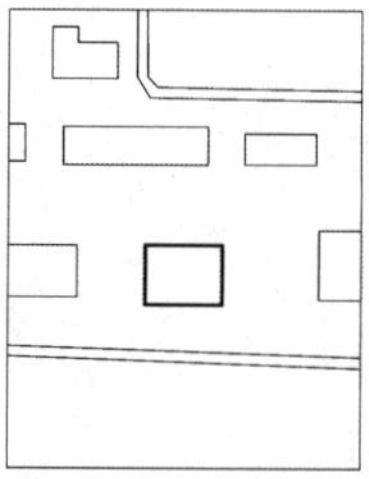
15	北京	1266	2	0.7	0.5	11	4.2	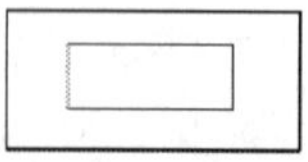	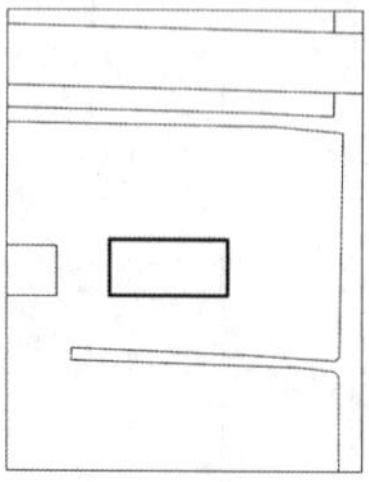
16	北京	1203	1.3	0.7	0.7	10	4.2	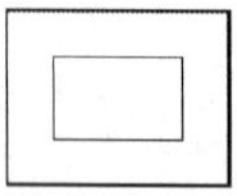	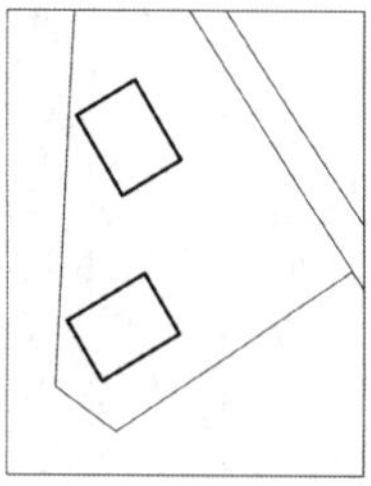

续表

案例序号	所在城市	标准层建筑面积（m^2）	矩形平面的长宽比	平面使用面积率	窗墙比（%）	建筑层数	层高（m）	平面图	区位图
17	北京	1331	1.4	0.7	0.7	18	3.9	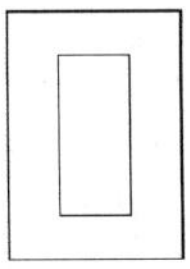	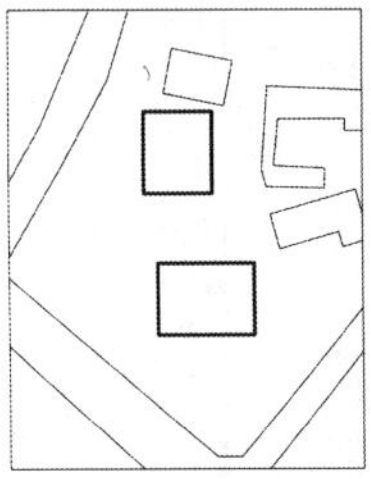
18	北京	1326	1	0.8	0.7	16	4.0	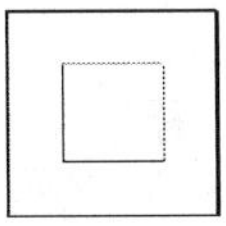	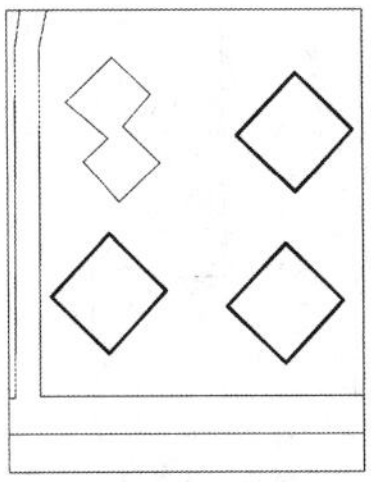
19	北京	1143	1.6	0.7	0.7	15	4.2	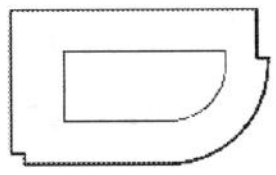	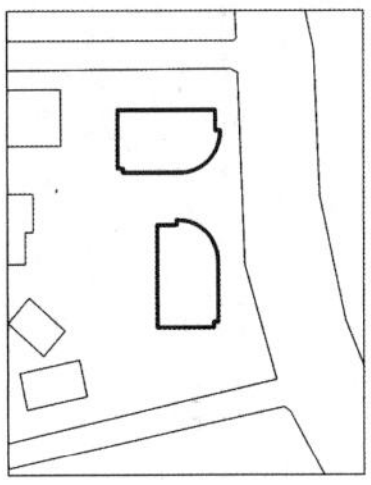
20	北京	1071	—	0.7	0.7	27	3.7	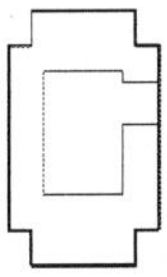	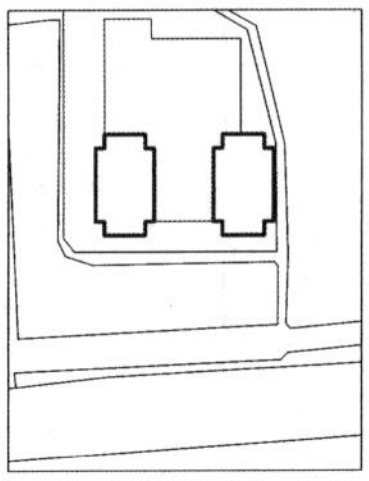
21	北京	1043	1.2	0.8	0.6	9	3.9	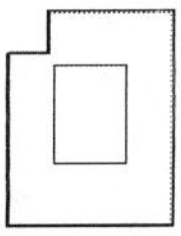	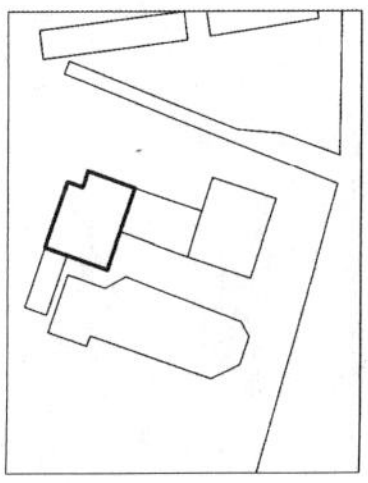

续表

案例序号	所在城市	标准层建筑面积（m^2）	矩形平面的长宽比	平面使用面积率	窗墙比（%）	建筑层数	层高（m）	平面图	区位图
22	北京	1055	1.2	0.8	0.6	12	3.9	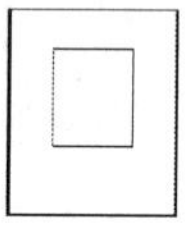	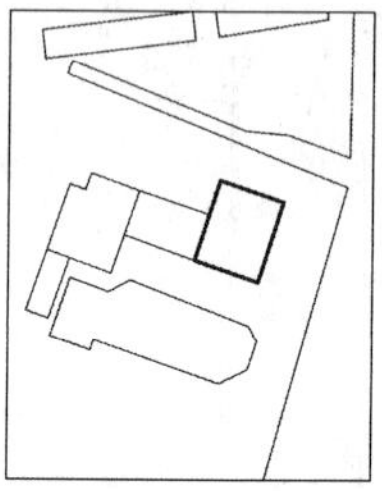
23	北京	1300	1	0.8	0.6	15	3.7	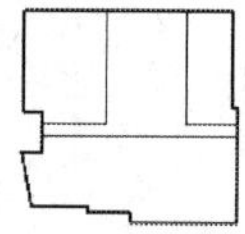	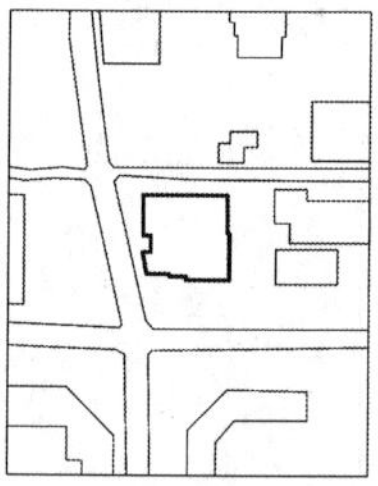
24	北京	1491	—	0.8	0.7	26	3.8	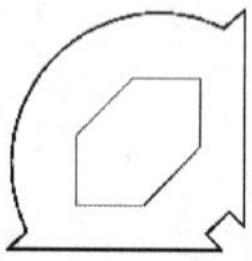	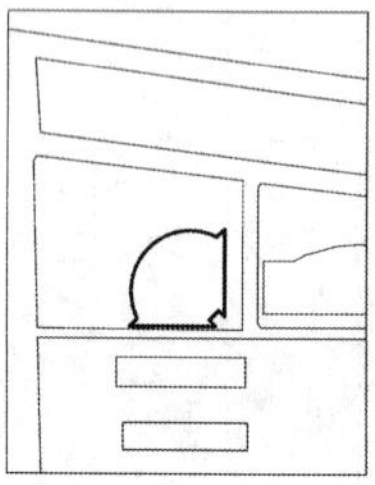
25	北京	1490	—	0.7	0.7	30	3.9	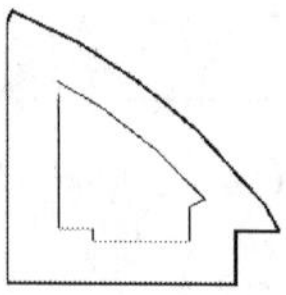	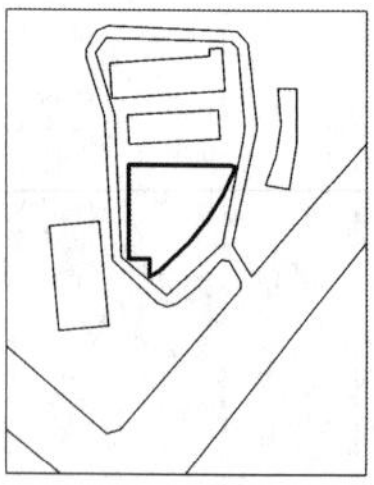

续表

案例序号	所在城市	标准层建筑面积（m^2）	矩形平面的长宽比	平面使用面积率	窗墙比（%）	建筑层数	层高（m）	平面图	区位图
26	天津	1381	—	0.8	0.6	20	3.9	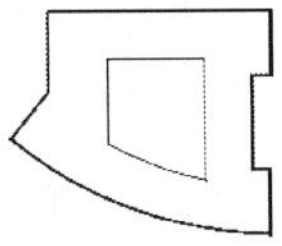	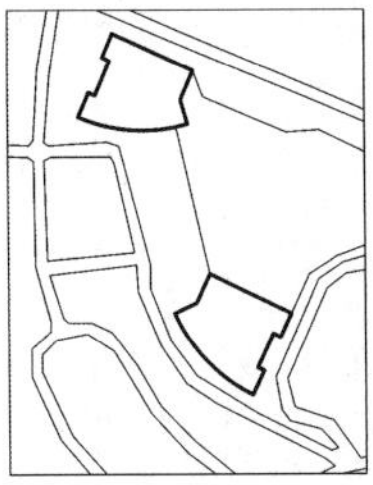
27	天津	1437	—	—	0.3	11	4.2	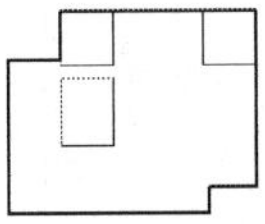	未建成
28	潍坊	1418	1.3	0.7	0.5	10	3.9	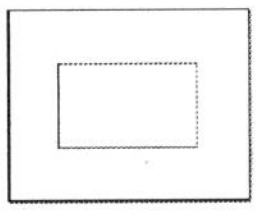	未建成
29	天津	1480	1.5	0.8	0.7	20	3.9	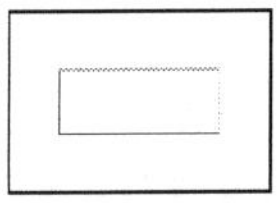	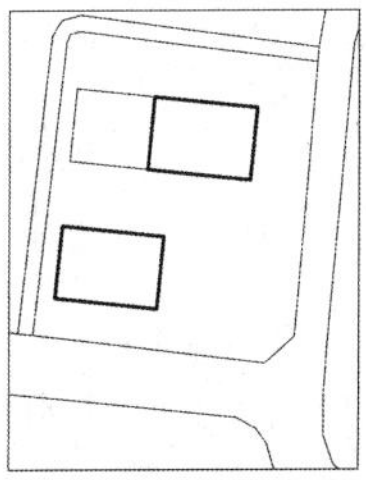

续表

案例序号	所在城市	标准层建筑面积（m^2）	矩形平面的长宽比	平面使用面积率	窗墙比（%）	建筑层数	层高（m）	平面图	区位图
30	北京	1479	1.2	0.8	0.5	11	3.6	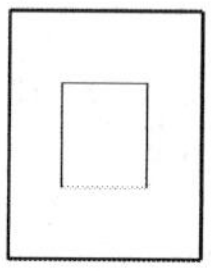	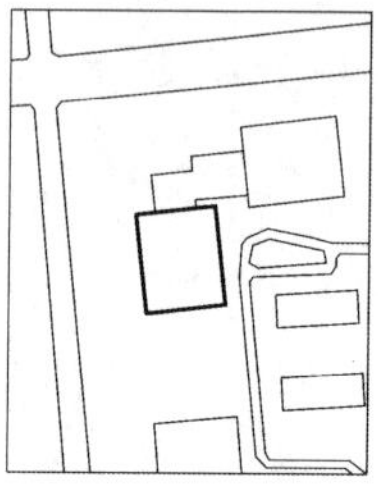
31	郑州	1453	1.3	0.7	0.7	24	4.0	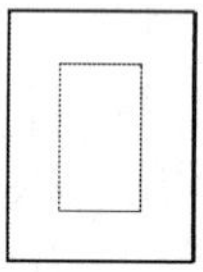	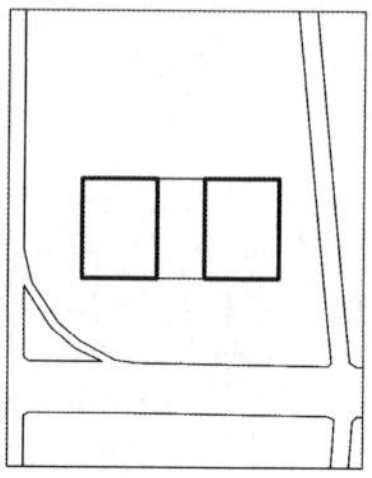
32	北京	1400	1.2	—	0.5	17	3.8	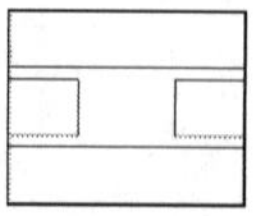	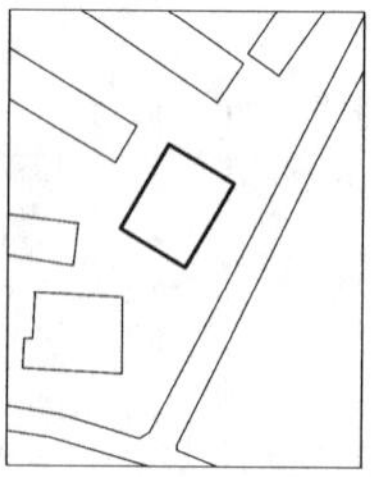
33	北京	1749	—	0.8	0.6	8	3.9	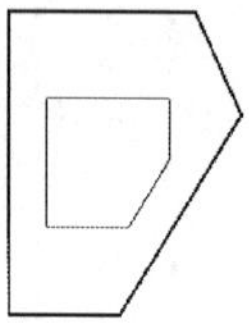	未建成
34	天津	1735	1	0.7	0.6	28	4.1	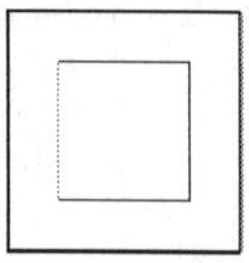	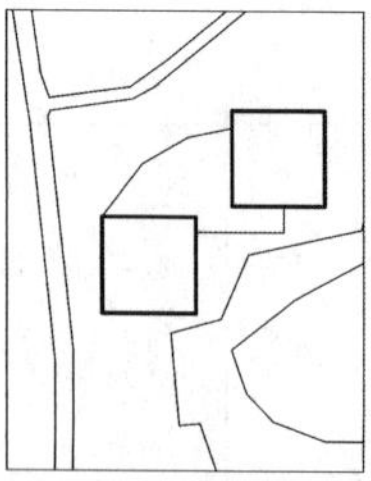

续表

案例序号	所在城市	标准层建筑面积（m^2）	矩形平面的长宽比	平面使用面积率	窗墙比（%）	建筑层数	层高（m）	平面图	区位图
35	北京	1755	1.6	0.7	0.6	26	4.4	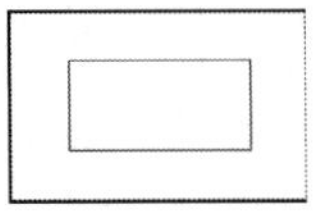	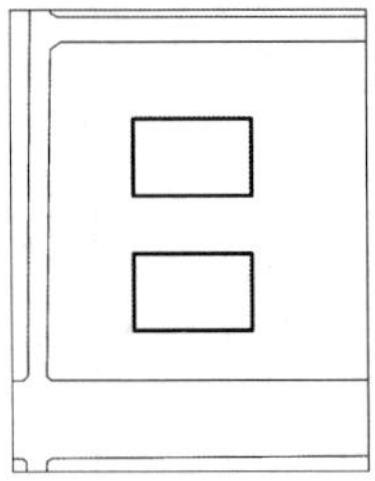
36	北京	1708	1.2	0.8	0.7	25	4.1	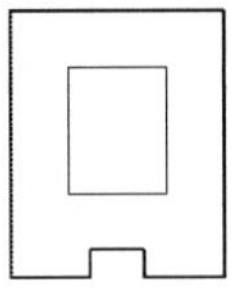	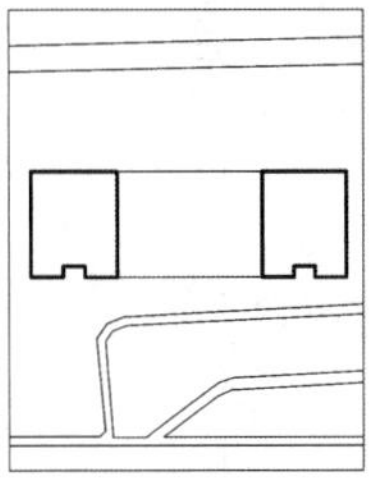
37	天津	2500	1.2	0.8	0.7	28	3.8	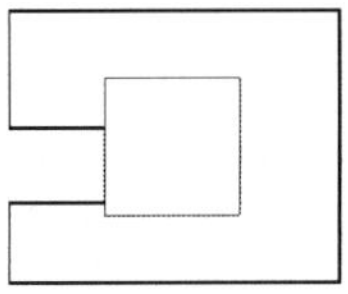	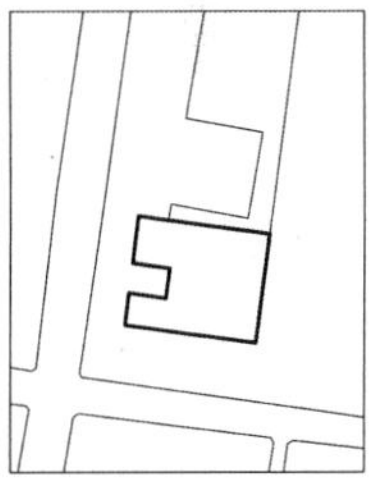
38	济南	1828	2	0.8	0.7	24	3.9	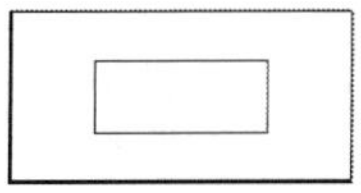	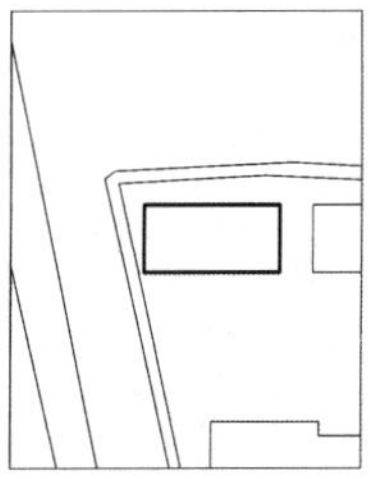

续表

案例序号	所在城市	标准层建筑面积（m^2）	矩形平面的长宽比	平面使用面积率	窗墙比（%）	建筑层数	层高（m）	平面图	区位图
39	济南	1840	1	0.8	0.7	30	3.9	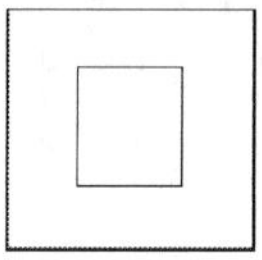	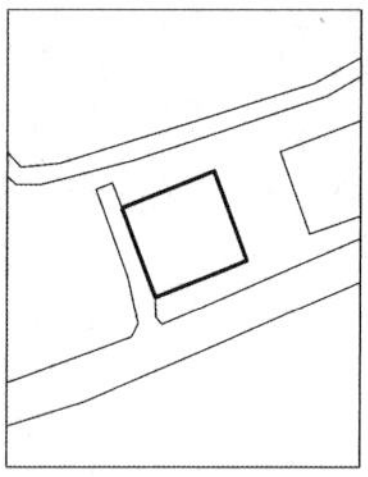
40	郑州	2029	1.2	0.7	0.7	32	3.9	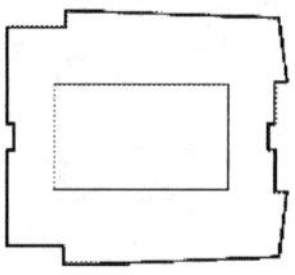	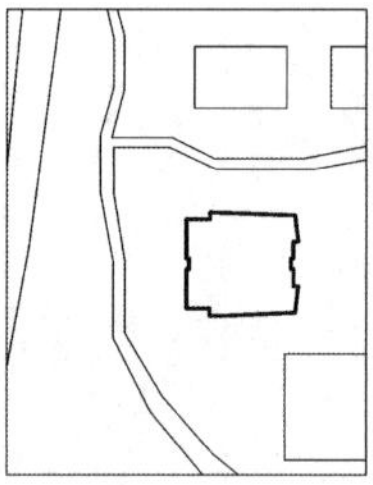
41	郑州	1800	—	0.8	0.7	28	4.2	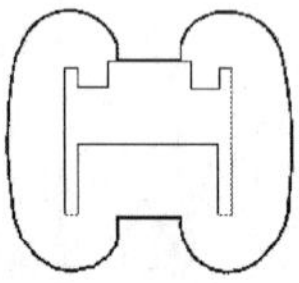	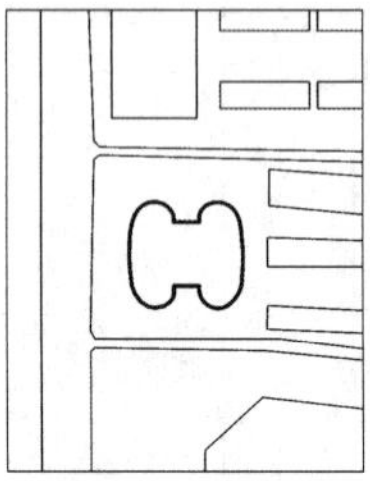
42	郑州	2182	1.8	0.7	0.7	30	3.9	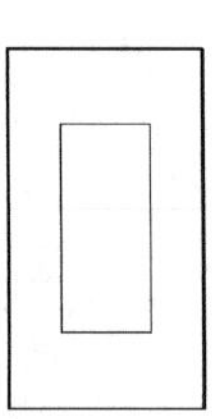	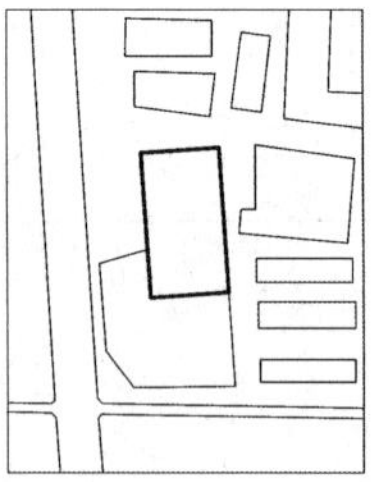

续表

案例序号	所在城市	标准层建筑面积(m^2)	矩形平面的长宽比	平面使用面积率	窗墙比(%)	建筑层数	层高(m)	平面图	区位图
43	北京	2063	1.5	0.8	0.7	21	4.0	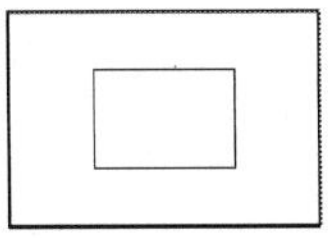	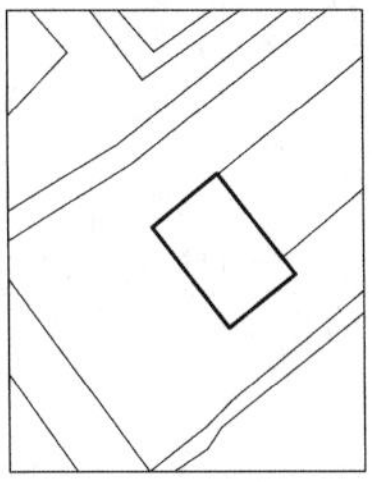
44	北京	2281	—	0.8	0.7	25	3.8	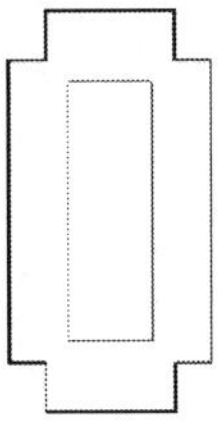	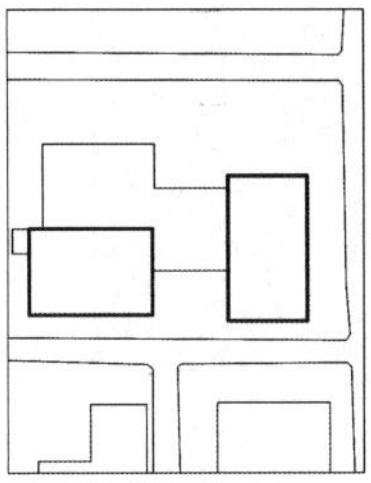
45	北京	2340	1.2	0.7	0.7	20	3.8	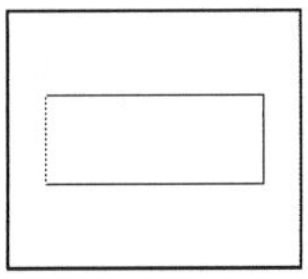	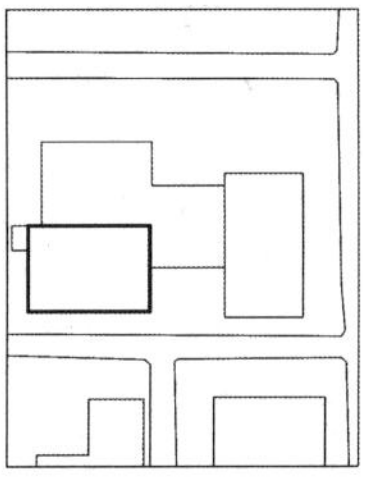
46	北京	2062	—	0.8	0.8	28	3.6	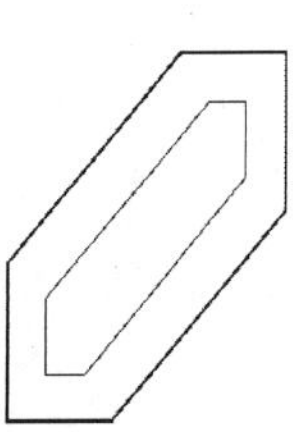	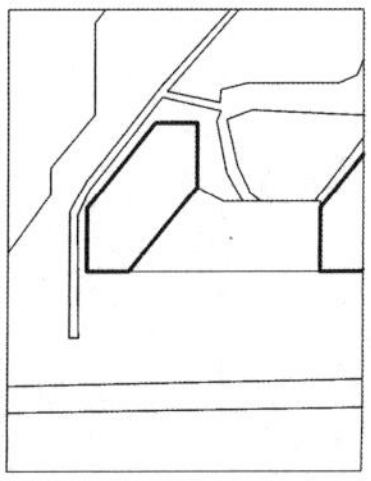

续表

案例序号	所在城市	标准层建筑面积（m^2）	矩形平面的长宽比	平面使用面积率	窗墙比（%）	建筑层数	层高（m）	平面图	区位图
47	北京	1790	1.6	0.8	0.7	14	4.0	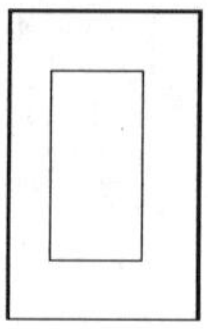	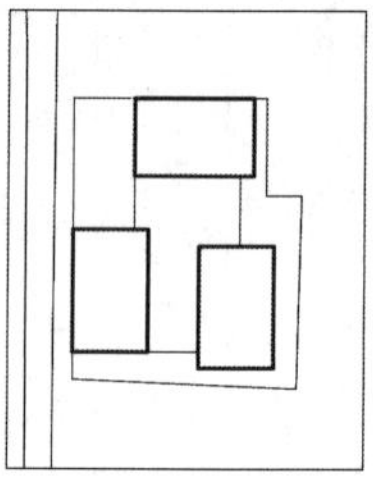
48	北京	2189	—	0.7	0.7	24	3.9	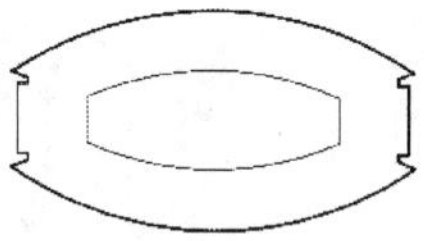	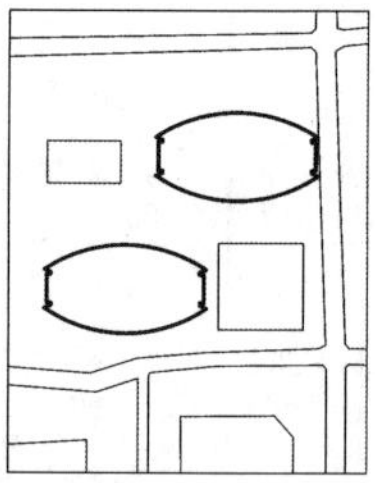
49	北京	1950	—	0.8	0.7	21	3.9		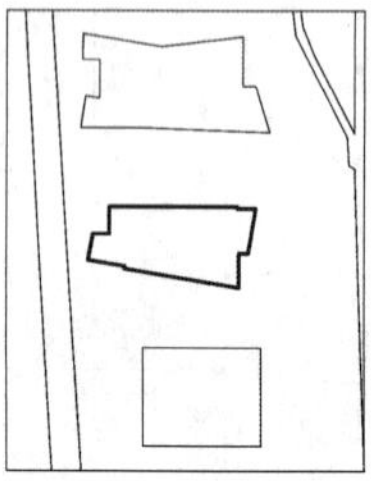
50	北京	2200	—	—	0.7	20	3.6	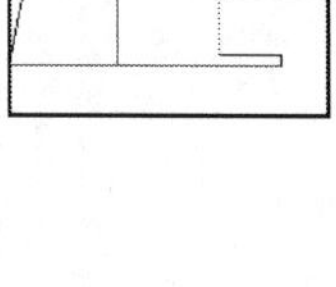	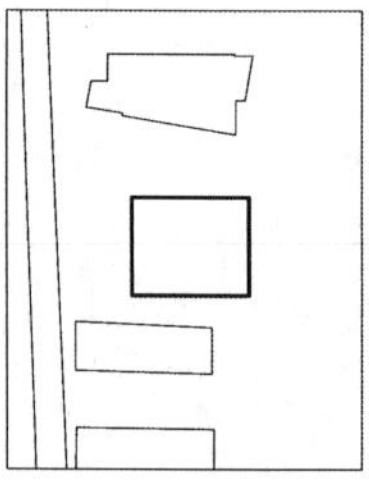

资料来源：根据案例信息及网络资料绘制。

附表 2

条式高层办公建筑调研案例信息统计表

案例序号	所在地	标准层建筑面积（m^2）	平面长度（m）	平面宽度（m）	平面使用面积率	窗墙比（%）	建筑层数	层高（m）	平面图	区位图
1	北京	1218	75	16	0.7	0.4	13	4.2		
2	天津	2202	74	30	0.8	0.5	12	3.9		

续表

案例序号	所在地	标准层建筑面积（m^2）	平面长度（m）	平面宽度（m）	平面使用面积率	窗墙比（%）	建筑层数	层高（m）	平面图	区位图
3	天津	2087	83	25	0.7	0.4	11	4.2		
4	天津	2750	110	25	0.8	0.7	7	3.6		

续表

案例序号	所在地	标准层建筑面积（m^2）	平面长度（m）	平面宽度（m）	平面使用面积率	窗墙比（%）	建筑层数	层高（m）	平面图	区位图
5	天津	1138	61	19	0.8	0.7	10	3.9	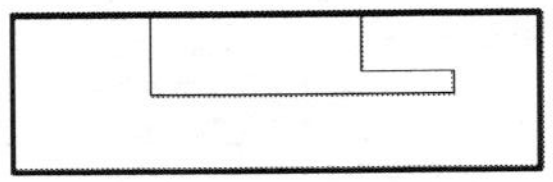	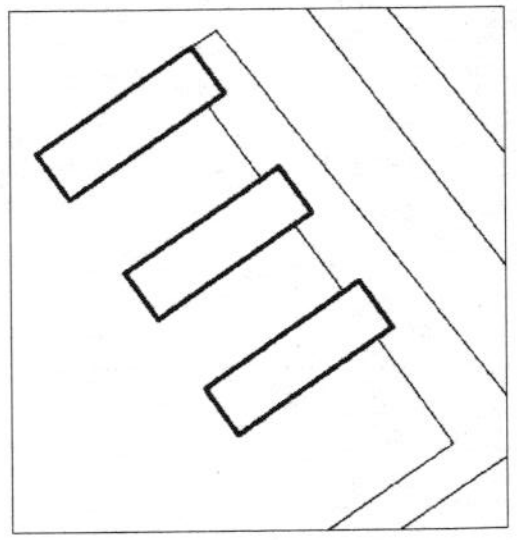
6	天津	1557	69	23	0.8	0.5	20	3.9	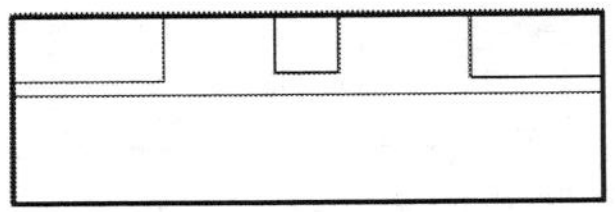	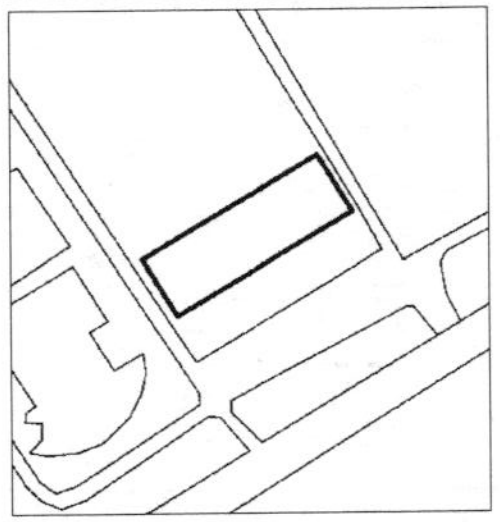
7	山东	1221	63	20	0.8	0.4	8	3.8	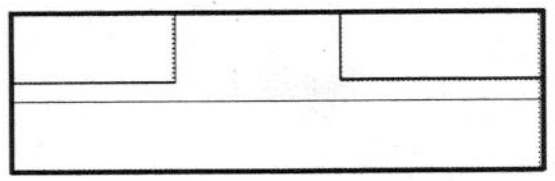	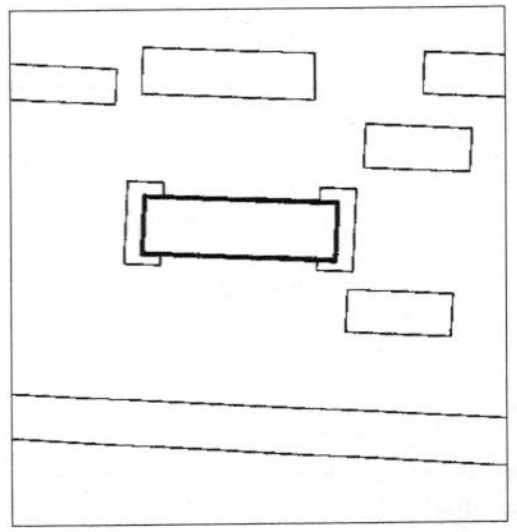

续表

案例序号	所在地	标准层建筑面积（m^2）	平面长度（m）	平面宽度（m）	平面使用面积率	窗墙比（%）	建筑层数	层高（m）	平面图	区位图
8	河北	1248	61	21	0.7	0.7	16	4	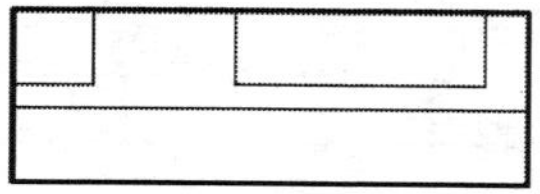	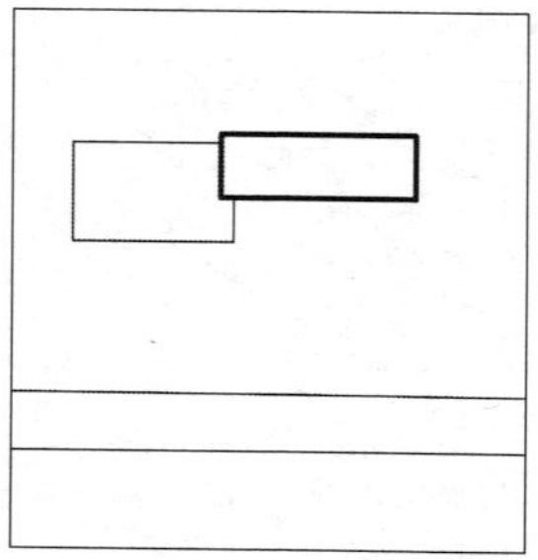
9	河北	766	42	18	0.7	0.6	23	4.1	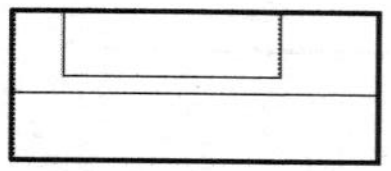	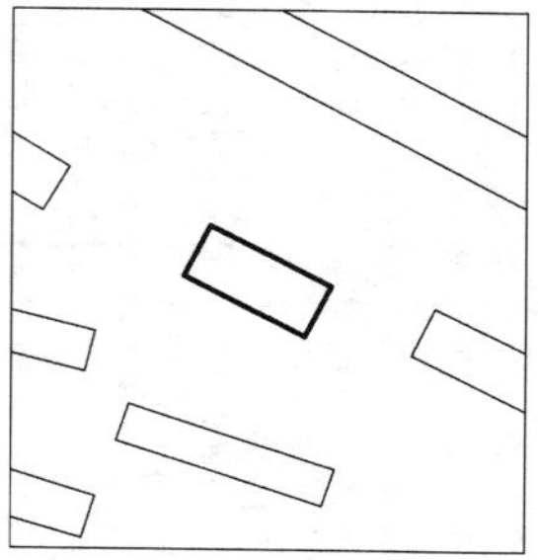

续表

案例序号	所在地	标准层建筑面积（m^2）	平面长度（m）	平面宽度（m）	平面使用面积率	窗墙比（%）	建筑层数	层高（m）	平面图	区位图
10	河北	1063	60	18	0.7	0.6	24	4	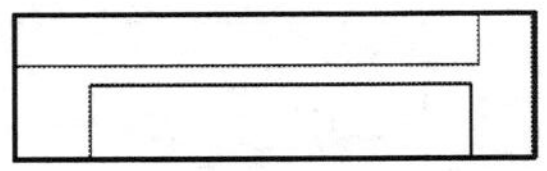	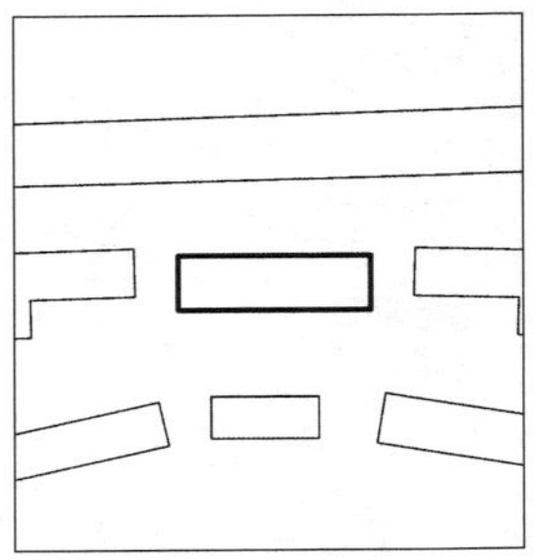
11	山东	1391	55	25	0.8	0.5	24	4.1	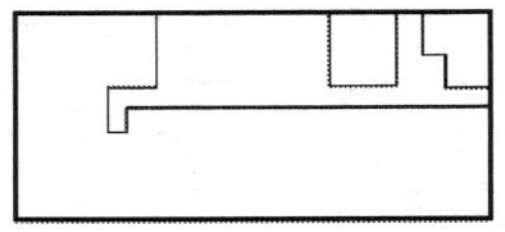	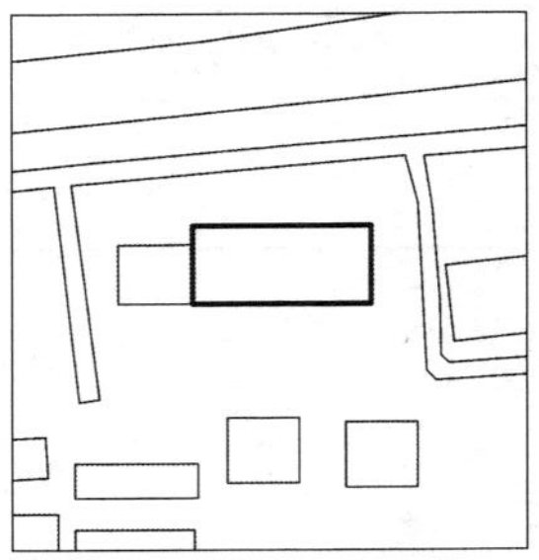

续表

案例序号	所在地	标准层建筑面积（m^2）	平面长度（m）	平面宽度（m）	平面使用面积率	窗墙比（%）	建筑层数	层高（m）	平面图	区位图
12	河南	779	41	19	0.7	0.5	19	3.7	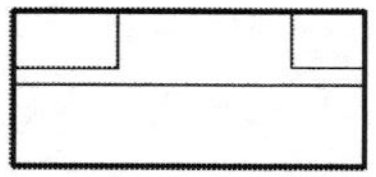	未建成
13	天津	489	35	14	0.8	0.4	13	3.7	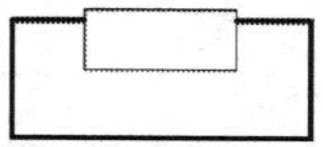	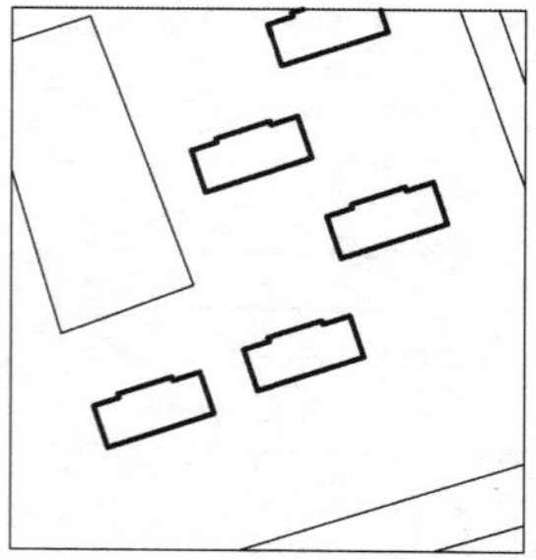
14	山东	1881	77	24	0.8	0.7	18	3.6	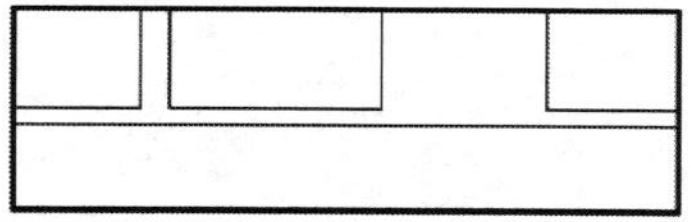	未建成

续表

案例序号	所在地	标准层建筑面积（m^2）	平面长度（m）	平面宽度（m）	平面使用面积率	窗墙比（%）	建筑层数	层高（m）	平面图	区位图
15	北京	986	64	15	0.7	0.3	15	3.8	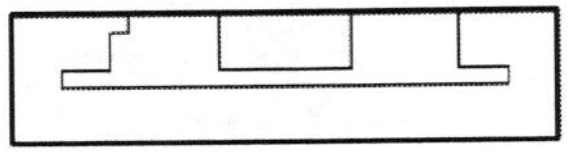	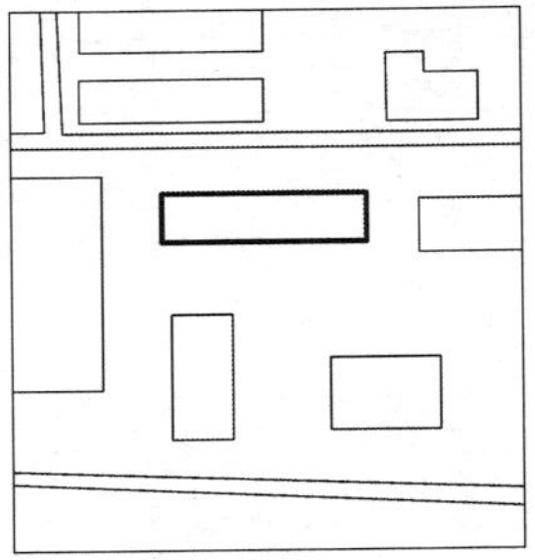
16	河北	921	59	16	0.7	0.7	20	4	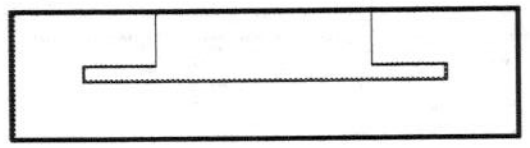	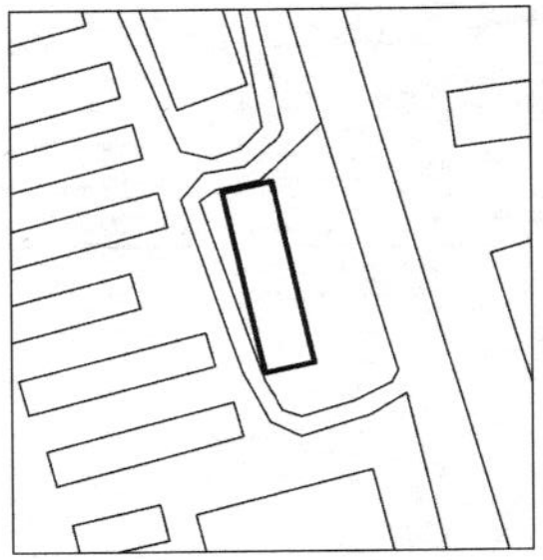

续表

案例序号	所在地	标准层建筑面积（m^2）	平面长度（m）	平面宽度（m）	平面使用面积率	窗墙比（%）	建筑层数	层高（m）	平面图	区位图
17	北京	1576	80	20	0.8	0.5	11	5.4	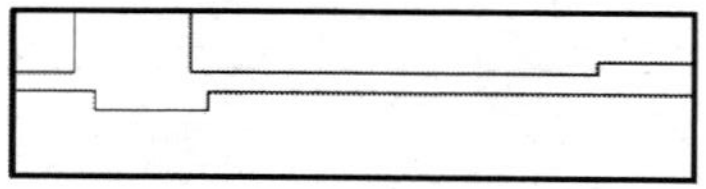	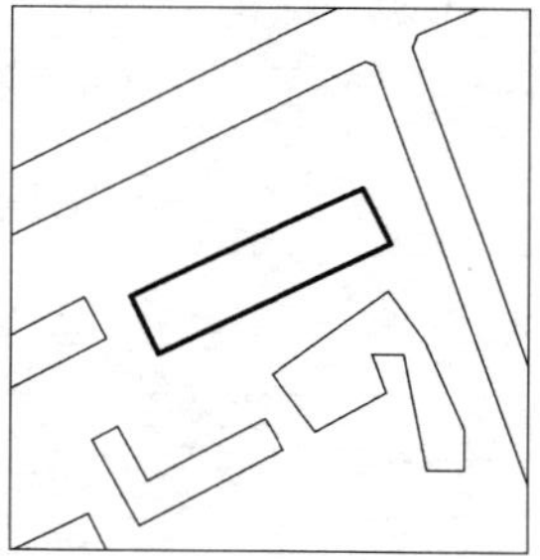
18	山东	1768	98	18	0.7	0.5	24	4	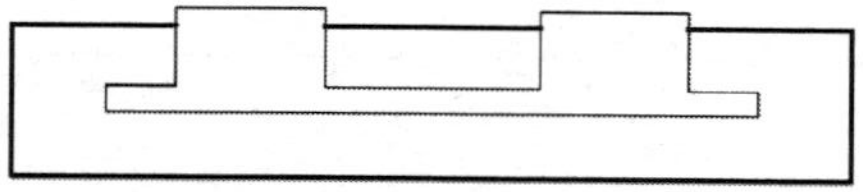	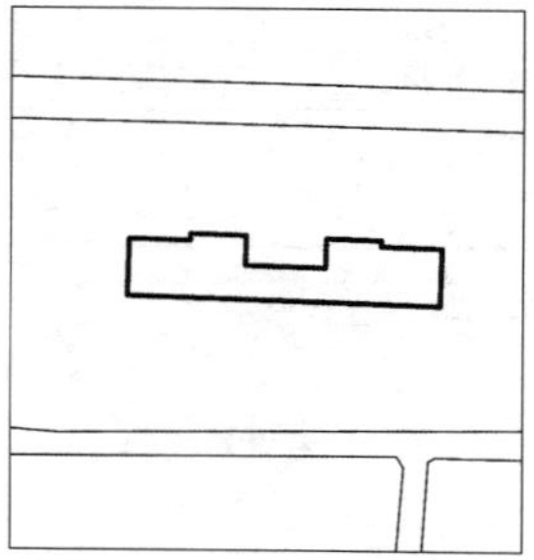

续表

案例序号	所在地	标准层建筑面积（m^2）	平面长度（m）	平面宽度（m）	平面使用面积率	窗墙比（%）	建筑层数	层高（m）	平面图	区位图
19	河北	1485	66	23	0.8	0.7	24	3.9	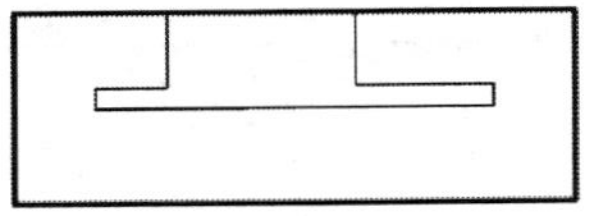	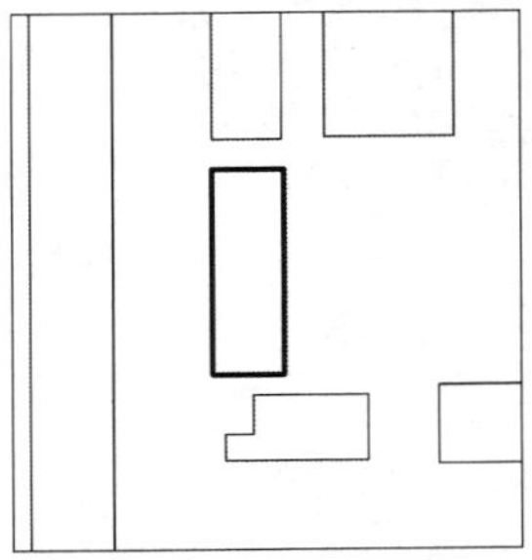
20	河北	1474	74	23	0.8	0.7	24	3.6	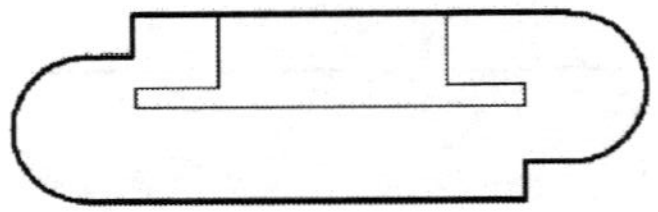	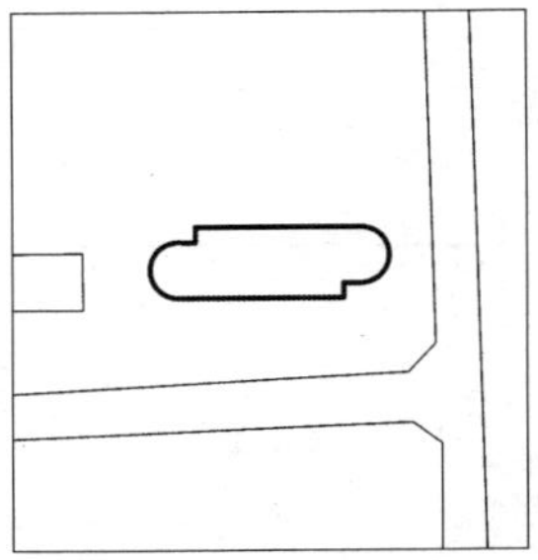

续表

案例序号	所在地	标准层建筑面积 (m^2)	平面长度 (m)	平面宽度 (m)	平面使用面积率	窗墙比 (%)	建筑层数	层高 (m)	平面图	区位图
21	山东	1350	60	23	0.8	0.5	21	3.8	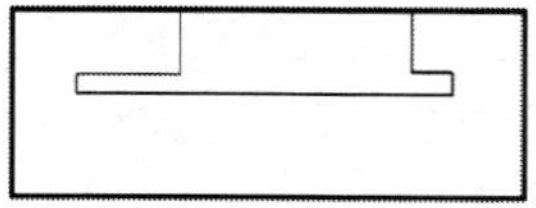	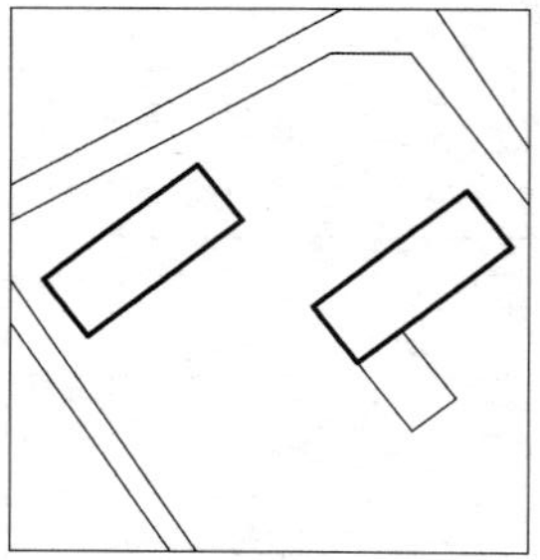
22	河北	1055	52	20	0.8	0.7	22	4	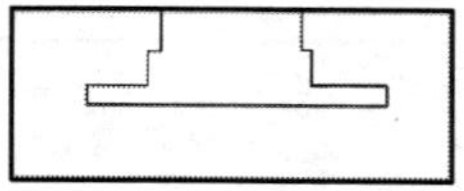	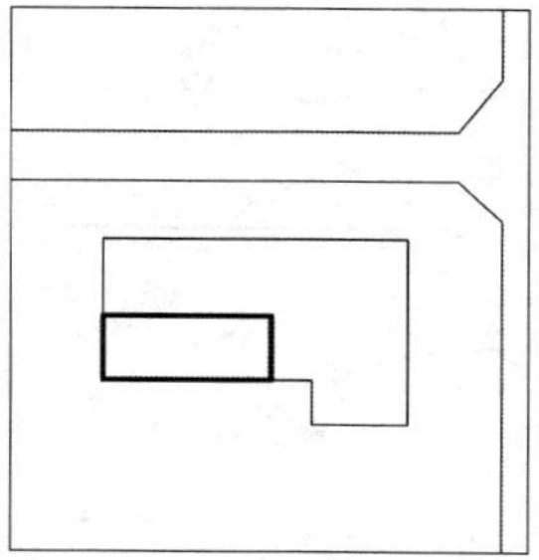

续表

案例序号	所在地	标准层建筑面积（m^2）	平面长度（m）	平面宽度（m）	平面使用面积率	窗墙比（%）	建筑层数	层高（m）	平面图	区位图
23	山东	2256	94	24	0.8	0.5	15	4	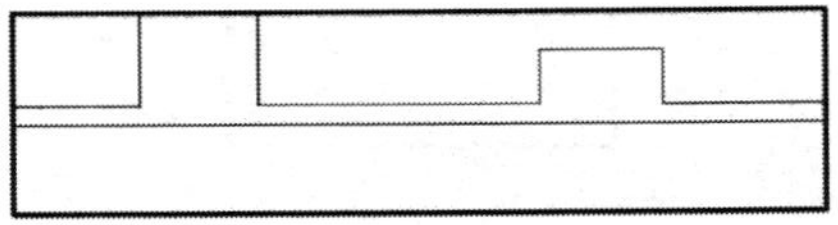	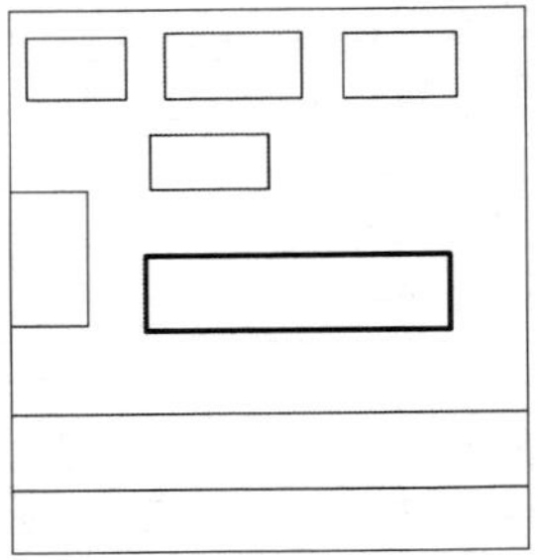
24	北京	1898	94	20	0.8	0.6	18	3.9	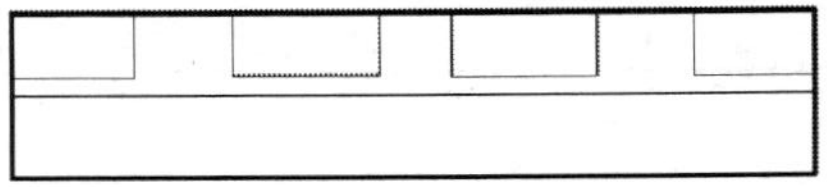	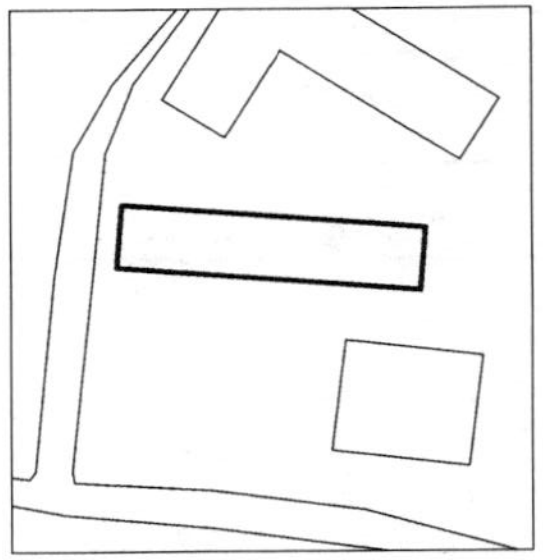

续表

案例序号	所在地	标准层建筑面积（m^2）	平面长度（m）	平面宽度（m）	平面使用面积率	窗墙比（%）	建筑层数	层高（m）	平面图	区位图
25	山东	3277	113	29	0.8	0.6	24	3.9	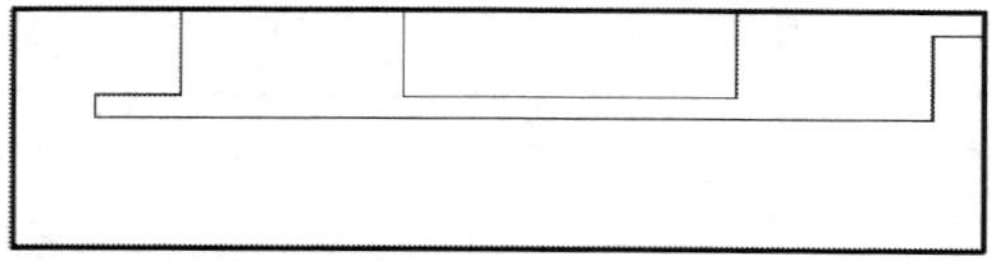	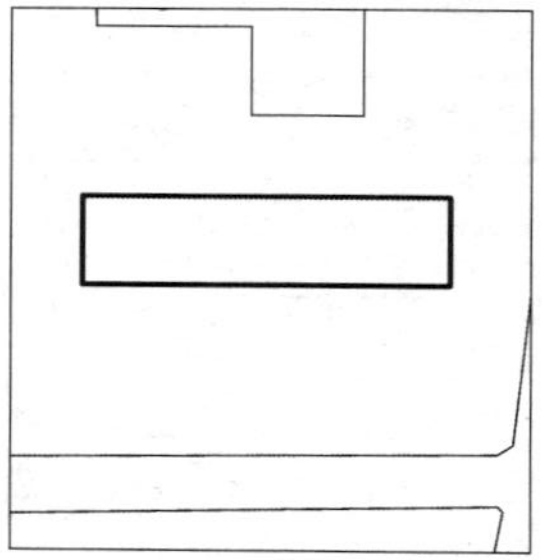
26	山东	918	45	20	0.9	0.4	17	3.8	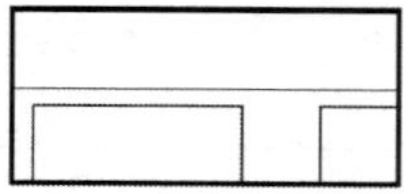	未建成
27	郑州	2948	117	25	0.8	0.5	22	4.2	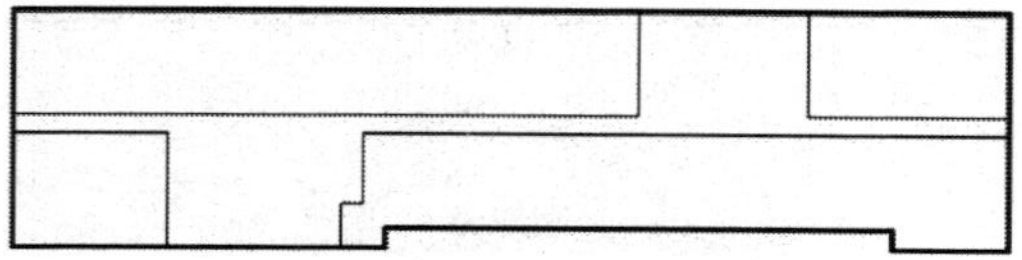	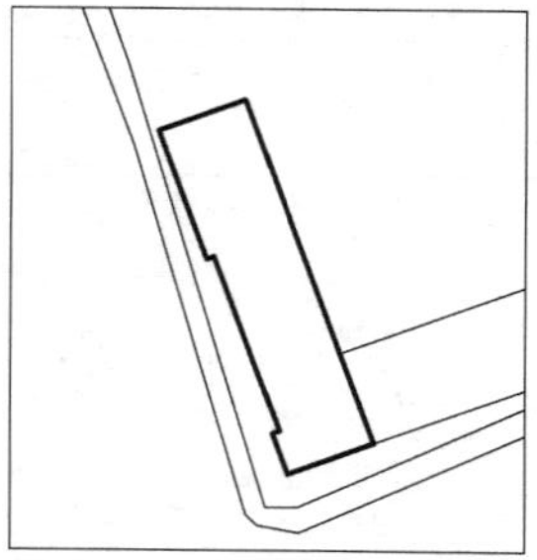

续表

案例序号	所在地	标准层建筑面积（m^2）	平面长度（m）	平面宽度（m）	平面使用面积率	窗墙比（%）	建筑层数	层高（m）	平面图	区位图
28	郑州	1392	80	17	0.9	0.7	22	4.2	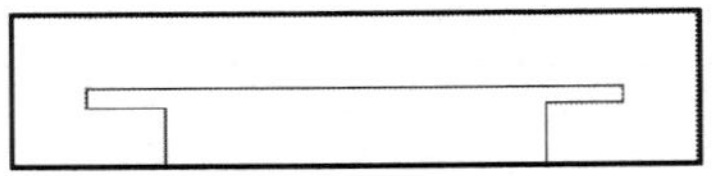	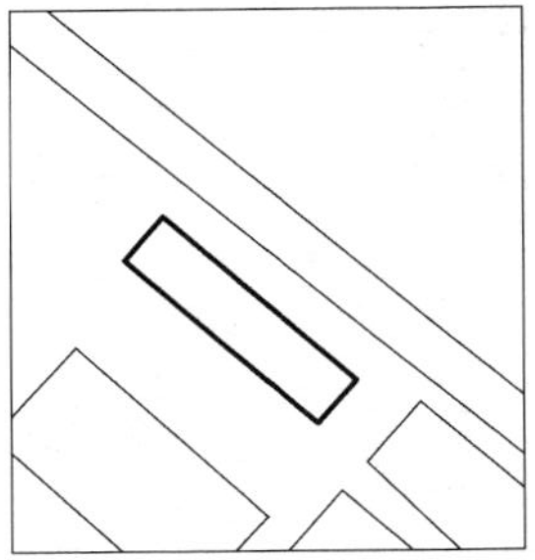
29	郑州	1940	69	28	0.8	0.4	21	3.9	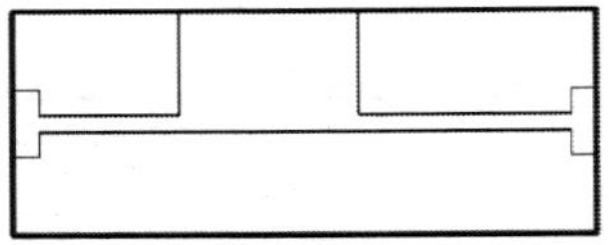	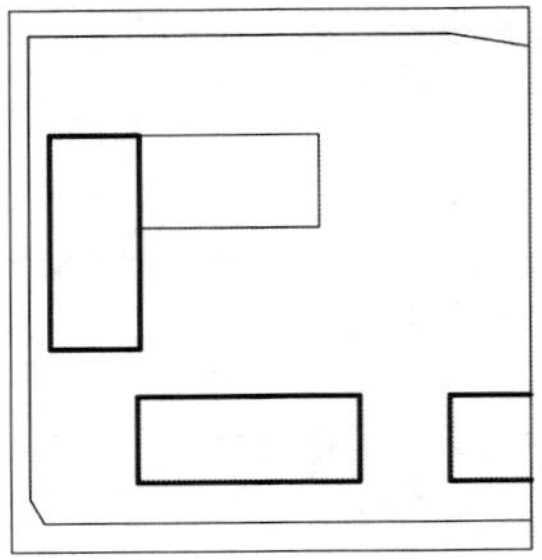

续表

案例序号	所在地	标准层建筑面积（m^2）	平面长度（m）	平面宽度（m）	平面使用面积率	窗墙比（%）	建筑层数	层高（m）	平面图	区位图
30	石家庄	680	40	17	0.8	0.6	20	5	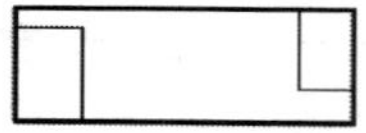	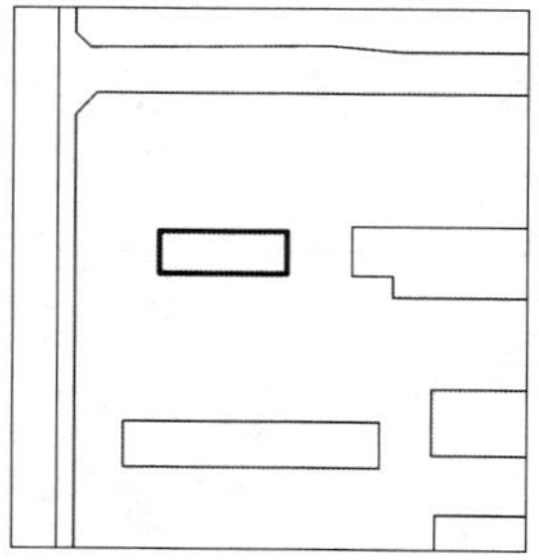
31	石家庄	1037	61	17	0.8	0.6	15	5	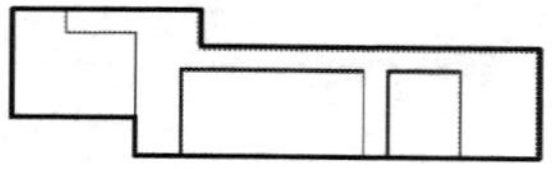	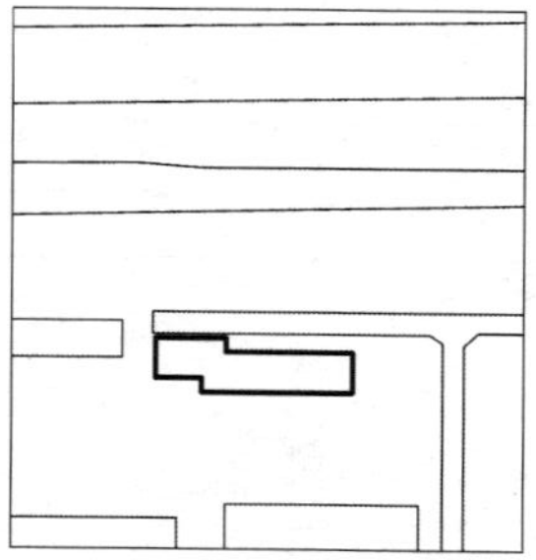

续表

案例序号	所在地	标准层建筑面积（m^2）	平面长度（m）	平面宽度（m）	平面使用面积率	窗墙比（%）	建筑层数	层高（m）	平面图	区位图
32	济南	1260	60	21	0.8	0.7	24	3.9	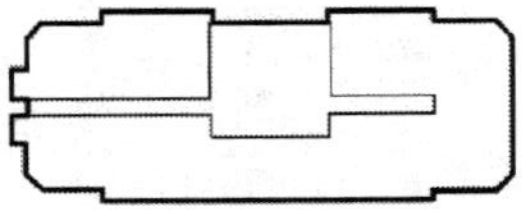	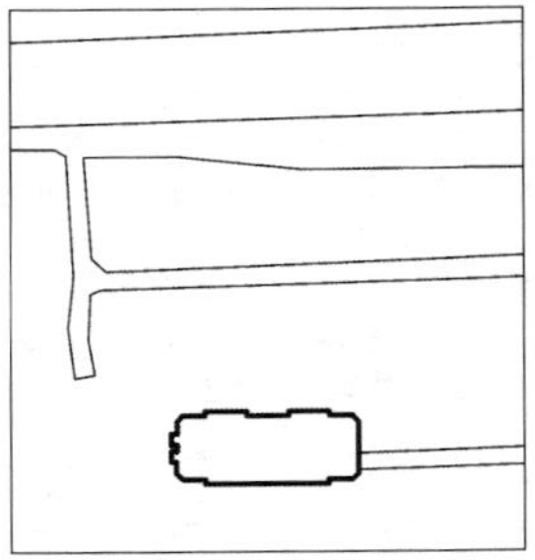
33	石家庄	1260	60	21	0.8	0.3	24	3.6	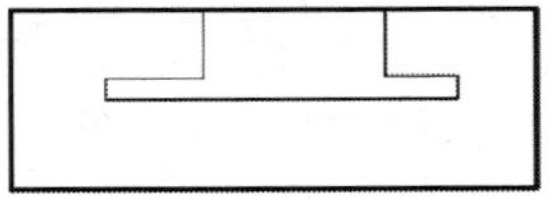	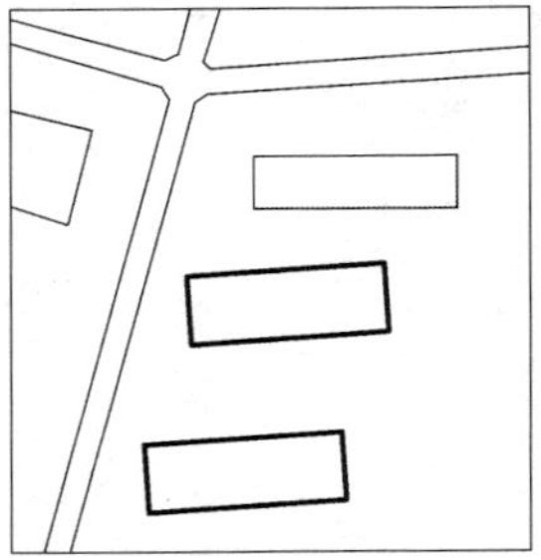

资料来源：作者根据案例信息及百度地图改绘。

参考文献

[1] 斯蒂芬·李柏，格伦·斯特拉西. 即将来临的经济崩溃[M]. 刘伟，译. 北京：东方出版社，2008：149-152.

[2] 中华人民共和国国民经济和社会发展第十三个五年规划纲要[EB/OL]. 中国政府网，2016-03-17[2017-02-07]. http://www.gov.cn/xinwen/2016-03/17/content_5054992.htm.

[3] 清华大学建筑节能研究中心. 中国建筑节能年度发展研究报告 2017[M]. 北京：中国建筑工业出版社，2017：8.

[4] 国家统计局固定资产投资统计司. 中国建筑业统计年鉴 2001-2016 [M]. 北京：中国统计出版社，2001-2016.

[5] 以贯彻落实《广东省民用建筑节能条例》为契机开创我省建筑节能工作新局面——广东省住房和城乡建设厅厅长房庆方在《广东省民用建筑节能条例》宣贯会上的讲话[J]. 建筑监督检测与造价，2011(z1)：52-57.

[6] 中华人民共和国住房和城乡建设部. 公共建筑节能设计标准 GB 50189—2015[S]. 北京：中国建筑工业出版社，2015.

[7] 关于公布全国绿色建筑创新奖获奖项目的通报[EB/OL]. 中华人民共和国住房和城乡建设部官方网站，2015-07-07 [2017-05-07]. http://www.mohurd.gov.cn/wjfb/201507/t20150714_222929.html.

[8] 全国绿色建筑标识项目统计[EB/OL]. 绿色建筑评价标识网，2016-09-01[2017-05-07]. http://www.cngb.org.cn/.

[9] 汪又兰，赵华. "双百工程"重在示范——绿色建筑和低能耗建筑示范工程工作综述[J]. 建设科技，2011(6)：16-19.

[10] 关于加快推动我国绿色建筑发展的实施意见(财建[2012]167 号)[EB/OL]. 财政部 住房和城乡建设部联合通知，2012-04-27(7)[2015-04-04]. http://www.mohurd.gov.cn/zcfg/xgbwgz/201205/t20120510_209831.html.

[11] 中德合作被动式房屋低能耗示范工程[J]. 建设科技，2013(9)：14-15.

[12] 新华网. 全国"被动式低能耗建筑"示范项目达 24 个[N/OL]. 新华网新闻，2015-03-25[2017-05-12]. http://news.xinhuanet.com/fortune/2015-03/25/c_1114762804.htm.

[13] 肖莉. "中德被动式低能耗建筑示范工程"验收会在石家庄召开[J]. 建设科技，2016(11)：11.

[14] http://www.passivehouse.org.cn/al/

[15] 杨秀. 基于能耗数据的中国建筑节能问题研究[D]. 北京：清华大学建筑技术科学系，2009：76.

[16] 绿色建筑案例介绍[DB/OL]. 绿色建筑地图网站，2016-05-07[2017-05-07]. http://www.gbmap.org/.

[17] 中华人民共和国建设部. 民用建筑热工设计规范 GB 50176—1993[S]. 北京：中国计划出版社，1993.

[18] 中华人民共和国建设部. 建筑气候区划标准 GB 50178—1993[S]. 北京：中国计划出版社，1993.

[19] 中华人民共和国住房和城乡建设部. 建筑采光设计标准 GB 50033—2013 [S]. 北京：中国建筑工业出版社，2012.

[20] EnergyPlus 软件官方介绍，[2017-05-14]. http://apps1.eere.energy.gov/buildings/energyplus/.

[21] DesignBuilder 软件官方网站，[2017-03-07]. http://www.designbuilder.co.uk.

[22] 潘毅群，等. 实用建筑能耗模拟手册[M]. 北京：中国建筑工业出版社，2013：55.

[23] Advanced Energy Design Guide for Small to Medium Office Buildings[Z]. ASHARE Design Guide, 2011.

[24] 李晓俊. 基于能耗模拟的建筑节能整合设计方法研究[D]. 天津:天津大学建筑学院,2013.

[25] 刘加平,谭良斌,何泉. 建筑创作中的节能设计[M]. 北京:中国建筑工业出版社,2009.

[26] 罗旭堃. 西安地区办公建筑节能设计研究[D]. 西安:西安建筑科技大学,2004.

[27] 石运龙. 呼和浩特地区办公建筑节能设计研究[D]. 西安:西安建筑科技大学,2007.

[28] 刘大龙,刘涛,杨柳,等. 西安市大型办公建筑能耗与节能设计分析[J]. 城市建筑,2009(8):23-24.

[29] 成辉,朱新荣,刘加平,等. 高层办公建筑节能设计常见问题及对策[J]. 建筑科学,2011,27(4):13-18.

[30] 李振翔. 办公建筑节能设计方法研究[D]. 杭州:浙江大学,2004.

[31] 杨维菊,徐尧,吴薇,等. 办公建筑的生态节能设计[J]. 建筑节能,2006,34(6):27-31.

[32] 宋德萱,程光. 办公建筑节能设计思考[J]. 城市建筑,2009(8):20-22.

[33] 叶佳明. 夏热冬冷地区办公类建筑设计与节能技术整合[D]. 南京:东南大学,2010.

[34] 李珺杰,杨路. 影响西安地区办公建筑低碳化的气候应变性设计[J]. 华中建筑,2012,30(4):37-41.

[35] 惠超微. 高层办公建筑表皮可持续设计研究[D]. 天津:天津大学建筑学院,2010.

[36] 杨曦. 办公建筑形体生成中的可持续策略研究[D]. 天津:天津大学建筑学院,2010.

[37] 吕元之,吴迪,刘丛红,等. 寒冷气候区办公建筑空间设计中的节能潜力分析[C]. 第七届既有建筑改造技术交流研讨会(既有建筑绿色化改造关键技术研究与示范项目交流会)论文集,2015:196-201.

[38] 祝正午,吴迪,刘丛红,等. 寒冷气候带中心商务区低碳节能城市设计策略初探[C]. 第七届既有建筑改造技术交流研讨会(既有建筑绿色化改造关键技术研究与示范项目交流会)论文集,2015:189-195.

[39] Depecker P., Menezo C., Virgone J., et al. Design of Buildings Shape and Energetic Consumption[J]. Building and Environment, 2001, 36:627-635.

[40] Premrov M., Leskovar V., Mihalic K. Influence of the Building Shape on the Energy Performance of Timber-Glass Buildings in Different Climatic Conditions[J]. Energy, 2016, 108:201-211.

[41] Mahdavi A., Gurtekin B. Shapes, Numbers, Perception: Aspects and Dimensions of the Design-Performance Space[C]. Proceedings of the 6th International Conference: Design and Decision Support Systems in Architecture. The Netherlands, 2002:291-300.

[42] Pessenlehner W., Mahdavi A. Building Morphology, Transparence, and Energy Performance[C]. Proceedings of the 8th International IBPSA Conference. The Netherlands, 2003:1025-1032.

[43] 宋德萱,张峥. 建筑平面体形设计的节能分析[J]. 新建筑,2000(3):8-11.

[44] 高霖,史建伟,陈子毅,等. 科技部综合节能示范楼工程设计[J]. 建筑创作,2002(10):64-69.

[45] 余庄,张辉. 夏热冬冷地区办公建筑节能的数字分析和设计策略[J]. 建筑学报,2007(7):42-45.

[46] 李程. 夏热冬冷地区办公建筑节能措施研究[D]. 杭州:浙江大学,2007.

[47] 王丽娟. 寒冷地区办公建筑节能设计参数研究[D]. 西安:西安建筑科技大学,2007.

[48] Lam J., Wan K., Yang L. Sensitivity Analysis and Energy Conservation Measures Implications[J]. Energy Conversion and Management, 2008, 49:3170-3177.

[49] 张威. 湖北省机关办公楼建筑能耗分析及节能研究[D]. 武汉:华中科技大学,2009.

[50] 王永龙,潘毅群. 典型办公建筑能耗模型中输入参数单因子敏感性的分析研究[J]. 建筑节能,2014(2):9-14.

[51] Ihara T., Gustavsen A., Jelle B. Effect of Facade Components on Energy Efficiency in Office Buildings[J]. Applied Energy, 2015, 158:422-432.

[52] Fasi M. A., Budaiwi I. M. Energy Performance of Windows in Office Buildings Considering Daylight Integration and Visual Comfort in Hot Climates[J]. Energy and Buildings, 2015, 108:307-316.

[53] Liu L. ,Lin B. ,Peng B. Correlation Analysis of Building Plane and Energy Consumption of High-Rise Office Building in Cold Zone of China[J]. Building Simulation,2015,8:487-498.

[54] 刘利刚,林波荣,彭渤. 中国典型高层办公建筑平面布置与能耗关系模拟研究[J]. 新建筑,2016(6):104-108.

[55] 刘洪磊. 既有办公建筑外窗采光与节能技术研究[D]. 重庆:重庆大学,2015.

[56] 孙海莉,陆俊俊,王智超,等. 深圳地区办公建筑节能潜力研究[J]. 建筑节能,2015(4):117-118,123.

[57] GoiaF. Search for the Optimal Window-to-Wall Ratio in Office Buildings in Different European Climates and the Implications on Total Energy Saving Potential[J]. Solar Energy,2016,132:467-492.

[58] 黄金美,刘以龙,郭清,等. 夏热冬冷地区不同窗墙比对公共建筑的能耗影响分析[J]. 建筑节能,2016(2):56-58,83.

[59] 刘立,吴迪,李晓俊,等. 空间设计要素对建筑能耗的影响研究——以寒冷地区点式高层办公楼为例[J]. 建筑节能,2016,44(9):59-65.

[60] 林宪德. 东亚都市办公建筑围护结构节能对策分析[C]. 第六届中国城市住宅研讨会,2007:39-44.

[61] 吴珍珍. 武汉地区多层办公建筑节能设计研究[D]. 武汉:武汉理工大学,2008.

[62] Heiselberg P. ,Brohus H. ,Hesselholt A. ,et al. Application of Sensitivity Analysis in Design of Sustainable Buildings[J]. Renewable Energy,2009,34:2030-2036.

[63] 高源. 寒冷地区居住建筑全生命周期节能策略研究[D]. 天津:天津大学建筑学院,2011.

[64] 卢丽. 济南地区办公建筑能耗影响因素及能效评估的研究[D]. 济南:山东建筑大学,2011.

[65] 余秋萍. 上海典型办公建筑能耗影响因素研究及其在 LEED 标准中的应用[D]. 上海:东华大学,2011.

[66] Gong X. ,Akashi Y. ,Sumiyoshi D. Optimization of Passive Design Measures for Residential Buildings in Different Chinese Areas[J]. Building and Environment,2012,58:46-57.

[67] Susorova I. ,Tabibzadeh M. ,Rahman A. ,et al. The Effect of Geometry Factors on Fenestration Energy Performance and Energy Savings in Office Buildings[J]. Energy and Buildings,2013,57:6-13.

[68] 赵倩倩. 建筑方案阶段能耗参数影响分析的方法研究[D]. 邯郸:河北工程大学,2015.

[69] 金虹,邵腾. 严寒地区乡村民居节能优化设计研究[J]. 建筑学报:学术论文专刊,2015(1):218-220.

[70] 张伟. 结合天然采光的办公建筑节能研究[D]. 天津:天津大学,2005.

[71] 张连飞. 天津地区办公建筑窗口外遮阳设计研究[D]. 天津:天津大学,2008.

[72] Shen H. ,Tzempelikos A. Sensitivity Analysis on Daylighting and Energy Performance of Perimeter Offices with Automated Shading[J]. Building and Environment,2013,59:303-314.

[73] 赵忠超,杨维菊. 高层办公建筑侧窗采光优化设计研究[C]. 第十届国际绿色建筑与建筑节能大会论文集,2014:1-7.

[74] 朱耀鑫,傅新,阮方,等. 某地区窗墙比对办公建筑能耗的影响[J]. 低温建筑技术,2016,38(8):141-144.

[75] 吴迪,刘立,侯珊珊,等. 整合光环境分析的外窗节能设计研究——以寒冷地区点式高层办公楼为例[J]. 建筑节能,2017(1):78-83.

[76] Building Design Advisor 工具网站. http://gaia. lbl. gov/bda/.

[77] MIT Design Advisor 工具网站. http://designadvisor. mit. edu/design/.

[78] GenOpt 工具网站. http://simulationresearch. lbl. gov/GO/index. html.

[79] Ellis M. ,Mathews E. A New Simplified Thermal Design Tool for Architects[J]. Building and Environment,2001,36:1009-1021.

[80] Christensen C. ,Anderson R. ,Horowitz S. ,et al. BEopt Software for Building Energy Optimization: Features and Capabilities[J]. National Renewable Energy Laboratory,2006.

[81] 周潇儒.基于整体能量需求的方案阶段建筑节能设计方法研究[D].北京:清华大学建筑学院,2009.
[82] Petersen S., Svendsen S. Method and Simulation Program Informed Decisions in the Early Stages of Building Design[J]. Energy and Buildings, 2010, 42: 1113-1119.
[83] Yi Zhang. Use jEPlus as an Efficient Building Design Optimization Tool[C]. CIBSE ASHRAE Technical Symposium. London, UK, 2012.
[84] Attia S., Gratia E., Herde A. D., et al. Simulation-Based Decision Support Tool for Early Stages of Zero-Energy Building Design[J]. Energy and Buildings, 2012, 49: 2-15.
[85] 张海滨.寒冷地区居住建筑体形设计参数与建筑节能的定量关系研究[D].天津:天津大学建筑学院,2012.
[86] Matti Palonen, Mohamed Hamdy, Ala Hasan. MOBO a New Software for Multi-Objective Building Performance Optimization[C]. 13th Conference of International Building Performance Simulation Association. Chambery, France, 2013.
[87] Samuelson H., Claussnitzer S., Goyal A., et al. Parametric Energy Simulation in Early Design: High-Rise Residential Buildings in Urban Contexts[J]. Building and Environment, 2016, 101: 19-31.
[88] 杨鸿玮.基于性能表现的既有建筑绿色化改造设计方法和预测模型[D].天津:天津大学建筑学院,2016.
[89] 游猎.可持续策略下的参数化建筑设计研究[D].天津:天津大学建筑学院,2011.
[90] 蔡一鸣.融合参数化逻辑的绿色建筑设计研究[D].天津:天津大学建筑学院,2013.
[91] 席加林.基于BIM技术的重庆地区办公建筑节能设计探索[D].重庆:重庆大学,2013.
[92] 刘丛红,刘立.基于生命周期减碳目标的校园建筑设计与优化[C].第十届国际绿色建筑与建筑节能大会论文集,2014:1-9.
[93] 侯寰宇,张颀,黄琼.寒冷地区中庭空间低能耗设计策略图建构初探[J].建筑学报,2016(5):72-76.
[94] Huang J., Akbari H., Rainer L., et al. 481 Prototypical Commercial Buildings for 20 Urban Market Areas[R]. CA, U. S., 1991.
[95] Torcellini P., Deru M., Griffith B., et al. DOE Commercial Building Benchmark Models[C]. ACEEE Summer Study on Energy Efficiency in Buildings. Pacific Grove, California, USA, 2008.
[96] Kristin Field, Michael Deru, Daniel Studer. Using DOE Commercial Reference Buildings for Simulation Studies[C]. SimBuild 2010. New York, USA, 2010.
[97] Dascalaki E. ATLAS on the Potential of Retrofitting Scenarios for Offices[R]. Final Report, OFFICE Programme, JOR3-CT96-0034, 2002.
[98] Korolija I., Halburd L. M., Zhang Y., et al. UK Office Buildings Archetypal Model as Methodological Approach in Development of Regression Models for Predicting Building Energy Consumption from Heating and Cooling Demands[J]. Energy and Buildings, 2013, 60: 152-162.
[99] Steadman P., Bruhns H. R., Rickaby P. A. An Introduction to the National Non-Domestic Building Stock Database[J]. Environment and Planning B: Planning and Design, 2000, 27(1): 3-10.
[100] 郭理桥.建筑节能与绿色建筑模型系统构建思路[J].城市发展研究,2010,17(7):36-44.
[101] 中华人民共和国建设部,中华人民共和国财政部.关于加强国家机关办公建筑和大型公共建筑节能管理工作的实施意见(建科〔2007〕245号)[EB/OL],2007-10-23[2015-08-30]. http://www.mohurd.gov.cn/zcfg/jsbwj_0/jsbwjjskj/200710/t20071026_158566.html.
[102] 肖贺.办公建筑能耗统计分布特征与影响因素研究[D].北京:清华大学,2011.
[103] Lam J. C., Tsang C. L., Yang L. Impacts of Lighting Density on Heating and Cooling Loads in Different Climates of China[J]. Energy Conservation and Management, 2006, 47: 1942-1953.
[104] 孙澄,刘蕾.严寒地区办公建筑整体能耗预测模型建构研究[J].建筑学报:学术论文专刊,2014(2):

86-88.

[105] 王永龙,潘毅群.典型办公建筑能耗模型中输入参数单因子敏感性的分析研究[J].建筑节能,2014,42(2):9-14.

[106] 任彬彬.寒冷地区多层办公建筑低能耗设计原型研究[D].天津:天津大学建筑学院,2014.

[107] 张冉.严寒地区低能耗多层办公建筑形态设计参数模拟研究[D].哈尔滨:哈尔滨工业大学,2014.

[108] GPSspg 在线经度纬度查询[OL] ,[2017-02-14].http://www.gpsspg.com/maps.htm.

[109] 考夫曼·B,费斯特·W.德国被动房设计和施工指南[M].徐智勇,译.北京:中国建筑工业出版社,2015.

[110] 河北省住房和城乡建设厅.被动式低能耗居住建筑节能设计标准 DB13(J)/T 177—2015 [S].北京:中国建筑工业出版社,2015.

[111] 谢浩,倪红.建筑色彩与地域气候[J].城市问题,2004(3):22-25.

[112] Lam J. C. ,Hui S. C. Sensitivity Analysis of Energy Performance of Office Buildings[J]. Building and Environment,1996,31:27-39.

[113] Persily A. K. Airtightness of Commercial and Institutional Buildings:Blowing Holes in the Myth of Tight Buildings[C]. Thermal Envelopes Ⅶ Conference,Clearwater,FL,1998.

[114] Emmerich S. J. ,Persily A. K. Airtightness of Commercial Buildings in the U. S. [C]. 26th AIVC Conference,Brussels,Belguim,2005.

[115] VanBronkhorst D. A. ,Persily A. K. ,Emmerich S. J. Energy Impacts of Air Leakage in U. S. office buildings[C]. 16th AVIC Conference,Palm Springs,CA,1995.

[116] Tavares Paulo,Martins Antonio. Energy Efficient Building Design Using Sensitivity Analysis—A Case Study[J]. Energy and Buildings,2007,39:23-31.

[117] 潘毅群,黄治钟,吴刚.建筑能耗模拟的校验方法及其应用[J].暖通空调,2007,37(7):21-26.

[118] Lam Joseph,Wan Kevin,Tsang C. ,et al. Building Energy Efficiency in Different Climates[J]. Energy Conversion and Management,2008,49:2354-2366.

[119] DOE 美国商业建筑基准模型大型办公建筑的数据总结文件[Z/OL]. DOE 官方网站. https://energy.gov/eere/buildings/new-construction-commercial-reference-buildings.

[120] Hopfe Christina,Hensen Jan. Uncertainty Analysis in Building Performance Simulation for Design Support[J]. Energy and Buildings,2011,43:2798-2805.

[121] Korolija I. ,Halburd L. M. ,Zhang Y. ,et al. UK Office Buildings Archetypal Model as Methodological Approach in Development of Regression Models for Predicting Building Energy Consumption from Heating and Cooling Demands[J]. Energy and Buildings,2013,60:152-162.

[122] 彭琛,燕达,周欣.建筑气密性对供暖能耗的影响[J].暖通空调,2010,40(9):107-111.

[123] 中国建筑科学研究院.建筑外门窗气密、水密、抗风压性能分级及检测 GB/T 7106—2008 [S].北京:中国标准出版社,2009.

[124] EnergyPlus 软件官网. https://energyplus.net/weather-region.

[125] 徐伟,邹瑜.公共建筑节能改造技术指南[M].北京:中国建筑工业出版社,2010:172-173.

[126] 薛志峰.公共建筑节能[M].北京:中国建筑工业出版社,2007:26.

[127] 陈高峰,张欢,由世俊,等,天津市办公建筑能耗调研及分析[J].暖通空调,2012,42(7):125-128.

[128] 清华大学建筑节能研究中心.中国建筑节能年度发展研究报告[M].北京:中国建筑工业出版社,2014:40-78.

[129] 李星魁,张宇祥,天津市办公类建筑能耗特征及节能分析[J].建筑节能,2014(12):81-84.

[130] 高丽颖,全巍,秦波,等.北京市办公建筑空调能耗的调查与分析[J].建筑技术,2015,46(1):79-82.

[131] 陈晓欣,李永安.商务办公建筑能耗调研及分析[J].建筑节能,2016,44(9):73-75,91.

[132] 百度百科.敏感性分析的概念解释[EB/OL]. http://baike. baidu. com.

[133] 闫利.建筑节能设计的敏感性分析方法[J].制冷与空调,2010,24(4):49-52.

[134] 韩靖,梁雪,张玉坤.当代生态型建筑空间形态分析[J].世界建筑,2003(8):80-82.

[135] 申作伟,李玉柯.三星级绿色建筑“龙奥金座”绿色建筑设计[J].建筑学报,2015(4):98-100.

[136] 薛志峰.公共建筑节能[M].北京:中国建筑工业出版社,2007:31-32,38.

[137] Emmerich S. J. ,Mcdowell T. P. ,Anis W. Simulation of the Impact of Commercial Building Envelop Air Tightness on Building Energy Utilization[G]. ASHRAE Trans,2007,113(2):379-399.

[138] 被动房标准、被动式节能改造 EnerPHit 标准和被动房研究所节能建筑标准[DB/OL]. 2016-08-15 [2017-04-28]. http://passiv. de/downloads/03_building_criteria_en. pdf.

[139] 兰兵,黄凌江.对建筑物体形系数与节能关系的质疑[J].建筑节能,2013(5):65-70.

[140] 赵选民.试验设计方法[M].北京:科学出版社,2006.

[141] 百度百科.方差分析的概念解释[EB/OL]. http://baike. baidu. com.

[142] Crobu Enrico,Lannon Simon,Rhodes Michael,et al. Simple Simulation Sensitivity Tool[C]. Proceedings of BS2013: 13th Conference of International Building Performance Simulation Association, Chambery,France,2013:460-467.